3D·斗栱

苏于建 著

江苏凤凰科学技术出版社

图书在版编目（CIP）数据

3D·斗栱 / 苏于建著. —— 南京：江苏凤凰科学技术出版社，2019.5
ISBN 978-7-5537-9855-4

Ⅰ. ①3… Ⅱ. ①苏… Ⅲ. ①古建筑－木结构－建筑艺术－中国 Ⅳ. ①TU-881.2

中国版本图书馆CIP数据核字(2018)第275750号

3D·斗栱

著　　　者	苏于建
项 目 策 划	凤凰空间/杨　琦
责 任 编 辑	刘屹立　赵　研
特 约 编 辑	杨　琦

出 版 发 行	江苏凤凰科学技术出版社
出版社地址	南京市湖南路1号A楼，邮编：210009
出版社网址	http://www.pspress.cn
总 经 销	天津凤凰空间文化传媒有限公司
总经销网址	http://www.ifengspace.cn
印　　　刷	天津久佳雅创印刷有限公司

开　　　本	965 mm×635 mm　1 / 8
印　　　张	48
版　　　次	2019年5月第1版
印　　　次	2023年3月第2次印刷

标 准 书 号	ISBN 978-7-5537-9855-4
定　　　价	298.00元

图书如有印装质量问题，可随时向销售部调换（电话：022-87893668）。

序
Foreword

用科技还原古典木构之美

　　这是一本充满科技感的古代木构图书，为古建筑中最具魅力的构建——斗栱的数字化建造和相关知识的普及提供了可行性。

　　中国古代斗栱规格的标准和制作方法，宋代《营造法式》和后世的一些资料虽有记述，但其数字化和标准化一直很难实现。而基于古代木建筑的创新也很难细致入微地对部件和构成方法进行量化分析，仅能从形态和艺术上进行再创作。而随着数字化时代的来临，对传统木构的量化分析也许是打开古代木构创新这一新世界的钥匙。这本《3D·斗栱》则是运用数字技术来展现传统的木构之美，将传统融于现代，将艺术融于技术。

　　本书著者苏于建先生，并非专业出身，凭着对古典家具和传统建筑的热爱，绘制了 44 件宋清的 3D 立体图纸，并对斗栱的尺寸和拼接方法进行数字还原，每一种斗栱都要通过软件进行数据拼接，从而达到结构的合理性，为古代木构地制作和研究提供了丰富的资料。当下社会所提倡的工匠精神，除了对传统精神的继承，还包括了对传统艺术的再造和技术的创新，苏于建先生所做的工作，正是契合了工匠精神的内涵。

　　除了图书内容本身为读者带来的丰富的数据，我们还利用视频技术，将动态的、立体的视频导入图书，为读者呈上令人眼界大开的动态效果。

　　本书绘图单位：分。

杨琦

2018 年 11 月

目录
Contents

清式斗栱 **185**

宋式斗栱

宋式斗栱

中国建筑的规范化和模数化在隋唐时期就已逐步形成，在唐代就有"章""材""方桁"等称谓。宋《营造法式》中讲道："凡构屋之制，皆以材为祖，材有八等，度屋之大小，因而用之"。《营造法式》中规定材以"广十五分、厚十分"为基本尺度，称为"单材"，和比例为"广六分、厚四分"的"栔"组合成"足材"，"单材"与"足材"为不同的模数计量单位。

本书中所有的模型都以《营造法式》中的尺（1尺=307.2mm）为标准，所有尺寸用"分"标注（1尺为10寸，1寸为10分），具体尺寸可以用"分"与相应的材的尺寸进行换算。3D软件绘图，没有取整处理，在实际工作中，可以根据实际情况做相应处理。

本品按分标注，对应相应的材等，标注分乘对应分值就会得出相应的毫米数值，模型按一等材所做，一分应得18.5mm。

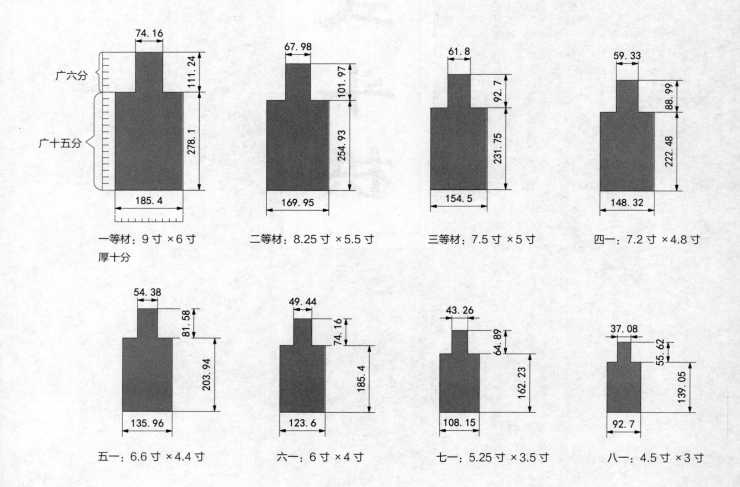

一等材：9寸×6寸
厚十分

二等材：8.25寸×5.5寸

三等材：7.5寸×5寸

四一：7.2寸×4.8寸

五一：6.6寸×4.4寸

六一：6寸×4寸

七一：5.25寸×3.5寸

八一：4.5寸×3寸

注：本页所注尺寸除注明者外，均以毫米（mm）为单位。

宋式斗栱大料、小料尺寸图解

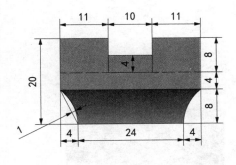

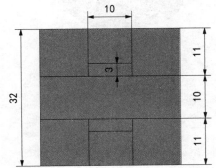

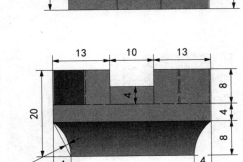

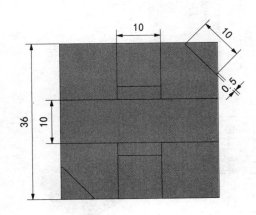

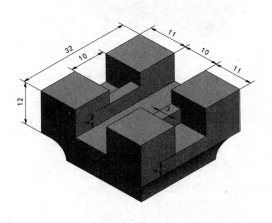

栌料

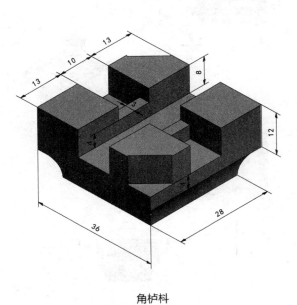

角栌料

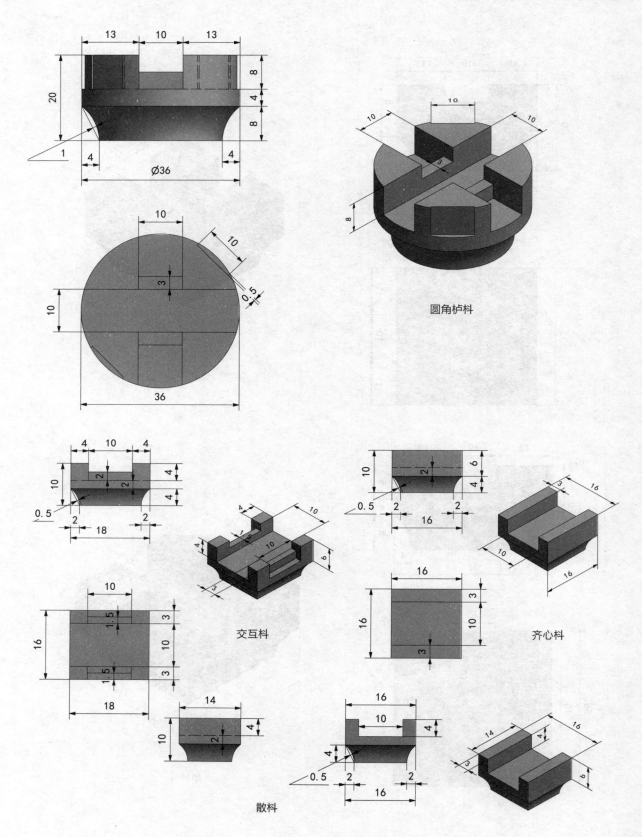

圆角栌科

交互科

齐心科

散科

宋式斗栱卷杀、单重栱、把头绞

根据北宋李诫的《营造法式》，造栱之制有五：一曰华栱，二曰泥道栱，三曰瓜子栱，四曰令栱，五曰慢栱。也就是单栱共有五种基本样式，即华栱、泥道栱、瓜子栱、令栱、慢栱。

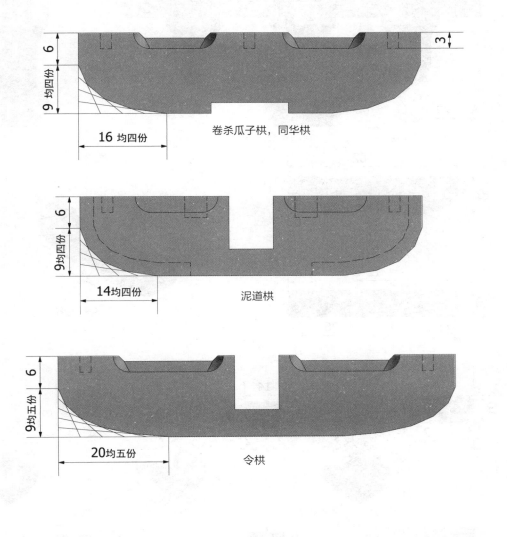

卷杀瓜子栱，同华栱

泥道栱

令栱

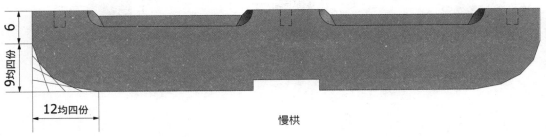

慢栱

单栱尺寸图解

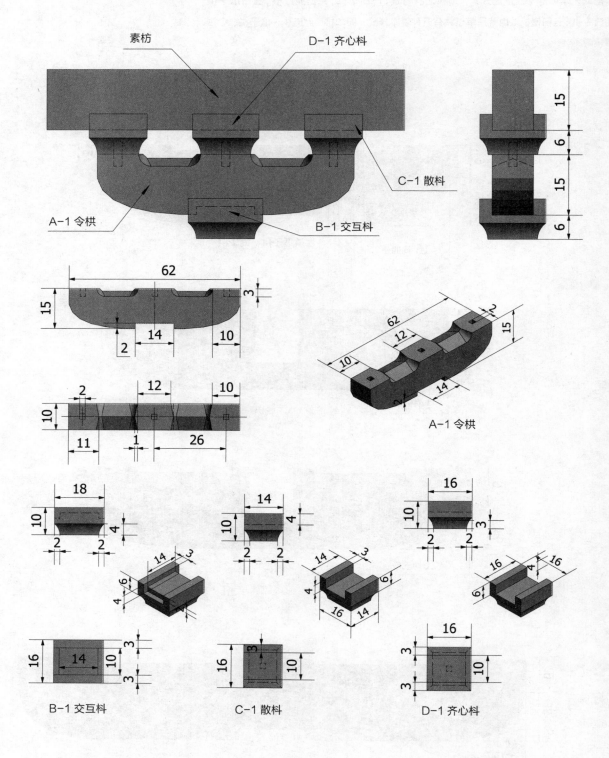

素枋

D-1 齐心枓

C-1 散枓

A-1 令栱

B-1 交互枓

A-1 令栱

B-1 交互枓

C-1 散枓

D-1 齐心枓

重栱尺寸图解

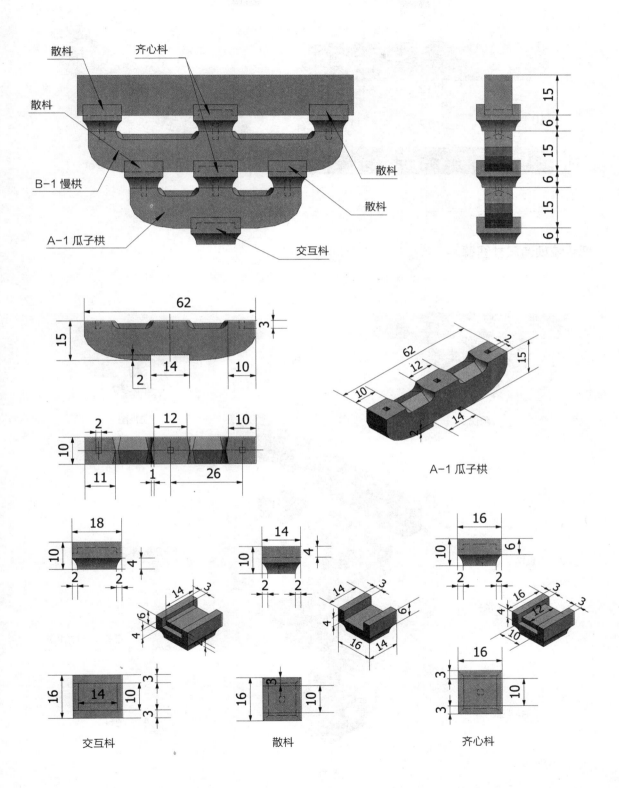

散枓

齐心枓

散枓

散枓

散枓

B-1 慢栱

A-1 瓜子栱

交互枓

A-1 瓜子栱

交互枓

散枓

齐心枓

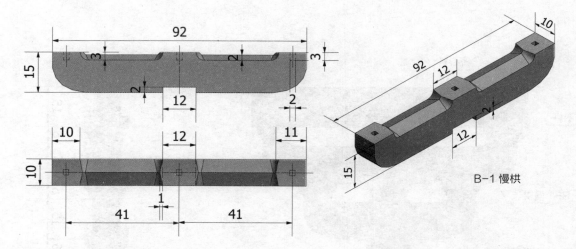

B-1 慢栱

把头绞项造尺寸图解

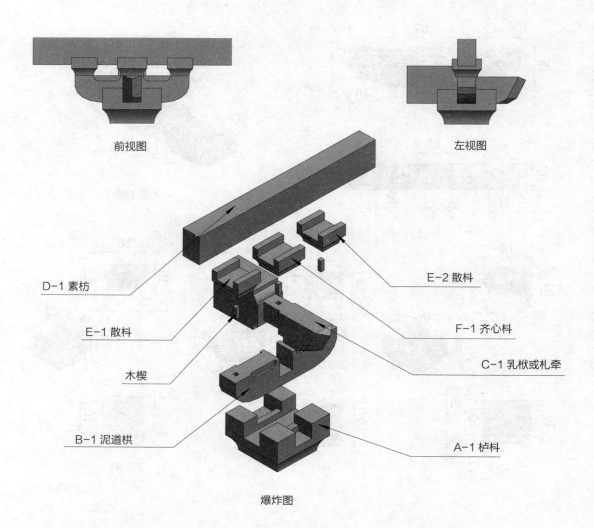

前视图

左视图

D-1 素枋

E-2 散枓

E-1 散枓

F-1 齐心枓

木楔

C-1 乳栿或札牵

B-1 泥道栱

A-1 栌枓

爆炸图

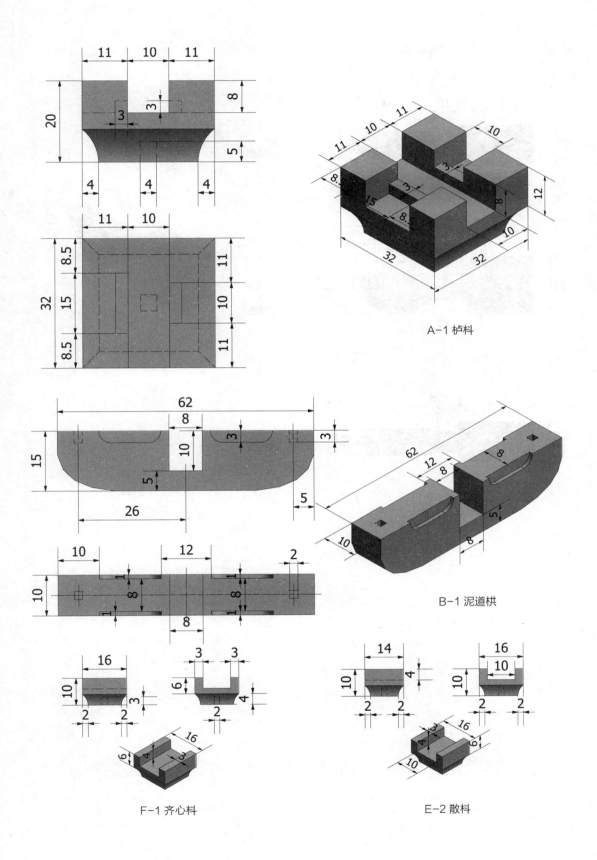

A-1 栌枓

B-1 泥道栱

F-1 齐心枓

E-2 散枓

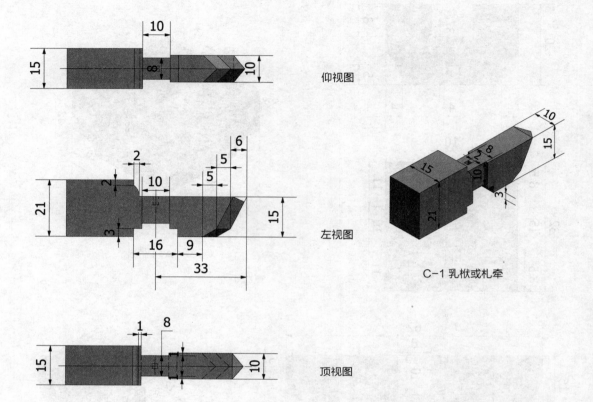

仰视图

左视图

顶视图

C-1 乳栿或札牵

枓口跳尺寸图解

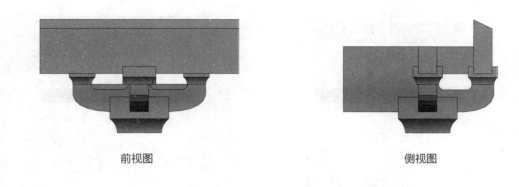

前视图　　　　　　　　　　　　侧视图

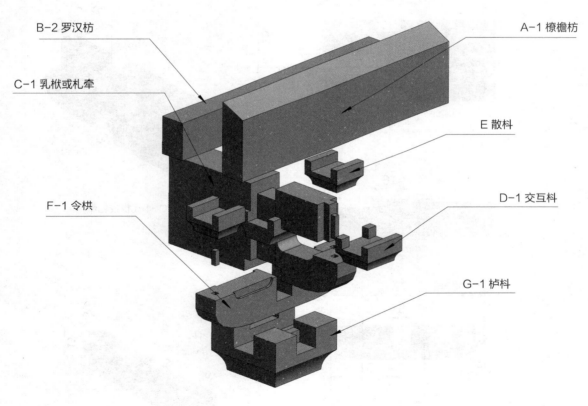

B-2 罗汉枋

C-1 乳栿或札牵

A-1 橑檐枋

E 散枓

F-1 令栱

D-1 交互枓

G-1 栌枓

爆炸图

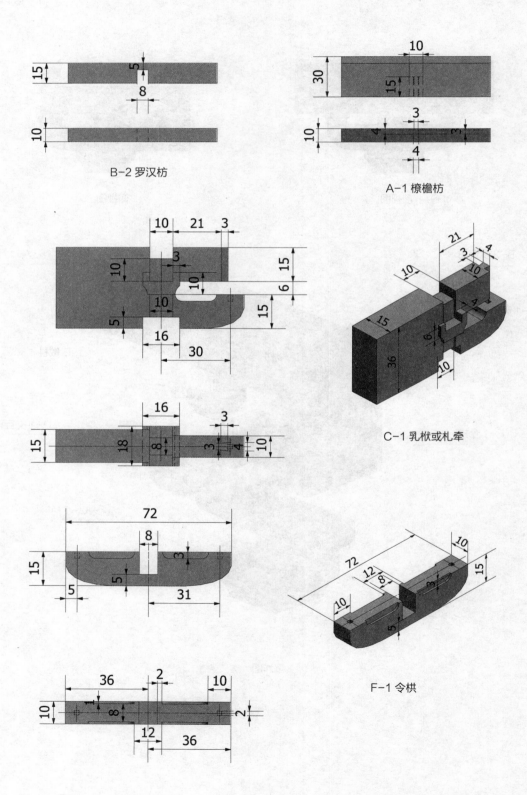

B-2 罗汉枋

A-1 橑檐枋

C-1 乳栿或札牵

F-1 令栱

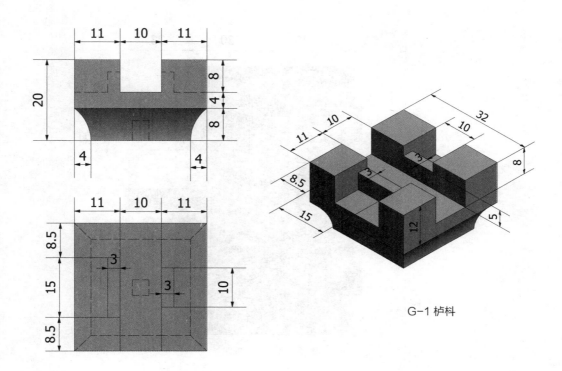

G-1 栌枓

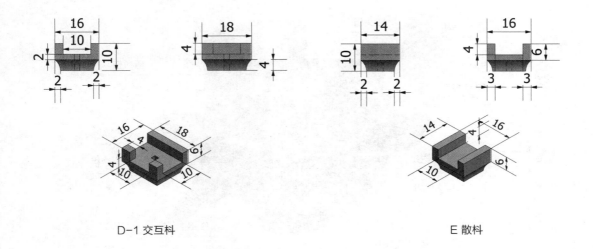

D-1 交互枓　　　　　　　　　E 散枓

四铺作插昂补间铺作

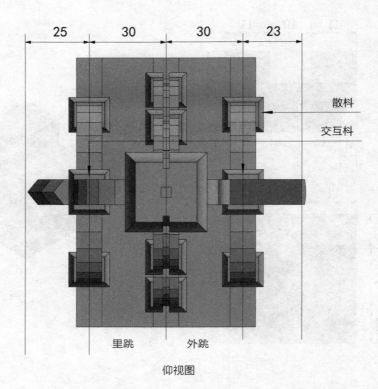

散枓

交互枓

里跳　外跳

仰视图

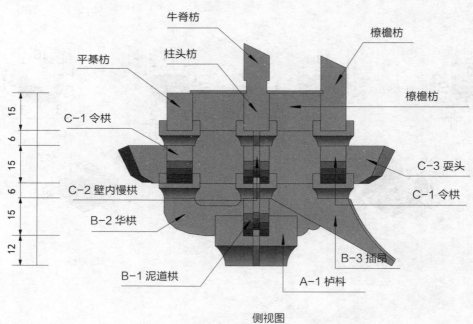

牛脊枋

橑檐枋

平棊枋

柱头枋

橑檐枋

C-1 令栱

C-3 耍头

C-2 壁内慢栱

C-1 令栱

B-2 华栱

B-3 插昂

B-1 泥道栱

A-1 栌枓

侧视图

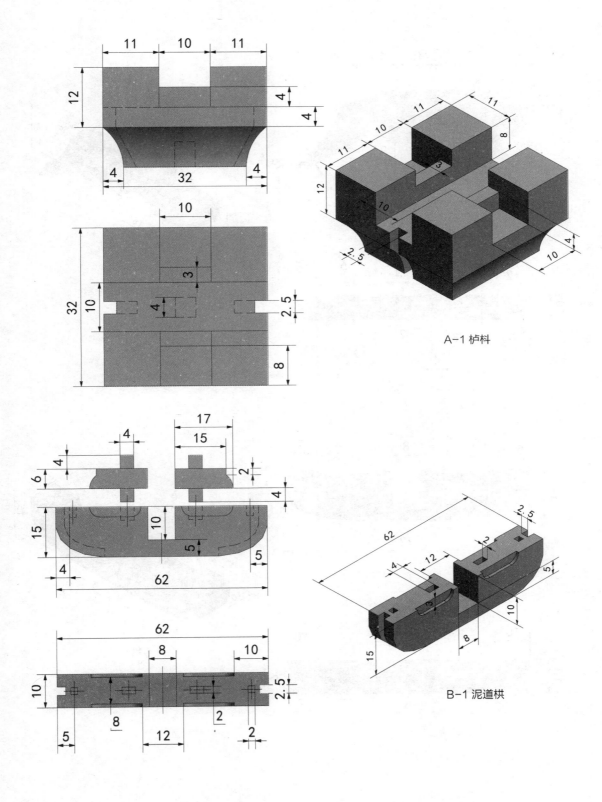

A-1 栌枓

B-1 泥道栱

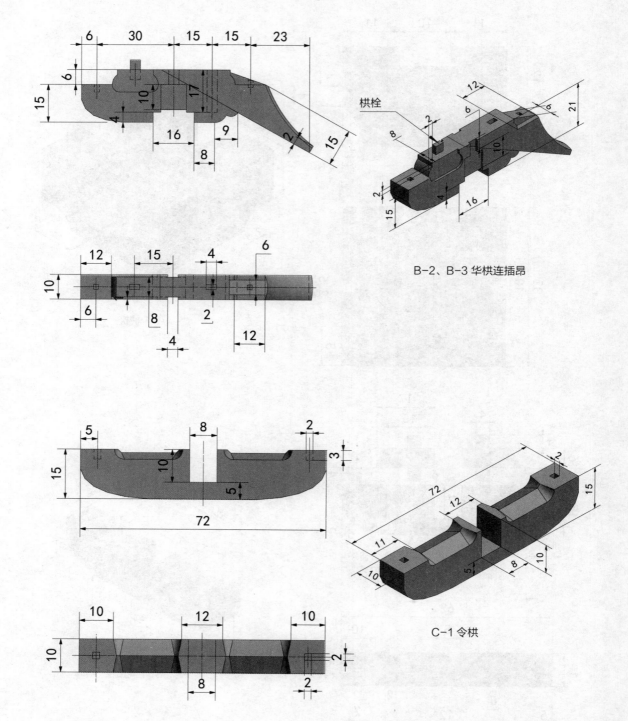

B-2、B-3 华栱连插昂

栱栓

C-1 令栱

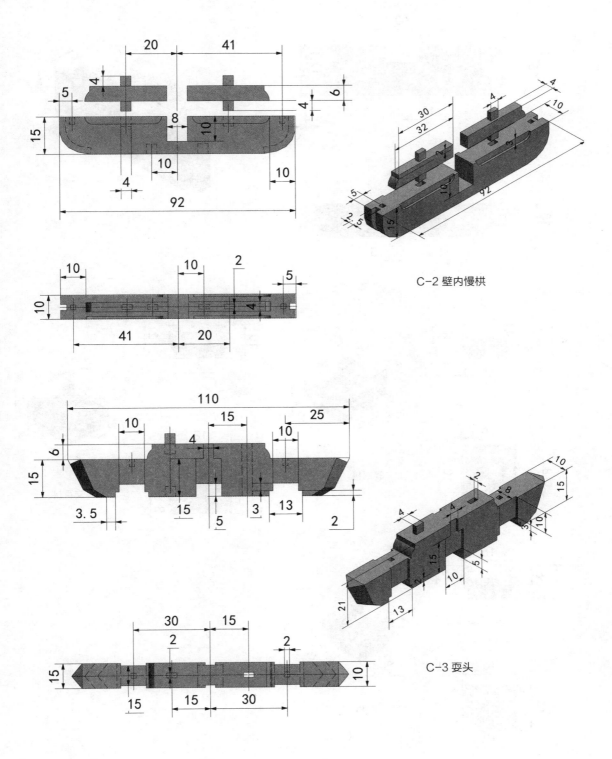

C-2 壁内慢栱

C-3 耍头

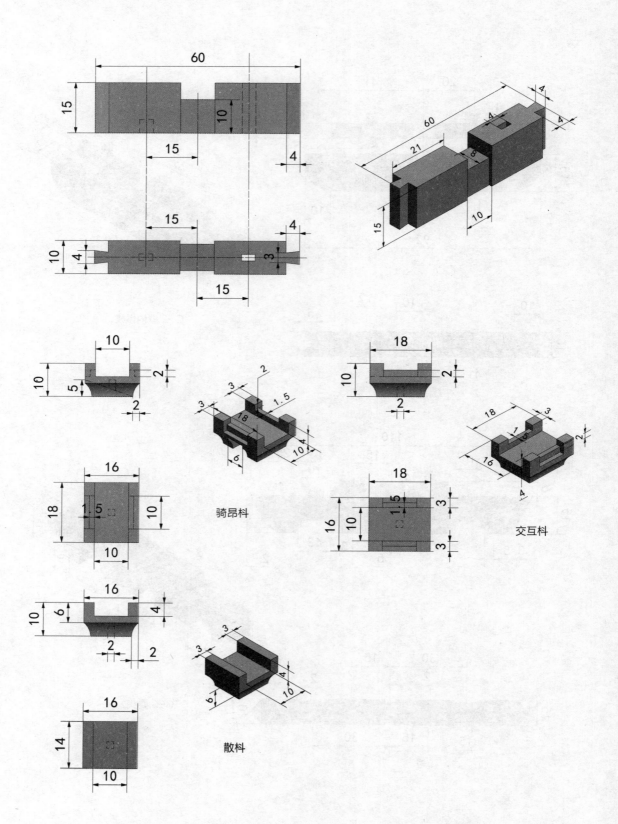

骑昂枓

交互枓

散枓

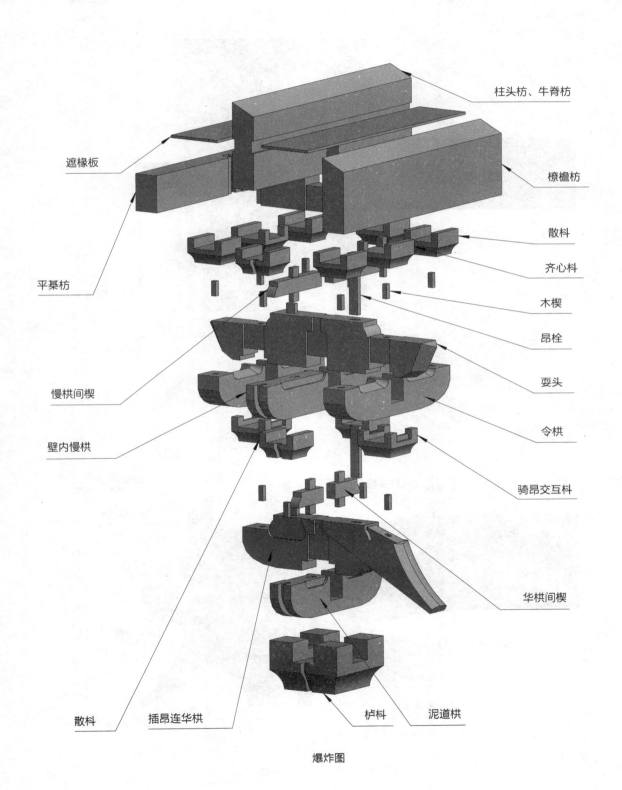

柱头枋、牛脊枋

遮椽板

橑檐枋

散枓

齐心枓

木楔

平棊枋

昂栓

耍头

慢栱间楔

令栱

壁内慢栱

骑昂交互枓

华栱间楔

散枓　插昂连华栱　栌枓　泥道栱

爆炸图

四铺作插昂柱头铺作

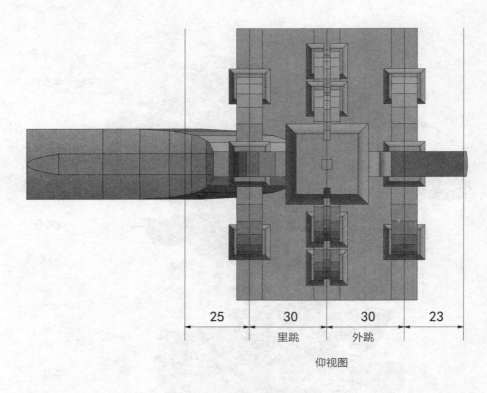

25　30　30　23

里跳　外跳

仰视图

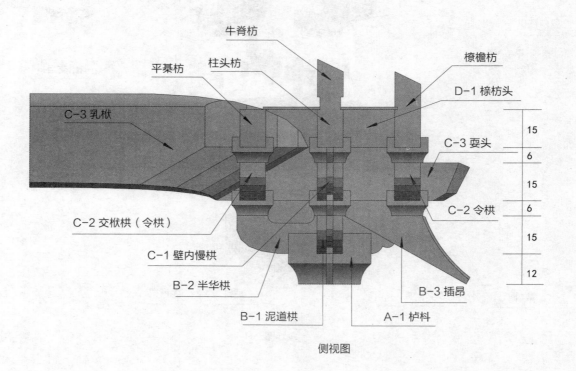

牛脊枋

柱头枋

平棊枋

C-3 乳栿

檐檐枋

D-1 橑枋头

C-3 耍头

15

6

15

6

15

12

C-2 令栱

C-2 交栿栱（令栱）

C-1 壁内慢栱

B-2 半华栱

B-3 插昂

B-1 泥道栱

A-1 栌枓

侧视图

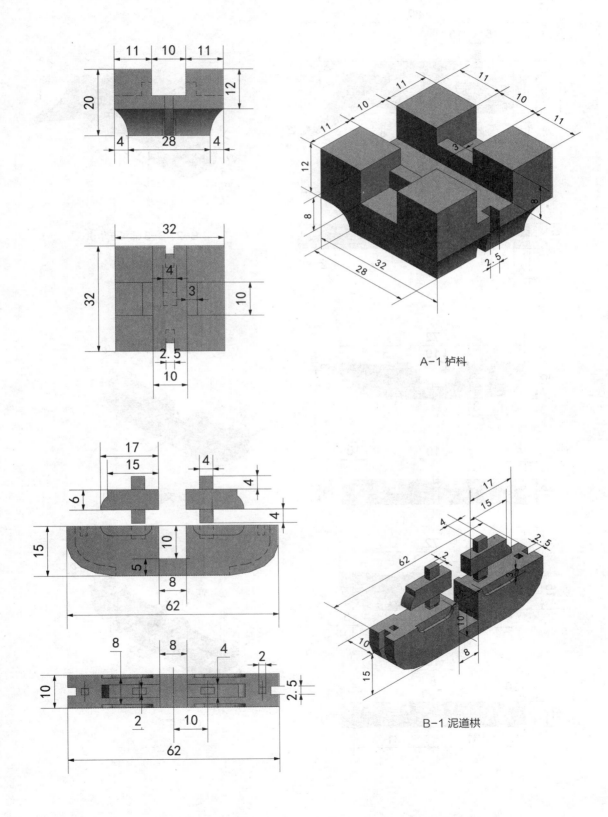

A-1 栌枓

B-1 泥道栱

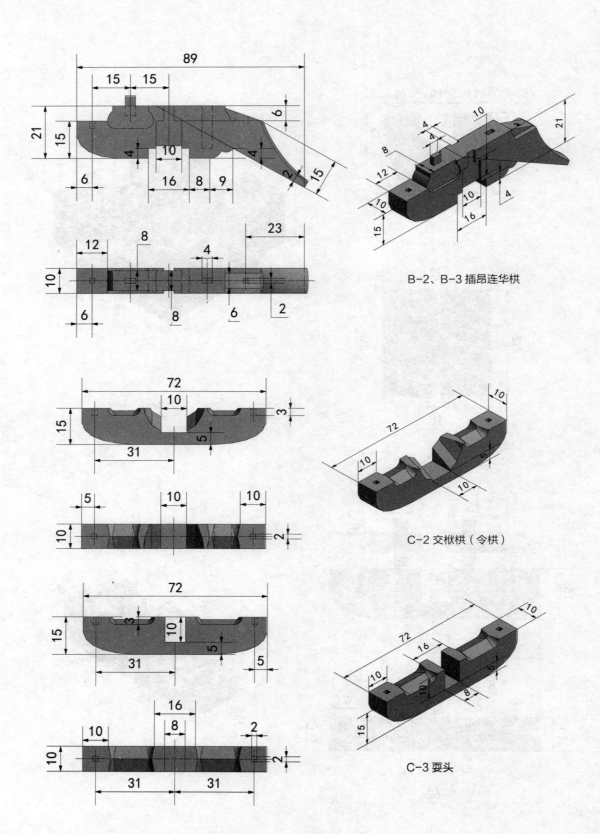

B-2、B-3 插昂连华栱

C-2 交栿栱（令栱）

C-3 耍头

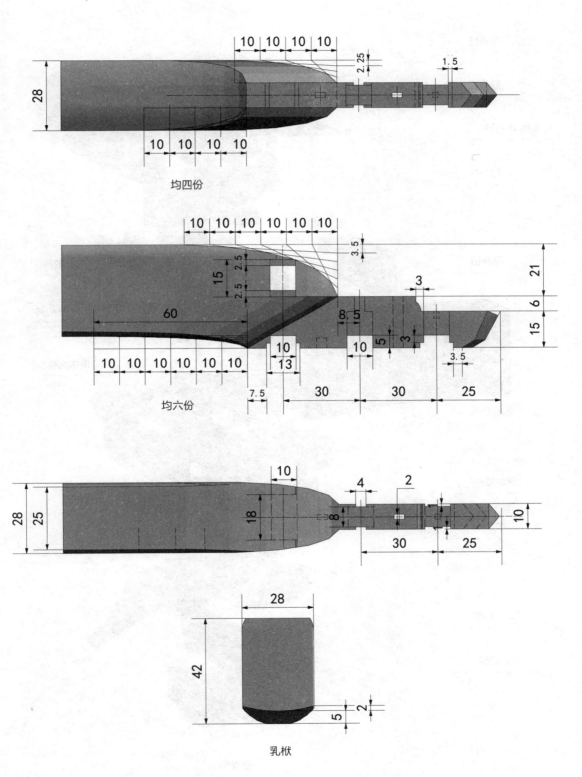

均四份

均六份

乳栿

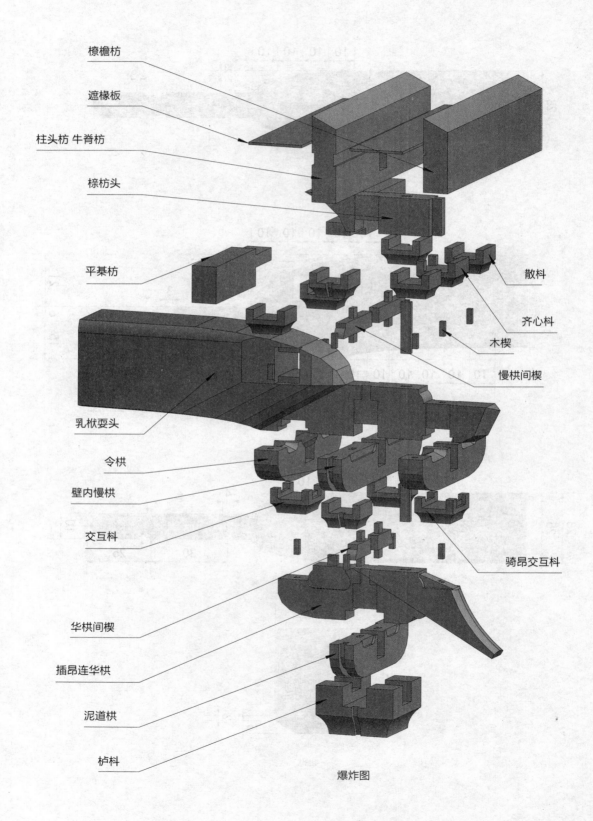

撩檐枋

遮椽板

柱头枋 牛脊枋

槫枋头

散枓

平棊枋

齐心枓

木楔

慢栱间楔

乳栿耍头

令栱

壁内慢栱

交互枓

骑昂交互枓

华栱间楔

插昂连华栱

泥道栱

栌枓

爆炸图

四铺作插昂转角铺作

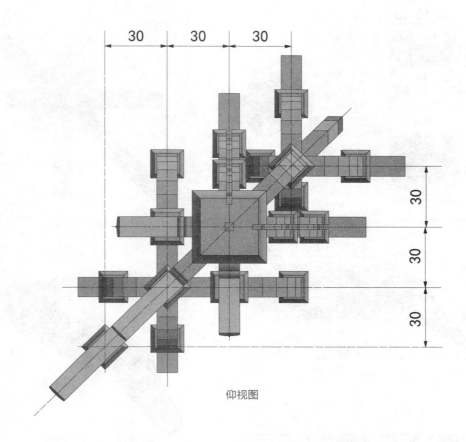

仰视图

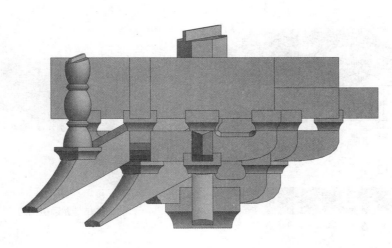

侧视图

第一、二层部件尺寸图解

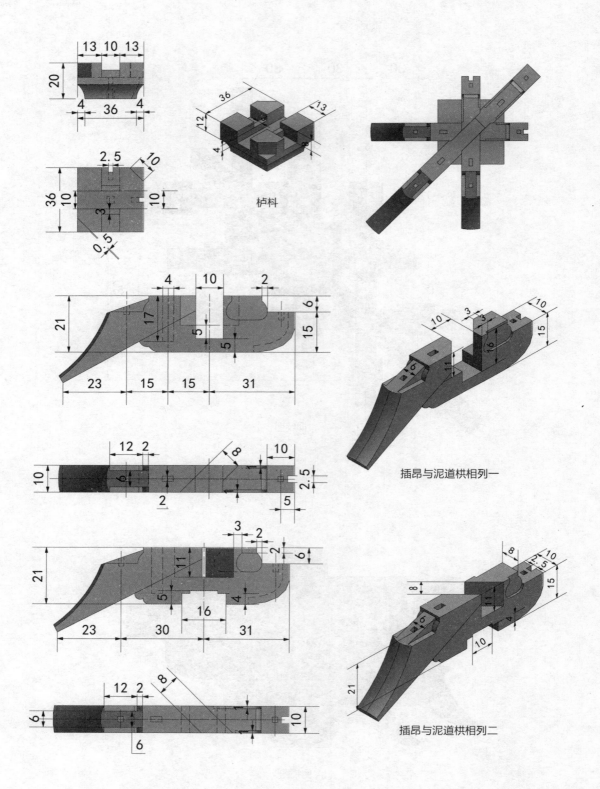

栌枓

插昂与泥道栱相列一

插昂与泥道栱相列二

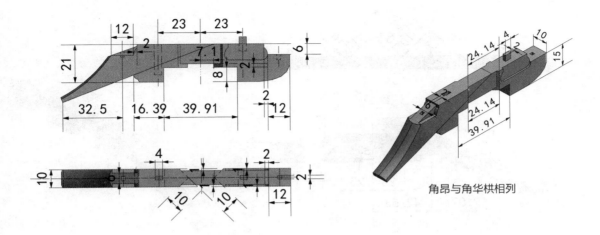

角昂与角华栱相列

第三层部件尺寸图解

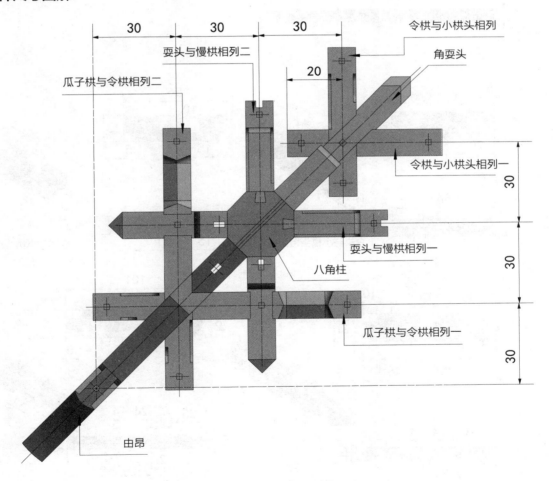

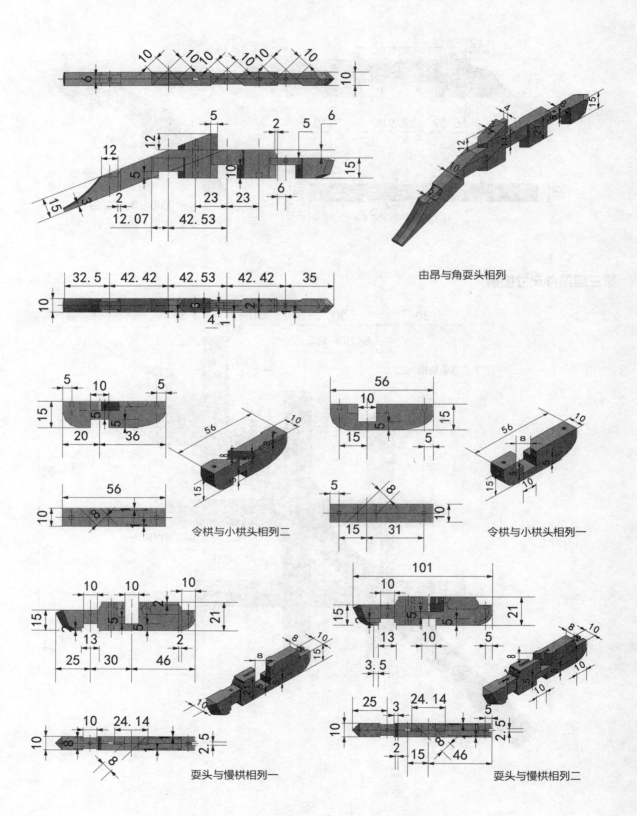

由昂与角耍头相列

令栱与小栱头相列二

令栱与小栱头相列一

耍头与慢栱相列一

耍头与慢栱相列二

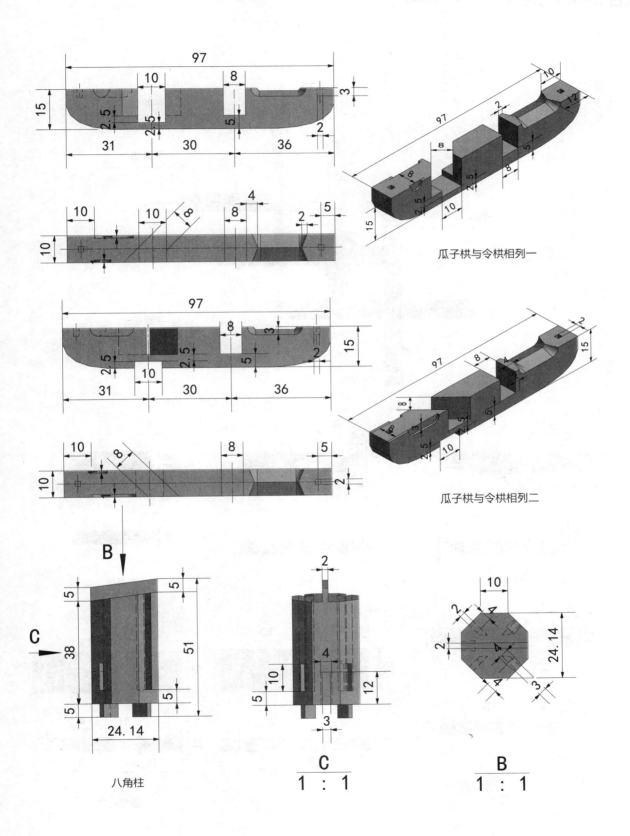

瓜子栱与令栱相列一

瓜子栱与令栱相列二

八角柱

C
1 : 1

B
1 : 1

第四层部件尺寸图解

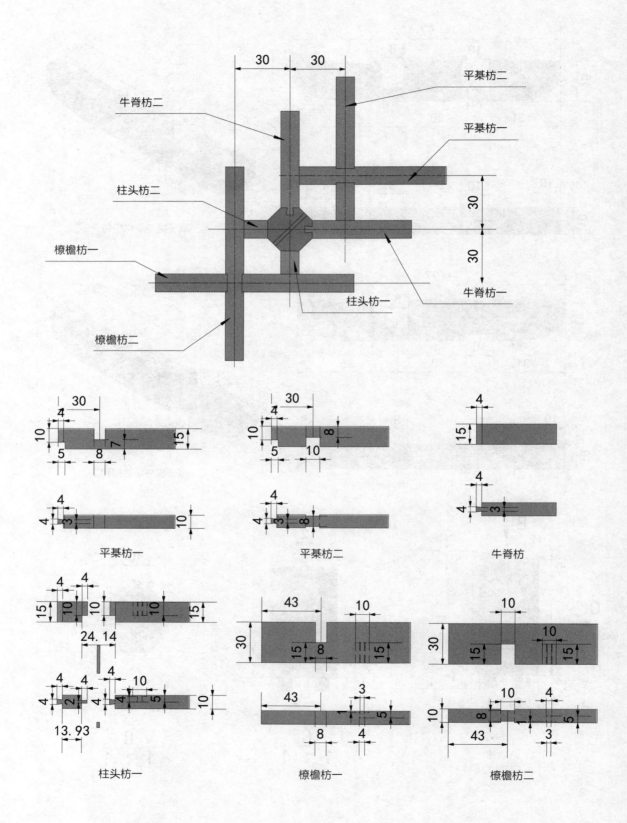

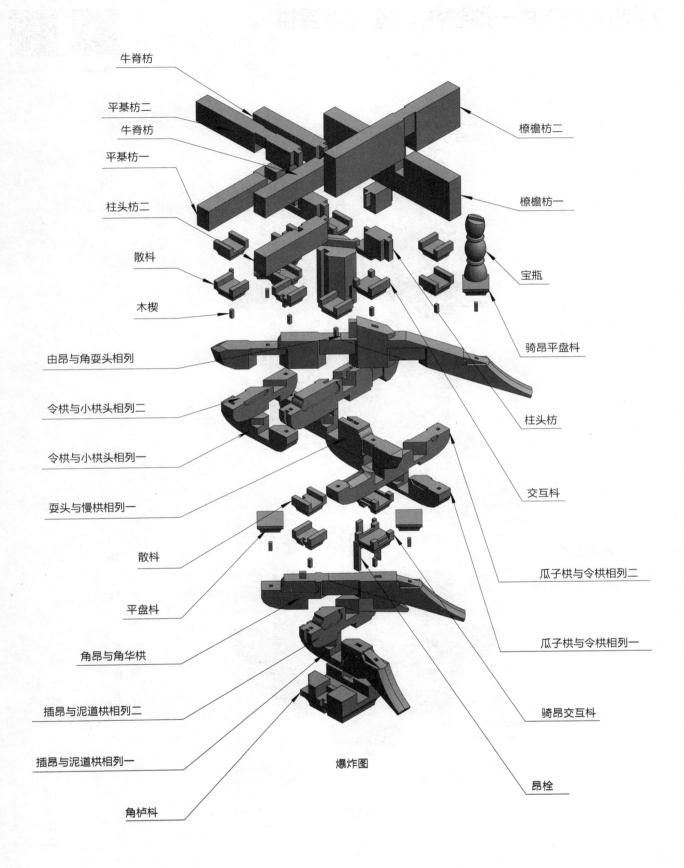

牛脊枋

平棊枋二

牛脊枋

平棊枋一

柱头枋二

散枓

木楔

由昂与角耍头相列

令栱与小栱头相列二

令栱与小栱头相列一

耍头与慢栱相列一

散枓

平盘枓

角昂与角华栱

插昂与泥道栱相列二

插昂与泥道栱相列一

角栌枓

橑檐枋二

橑檐枋一

宝瓶

骑昂平盘枓

柱头枋

交互枓

瓜子栱与令栱相列二

瓜子栱与令栱相列一

骑昂交互枓

昂栓

爆炸图

四铺作里外并一抄卷头，壁内用重栱

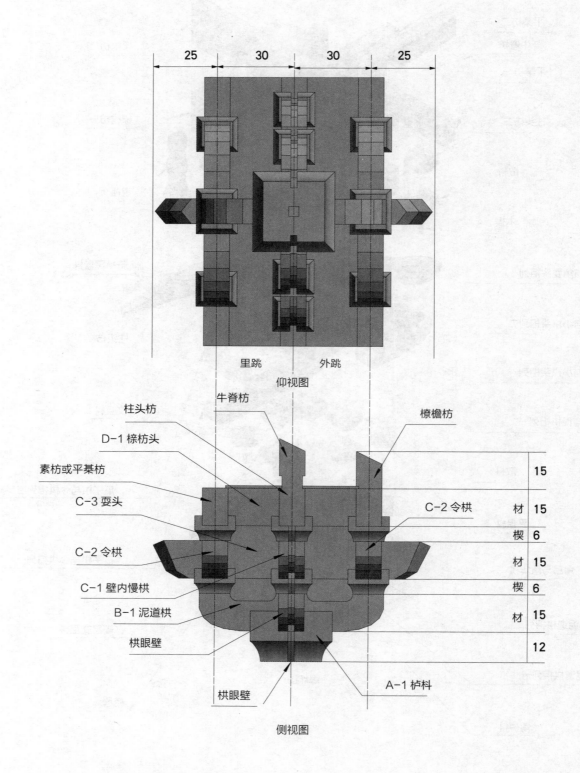

里跳　外跳

仰视图

柱头枋

牛脊枋

D-1 榡枋头

素枋或平棊枋

C-3 耍头

C-2 令栱

C-1 壁内慢栱

B-1 泥道栱

栱眼壁

栱眼壁

櫺檐枋

C-2 令栱

A-1 栌枓

侧视图

15

材　15

栔　6

材　15

栔　6

材　15

12

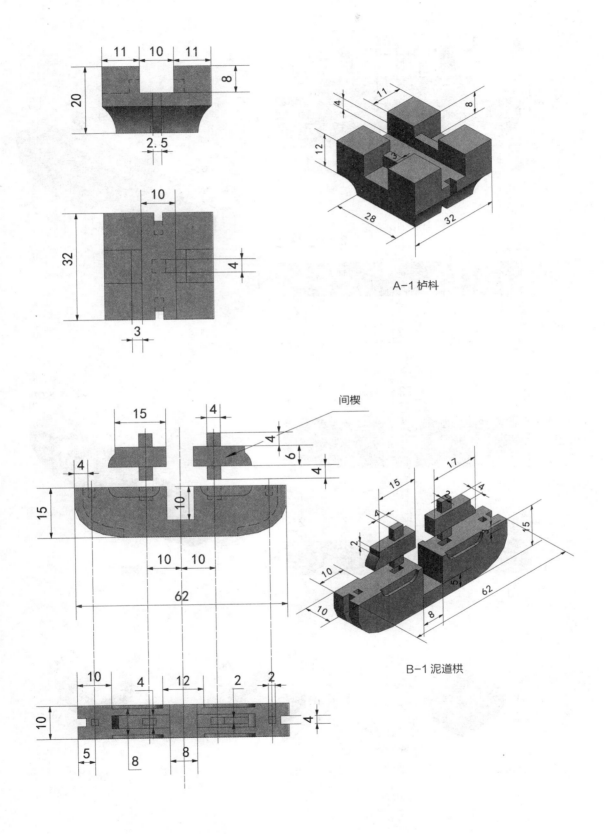

A-1 栌枓

间楔

B-1 泥道栱

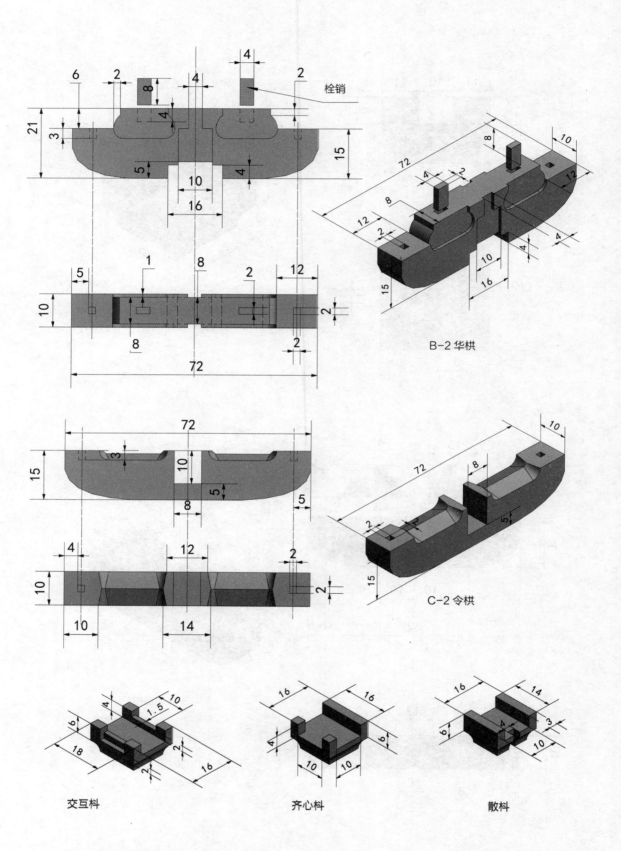

栓销

B-2 华栱

C-2 令栱

交互枓

齐心枓

散枓

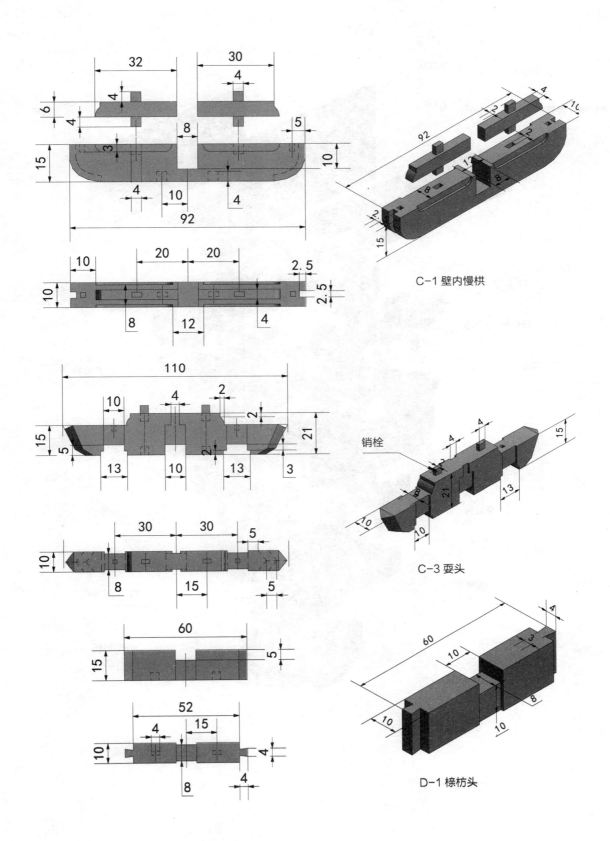

C-1 壁内慢栱

销栓

C-3 耍头

D-1 楂枋头

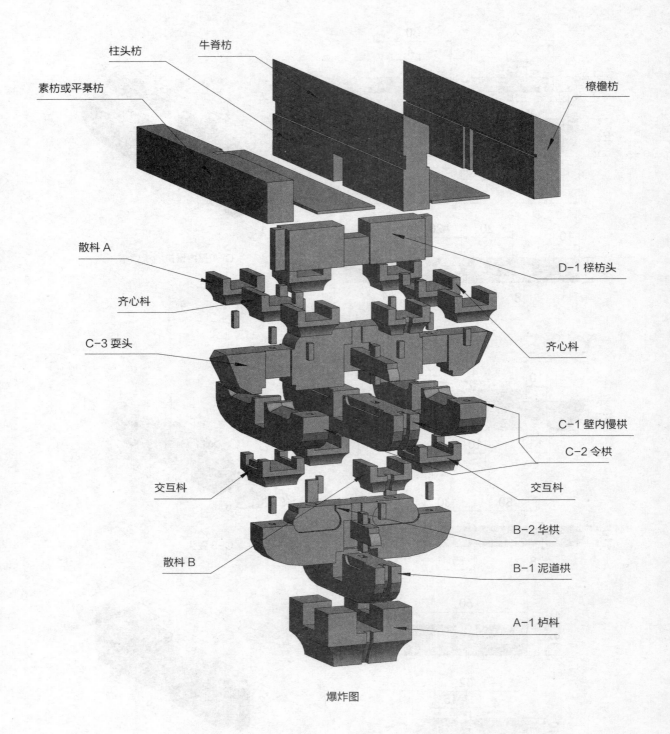

柱头枋　牛脊枋

素枋或平棊枋

橑檐枋

散枓 A

齐心枓

D-1 榑枋头

齐心枓

C-3 耍头

C-1 壁内慢栱

C-2 令栱

交互枓

交互枓

B-2 华栱

散枓 B

B-1 泥道栱

A-1 栌枓

爆炸图

五铺作重栱出单抄单下昂，里转五铺作重栱出两抄，并计心补间铺作

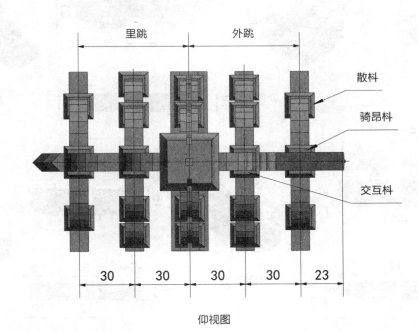

里跳　　外跳

散枓
骑昂枓
交互枓

30　30　30　30　23

仰视图

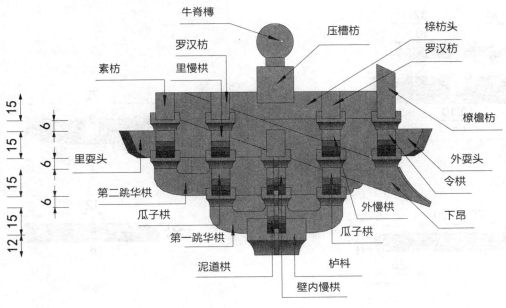

牛脊槫　　压槽枋　　橑枋头

罗汉枋　　罗汉枋
素枋　　里慢栱
　　　　　　　　　　　　　　　　橑檐枋
里耍头　　　　　　　　　　　　　外耍头
第二跳华栱　　　　　　　　　　　令栱
瓜子栱　　　　　　　　　　　　外慢栱
第一跳华栱　　　　　　　　　下昂
　　　　　　　　　　瓜子栱
泥道栱　　　　　栌枓
壁内慢栱

15
15　6
15　6
15
15　6
12　15

侧视图

分件尺寸图解

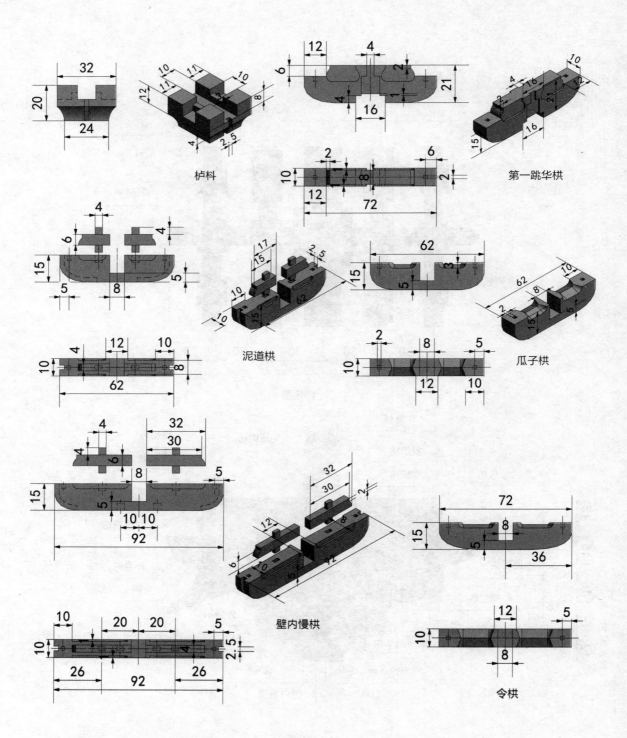

栌枓

第一跳华栱

泥道栱

瓜子栱

壁内慢栱

令栱

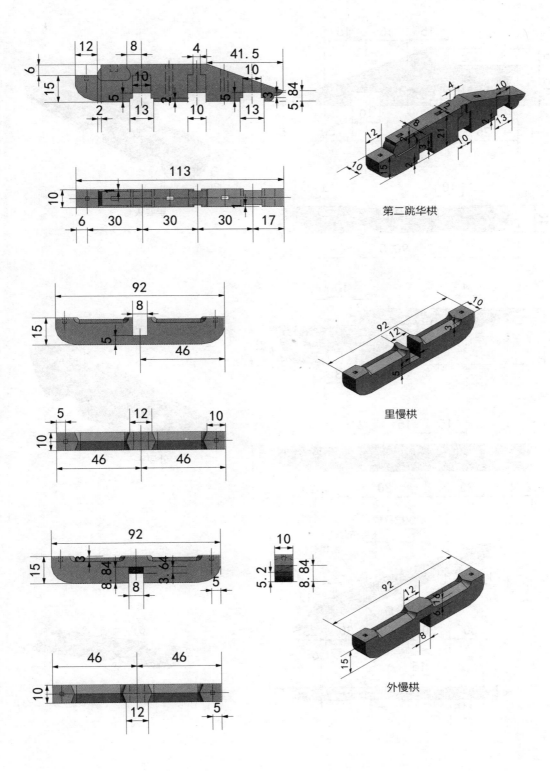

第二跳华栱

里慢栱

外慢栱

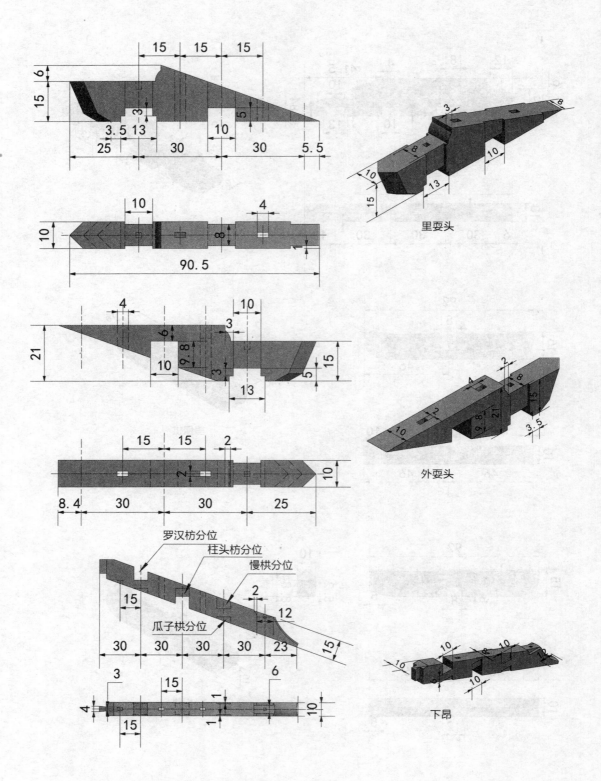

里耍头

外耍头

罗汉枋分位

柱头枋分位

慢栱分位

瓜子栱分位

下昂

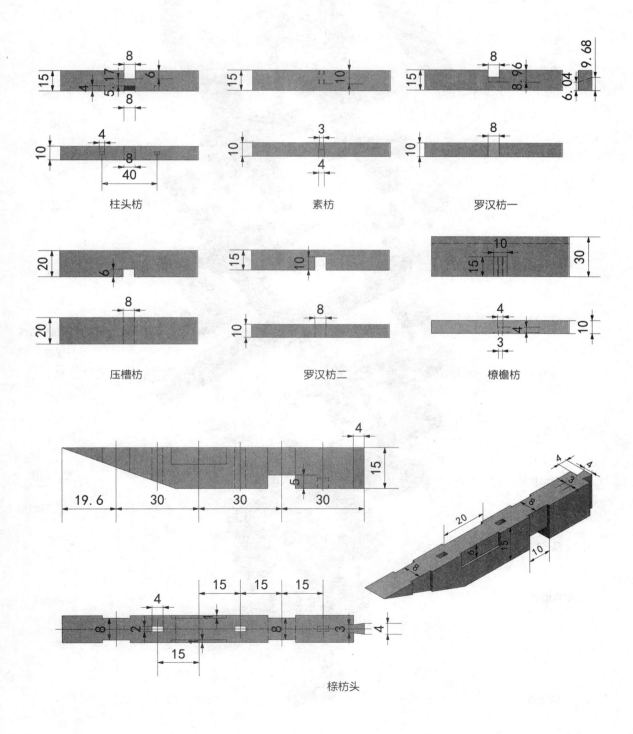

柱头枋

素枋

罗汉枋一

压槽枋

罗汉枋二

橑檐枋

橑枋头

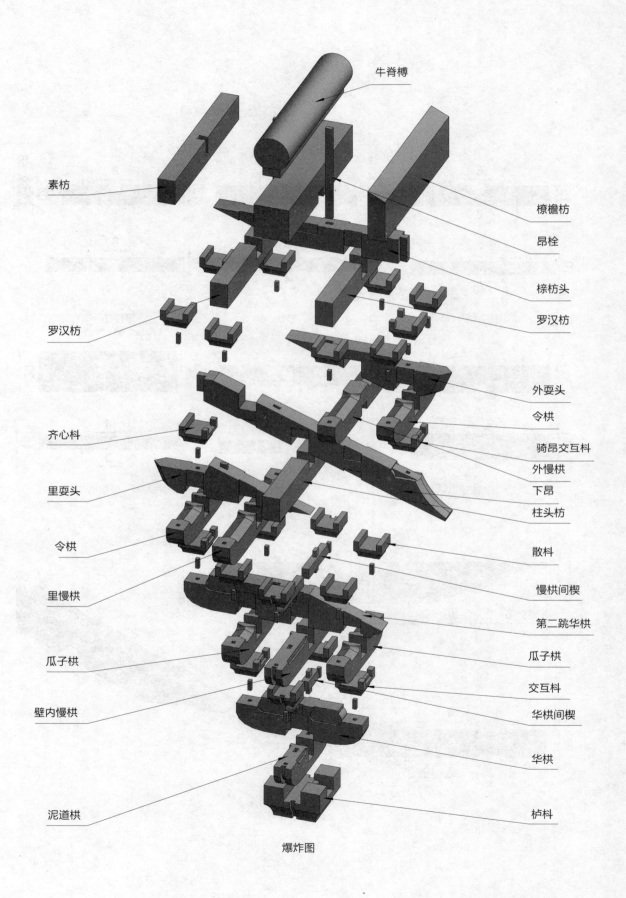

牛脊槫

素枋

橑檐枋

昂栓

橑枋头

罗汉枋

罗汉枋

外耍头

令栱

齐心枓

骑昂交互枓

外慢栱

里耍头

下昂

柱头枋

令栱

散枓

慢栱间楔

第二跳华栱

瓜子栱

瓜子栱

交互枓

壁内慢栱

华栱间楔

华栱

泥道栱

栌枓

爆炸图

五铺作重栱出单抄单下昂，里转五铺作出单抄，计外心柱头铺作

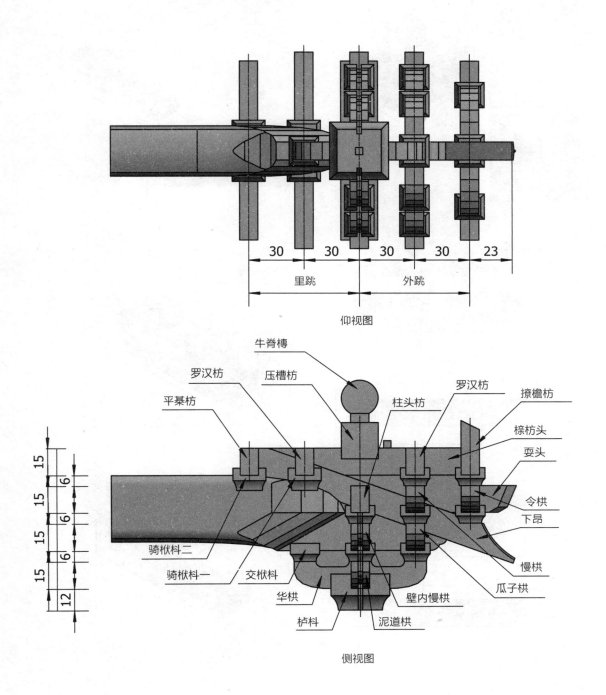

仰视图

侧视图

分件尺寸图解一

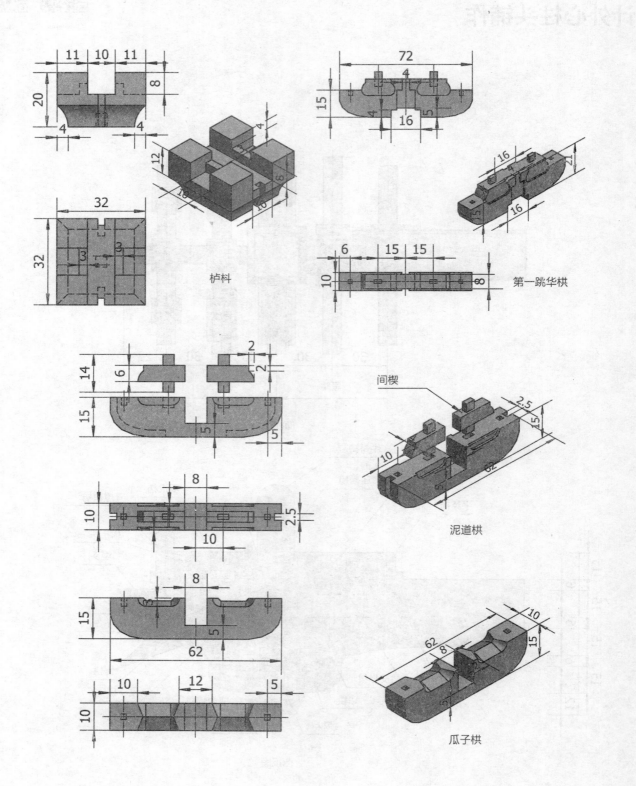

栌枓

第一跳华栱

间楔

泥道栱

瓜子栱

分件尺寸图解二

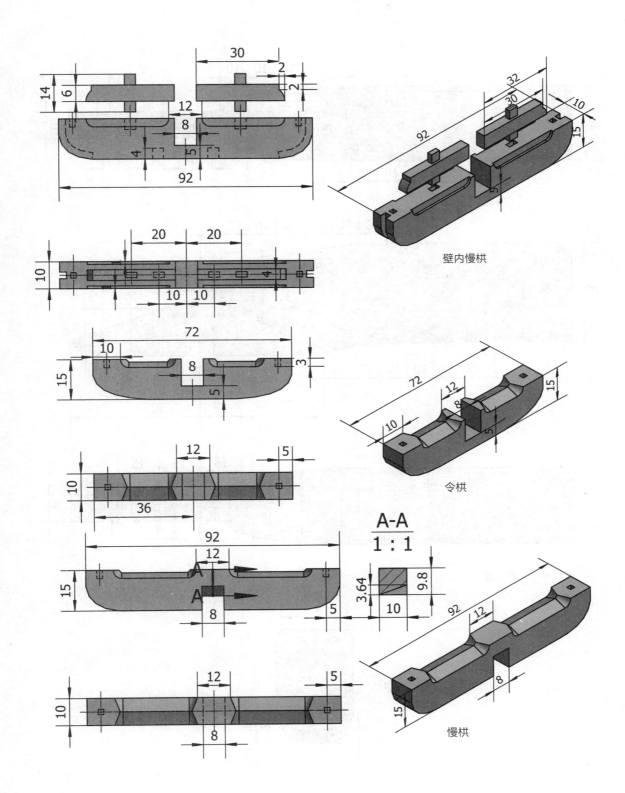

壁内慢栱

令栱

慢栱

分件尺寸图解四

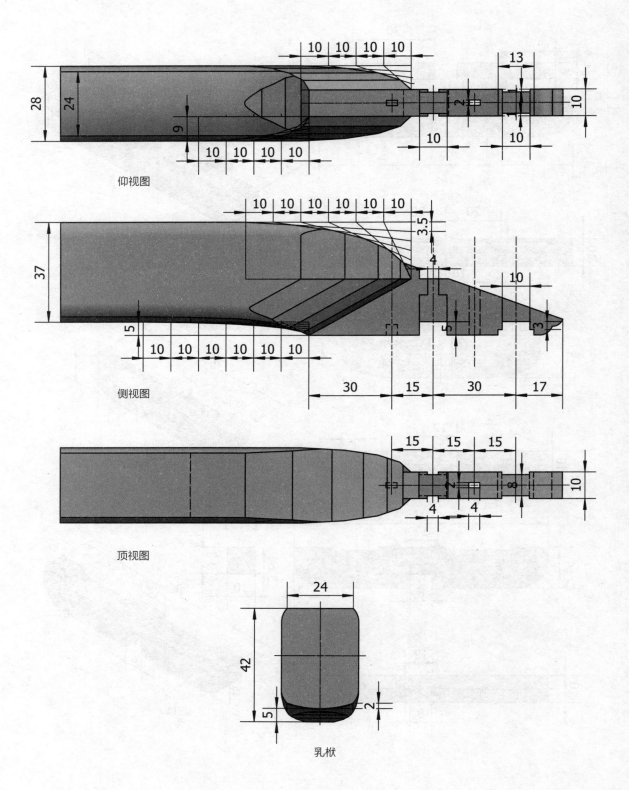

仰视图

侧视图

顶视图

乳栿

分件尺寸图解五

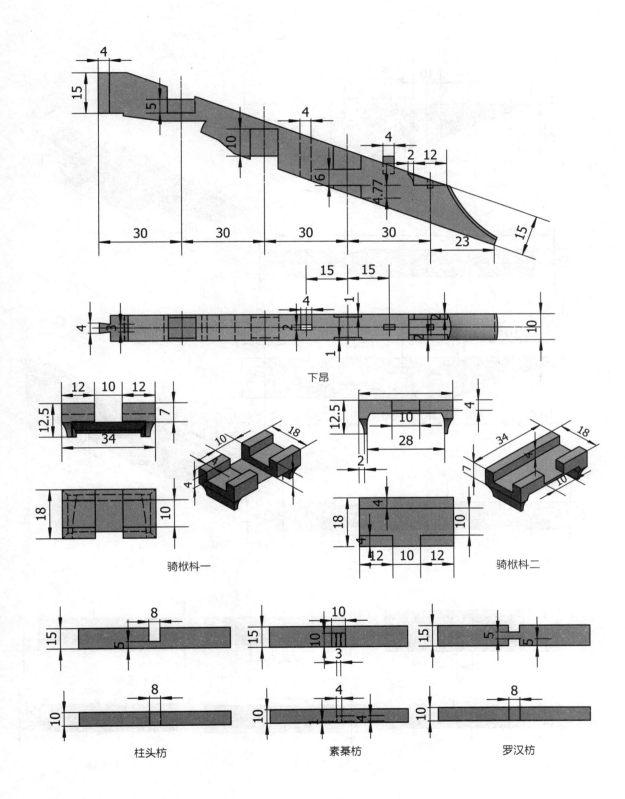

下昂

骑栿枓一

骑栿枓二

柱头枋

素栱枋

罗汉枋

分件尺寸图解六

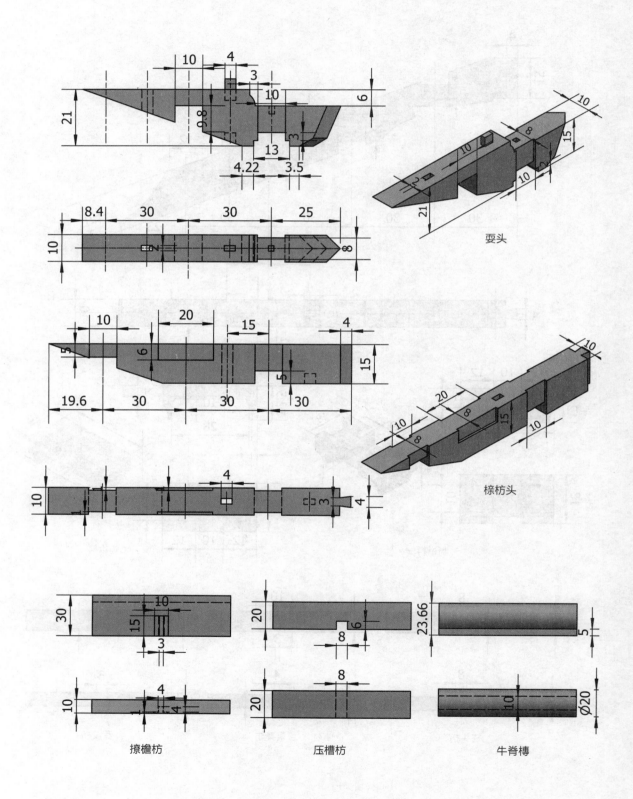

耍头

椽枋头

撩檐枋　　　压槽枋　　　牛脊槫

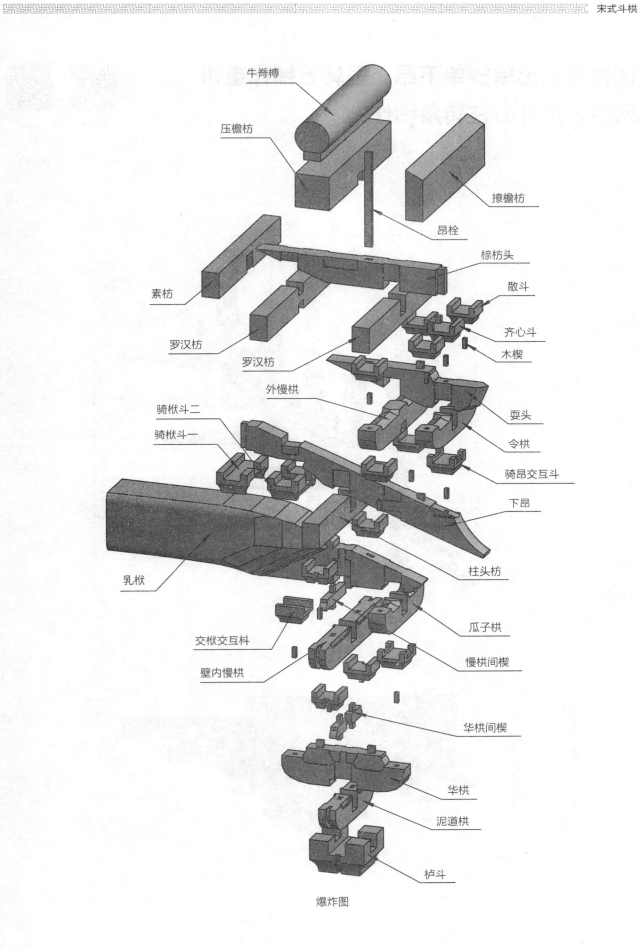

牛脊槫

压檐枋

撩檐枋

昂栓

椽枋头

素枋

散斗

齐心斗

木楔

罗汉枋

罗汉枋

外慢栱

耍头

骑栿斗二

令栱

骑栿斗一

骑昂交互斗

下昂

乳栿

柱头枋

瓜子栱

交栿交互枓

慢栱间楔

壁内慢栱

华栱间楔

华栱

泥道栱

栌斗

爆炸图

五铺作重栱出单抄单下昂，里转五铺作重栱出两抄，计外心柱转角铺作

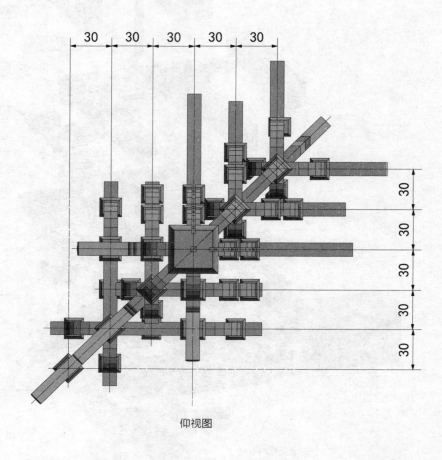

仰视图

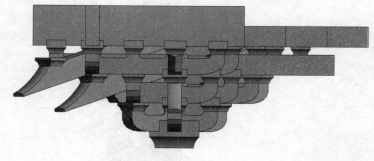

侧视图

第一、二层部件尺寸图解

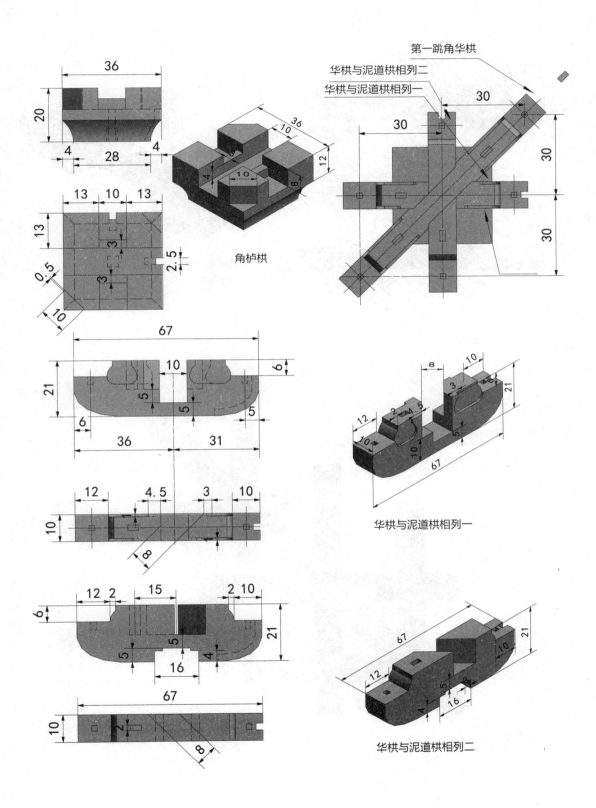

角栌栱

华栱与泥道栱相列一

华栱与泥道栱相列二

第一跳角华栱

华栱与泥道栱相列二

华栱与泥道栱相列一

第三层部件尺寸图解

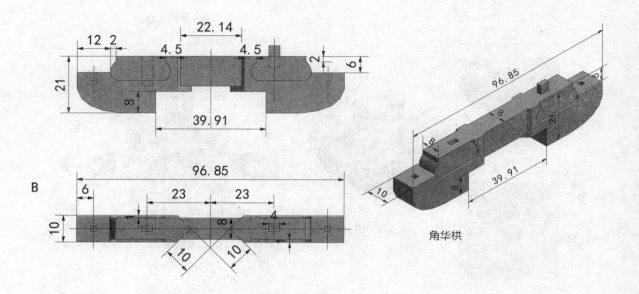

角华栱

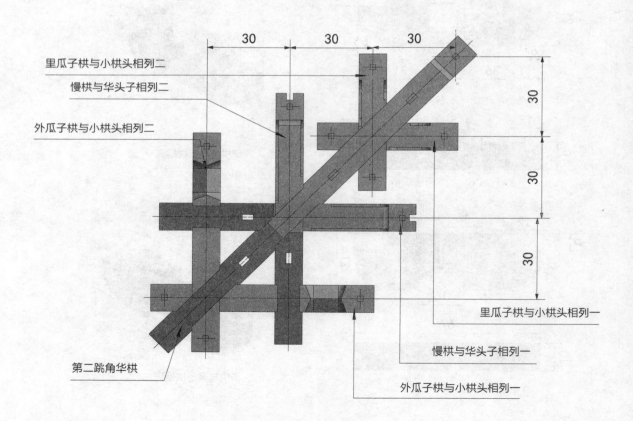

里瓜子栱与小栱头相列二

慢栱与华头子相列二

外瓜子栱与小栱头相列二

里瓜子栱与小栱头相列一

慢栱与华头子相列一

第二跳角华栱

外瓜子栱与小栱头相列一

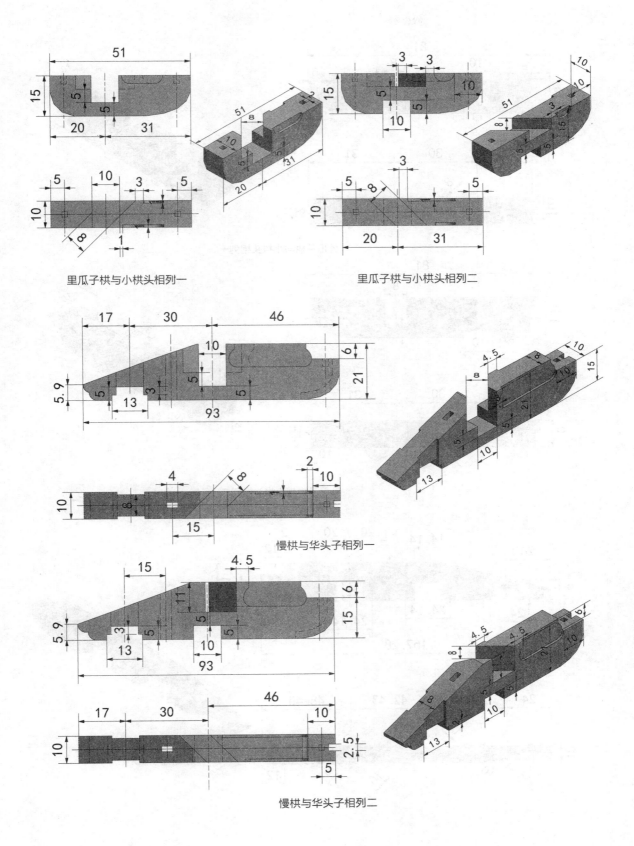

里瓜子栱与小栱头相列一

里瓜子栱与小栱头相列二

慢栱与华头子相列一

慢栱与华头子相列二

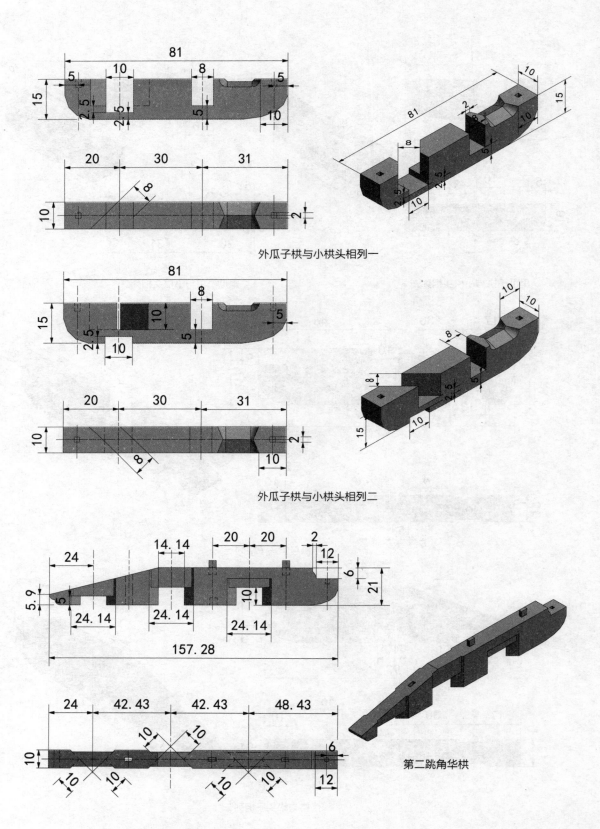

外瓜子栱与小栱头相列一

外瓜子栱与小栱头相列二

第二跳角华栱

第四层部件尺寸图解

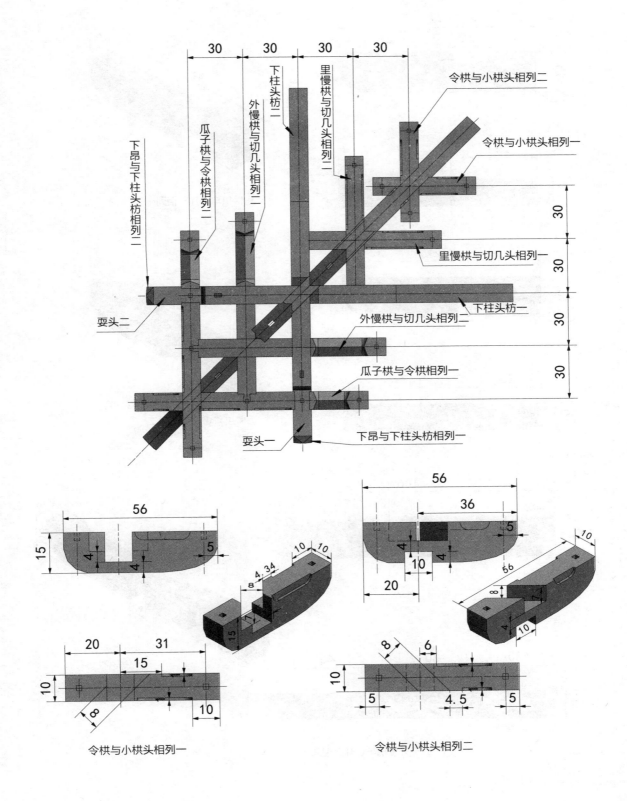

令栱与小栱头相列一

令栱与小栱头相列二

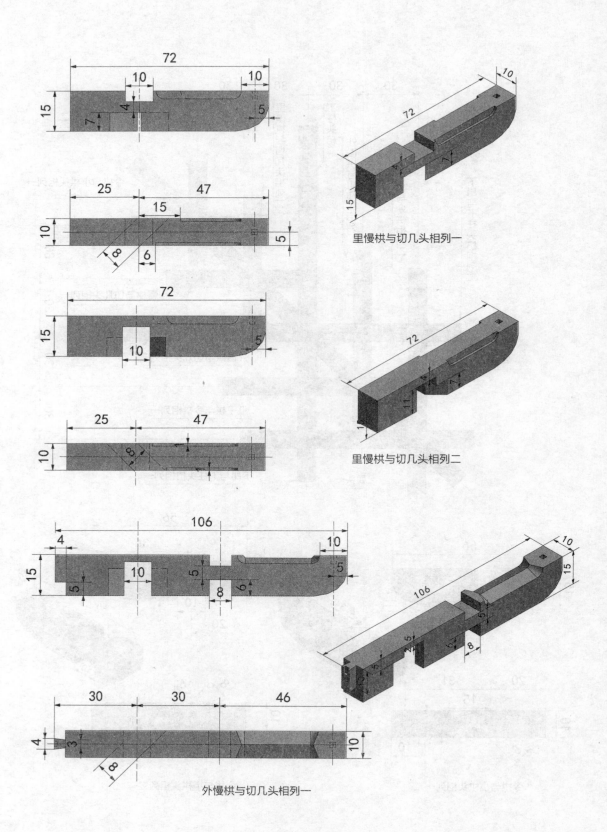

里慢栱与切几头相列一

里慢栱与切几头相列二

外慢栱与切几头相列一

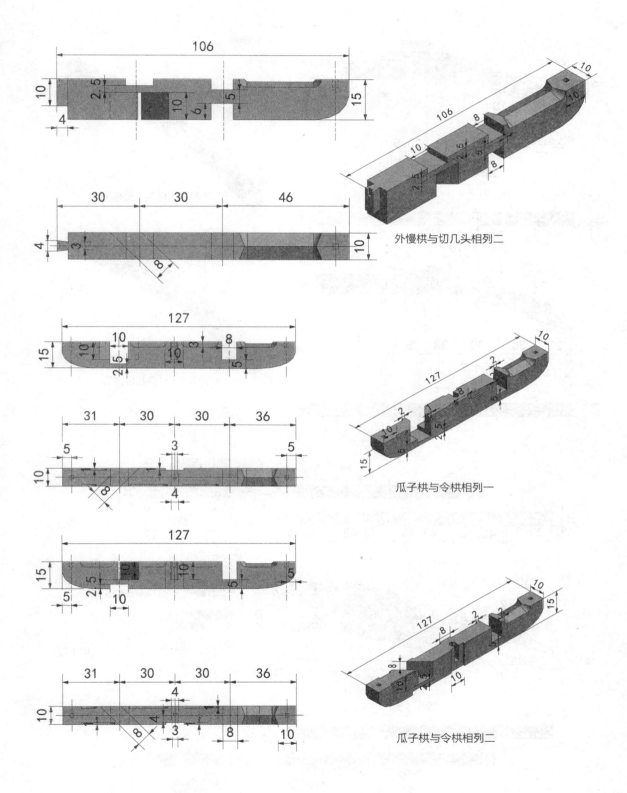

外慢栱与切几头相列二

瓜子栱与令栱相列一

瓜子栱与令栱相列二

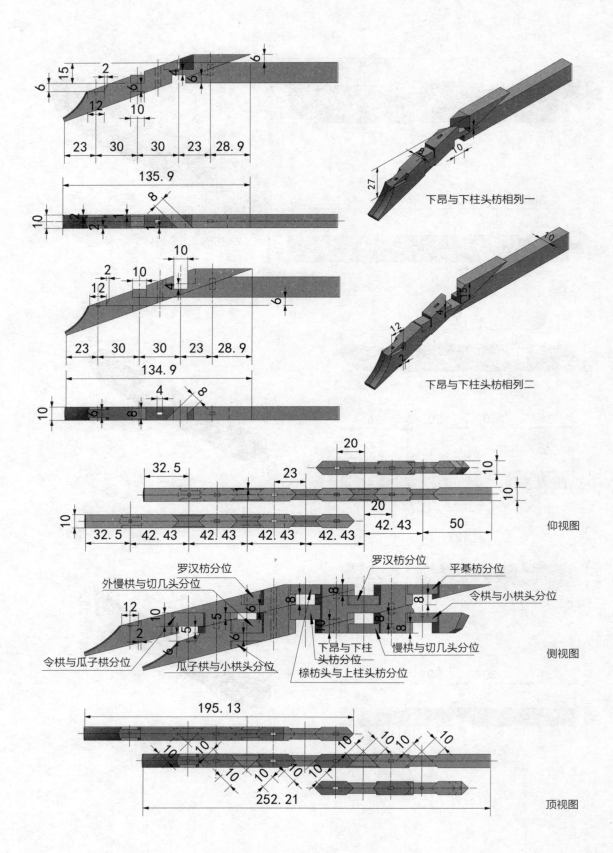

下昂与下柱头枋相列一

下昂与下柱头枋相列二

仰视图

罗汉枋分位
外慢栱与切几头分位
罗汉枋分位
平棊枋分位
令栱与小栱头分位
下昂与下柱头枋分位
慢栱与切几头分位
令栱与瓜子栱分位
瓜子栱与小栱头分位
椽枋头与上柱头枋分位
侧视图

顶视图

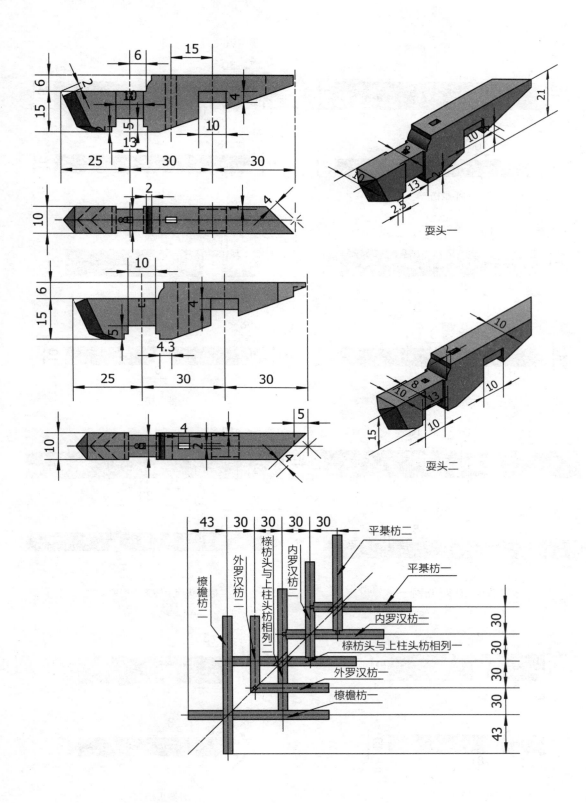

耍头一

耍头二

椽檐枋二
外罗汉枋二
橑枋头与上柱头枋相列二
内罗汉枋二
平棊枋二
平棊枋一
内罗汉枋一
橑枋头与上柱头枋相列一
外罗汉枋一
椽檐枋一

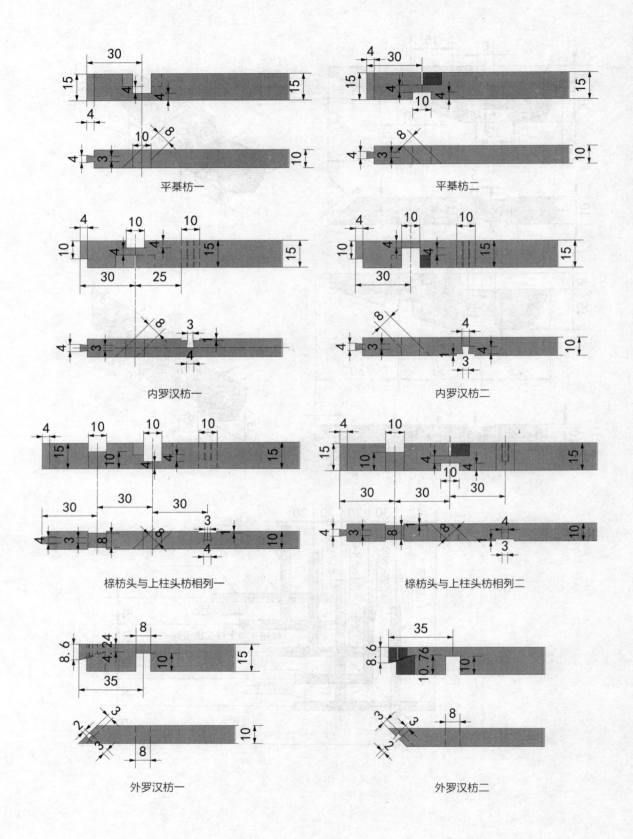

平棊枋一

平棊枋二

内罗汉枋一

内罗汉枋二

橑枋头与上柱头枋相列一

橑枋头与上柱头枋相列二

外罗汉枋一

外罗汉枋二

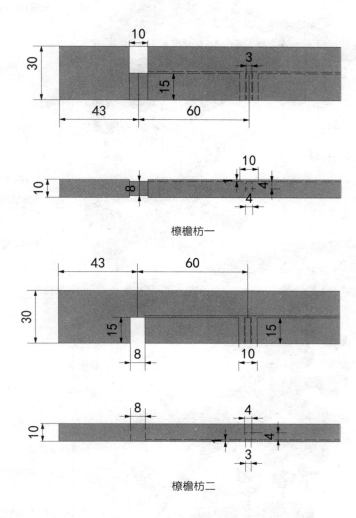

檐檐枋一

檐檐枋二

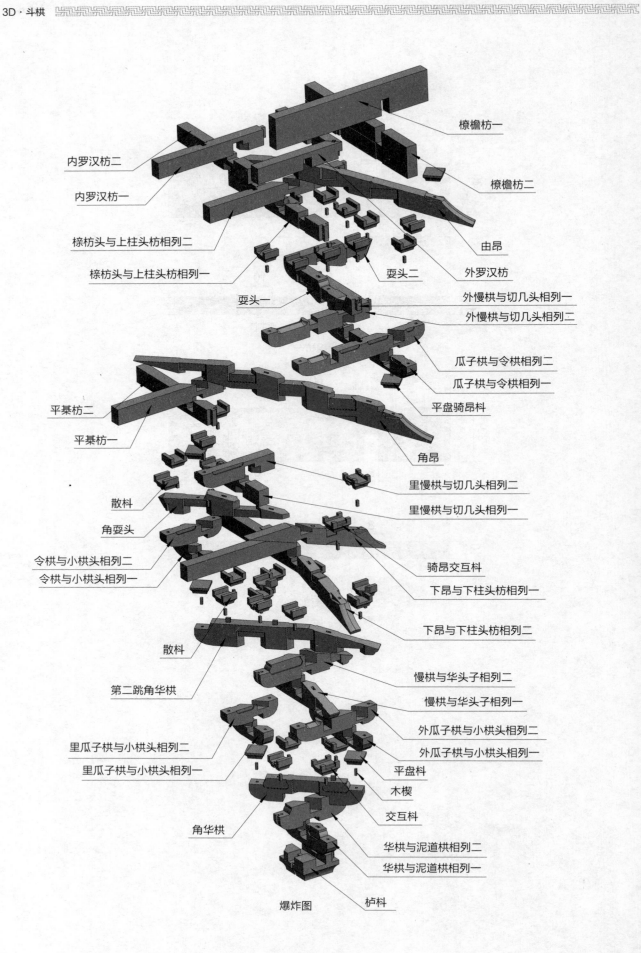

椽檐枋一

内罗汉枋二

内罗汉枋一

椽檐枋二

椓枋头与上柱头枋相列二

由昂

椓枋头与上柱头枋相列一

耍头二

外罗汉枋

耍头一

外慢栱与切几头相列一

外慢栱与切几头相列二

瓜子栱与令栱相列二

瓜子栱与令栱相列一

平棊枋二

平盘骑昂枓

平棊枋一

角昂

里慢栱与切几头相列二

散枓

里慢栱与切几头相列一

角耍头

令栱与小栱头相列二

骑昂交互枓

令栱与小栱头相列一

下昂与下柱头枋相列一

下昂与下柱头枋相列二

散枓

慢栱与华头子相列二

第二跳角华栱

慢栱与华头子相列一

外瓜子栱与小栱头相列二

里瓜子栱与小栱头相列二

外瓜子栱与小栱头相列一

里瓜子栱与小栱头相列一

平盘枓

木楔

交互枓

角华栱

华栱与泥道栱相列二

华栱与泥道栱相列一

爆炸图

栌枓

五铺作重栱出单抄单下昂，里转五铺作重栱出两抄，偷心转角铺作

tengxun

youku

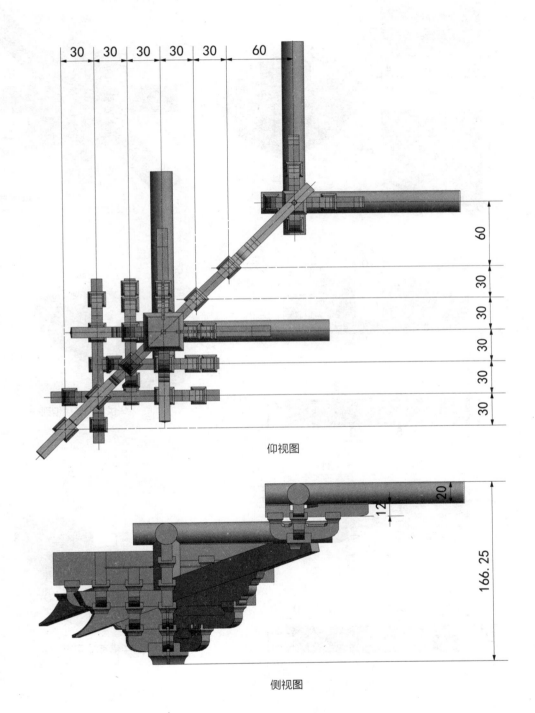

仰视图

侧视图

第一、二层尺寸图解

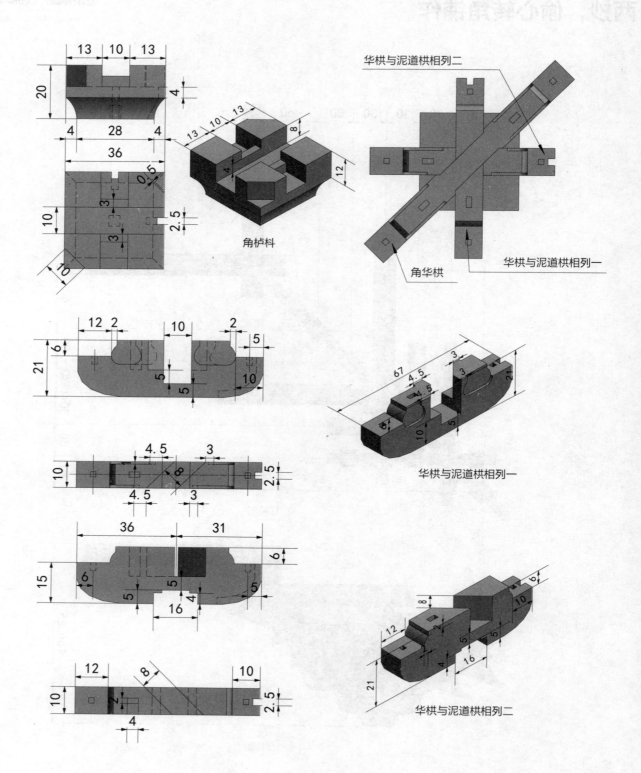

角栌枓

华栱与泥道栱相列二

角华栱

华栱与泥道栱相列一

华栱与泥道栱相列一

华栱与泥道栱相列二

第三层部件尺寸图解

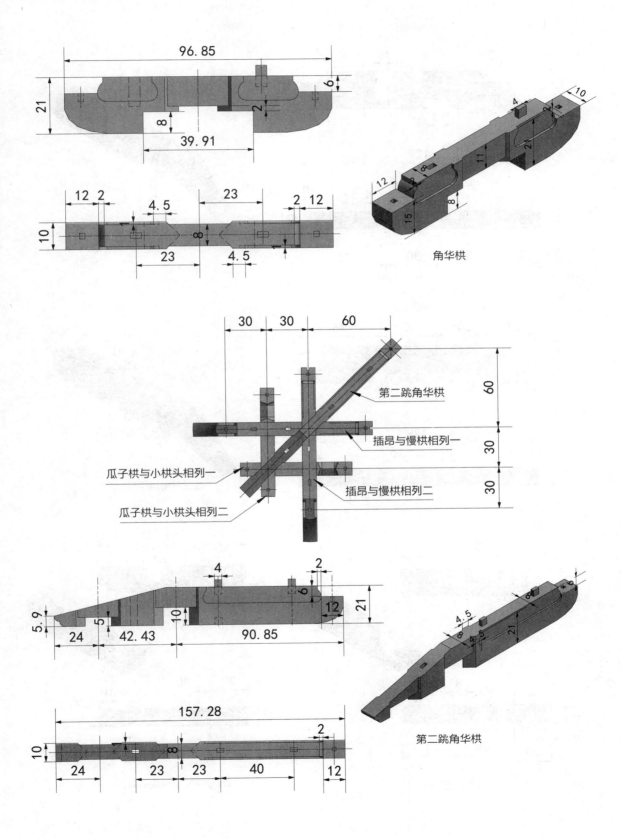

角华栱

第二跳角华栱

第二跳角华栱

插昂与慢栱相列一

插昂与慢栱相列二

瓜子栱与小栱头相列一

瓜子栱与小栱头相列二

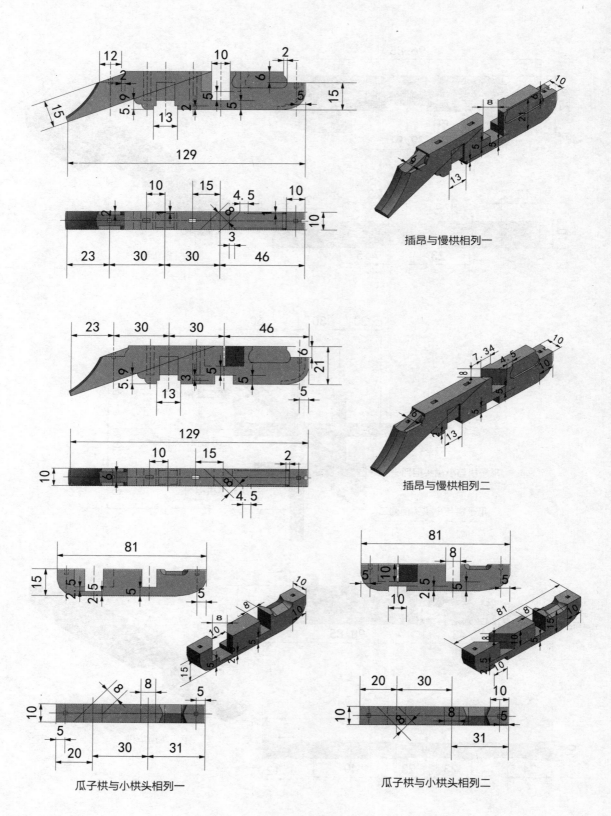

插昂与慢栱相列一

插昂与慢栱相列二

瓜子栱与小栱头相列一

瓜子栱与小栱头相列二

第四层部件尺寸图解

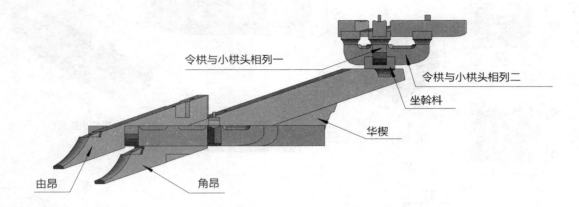

令栱与小栱头相列一

令栱与小栱头相列二

坐斡枓

华楔

由昂

角昂

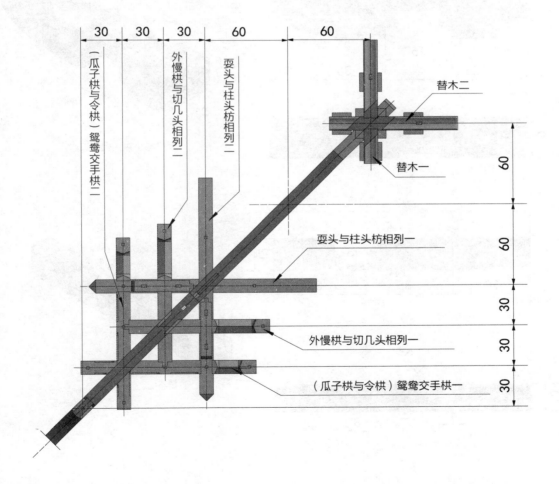

（瓜子栱与令栱）鸳鸯交手栱二

外慢栱与切几头相列二

耍头与柱头枋相列二

替木二

替木一

耍头与柱头枋相列一

外慢栱与切几头相列一

（瓜子栱与令栱）鸳鸯交手栱一

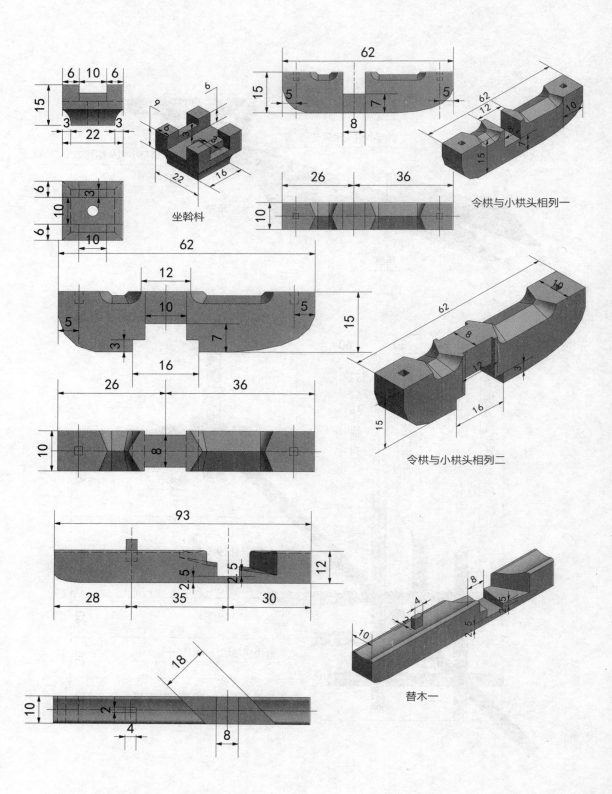

坐幹料

令栱与小栱头相列一

令栱与小栱头相列二

替木一

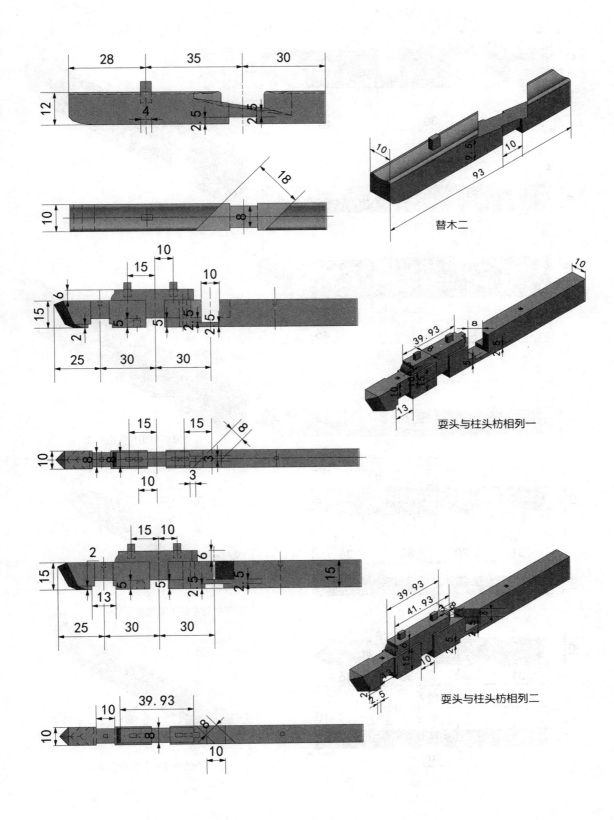

替木二

耍头与柱头枋相列一

耍头与柱头枋相列二

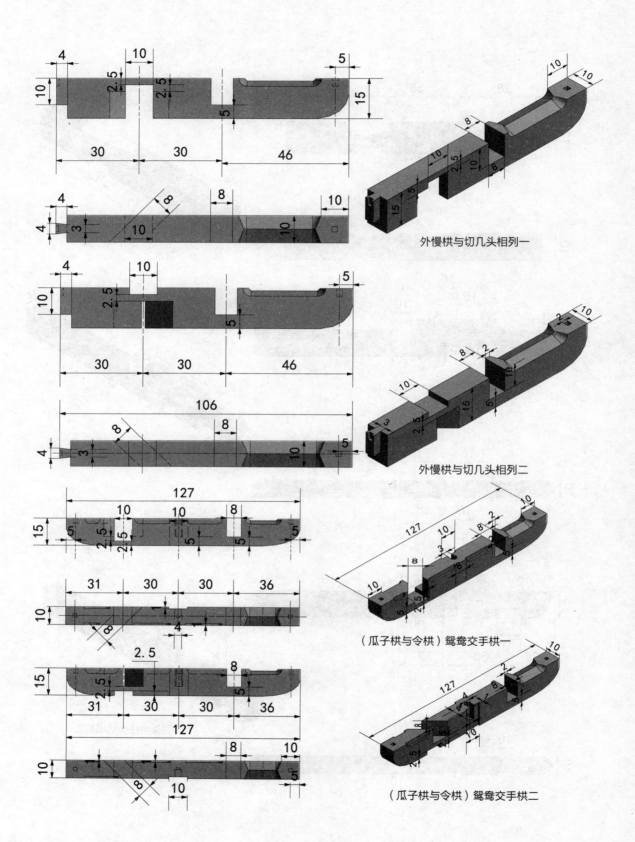

外慢栱与切几头相列一

外慢栱与切几头相列二

（瓜子栱与令栱）鸳鸯交手栱一

（瓜子栱与令栱）鸳鸯交手栱二

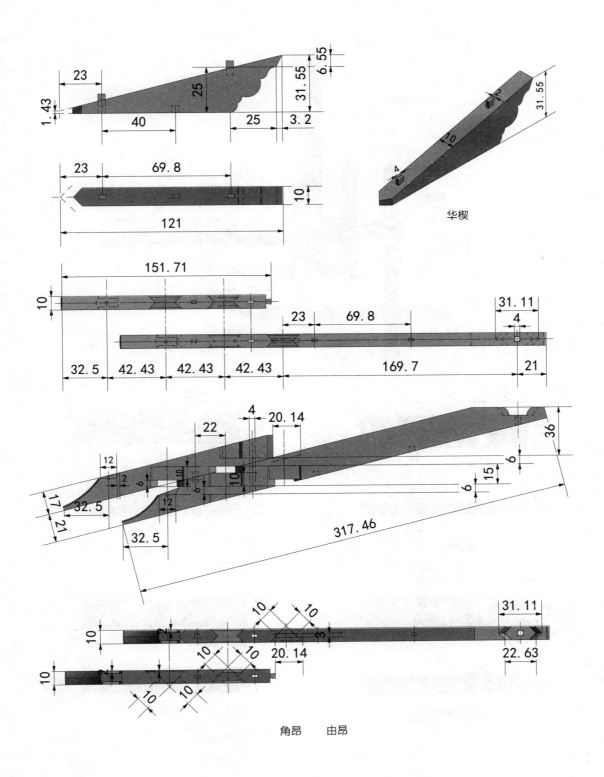

华楔

角昂　　由昂

第五层部件尺寸图解

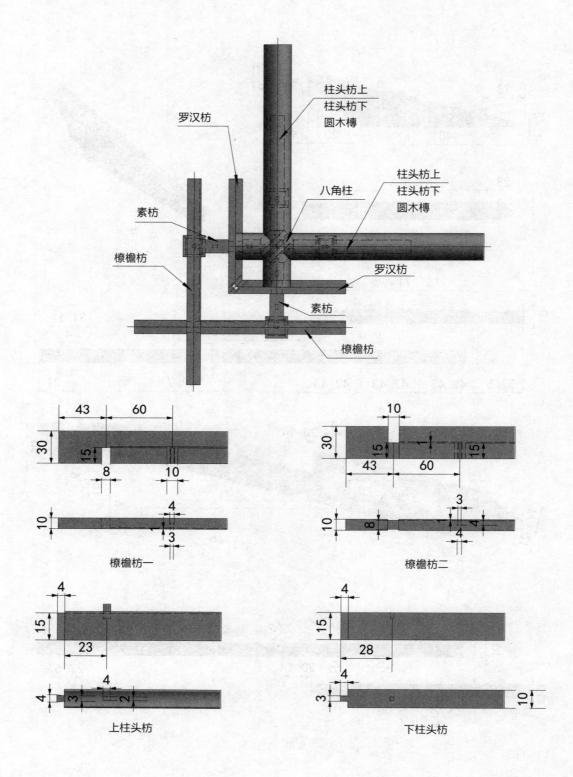

罗汉枋

柱头枋上
柱头枋下
圆木榫

八角柱

柱头枋上
柱头枋下
圆木榫

素枋

罗汉枋

檩檐枋

素枋

檩檐枋

檩檐枋一

檩檐枋二

上柱头枋

下柱头枋

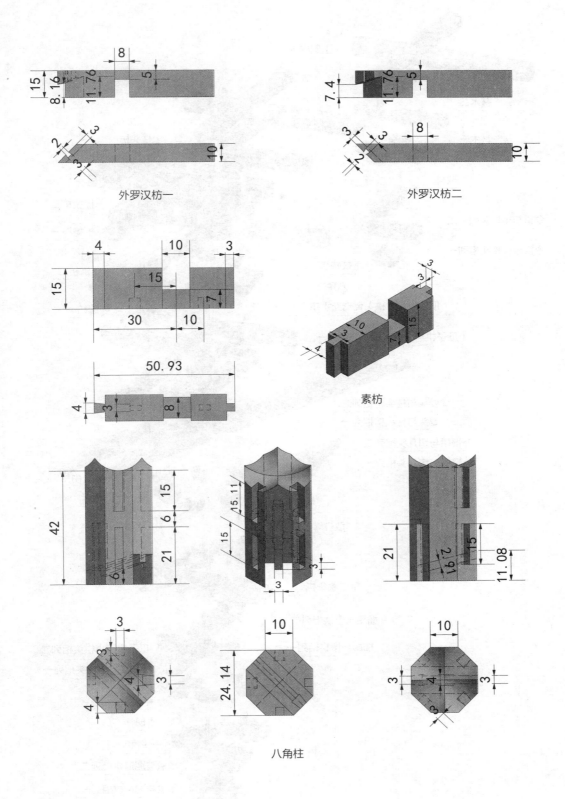

外罗汉枋一

外罗汉枋二

素枋

八角柱

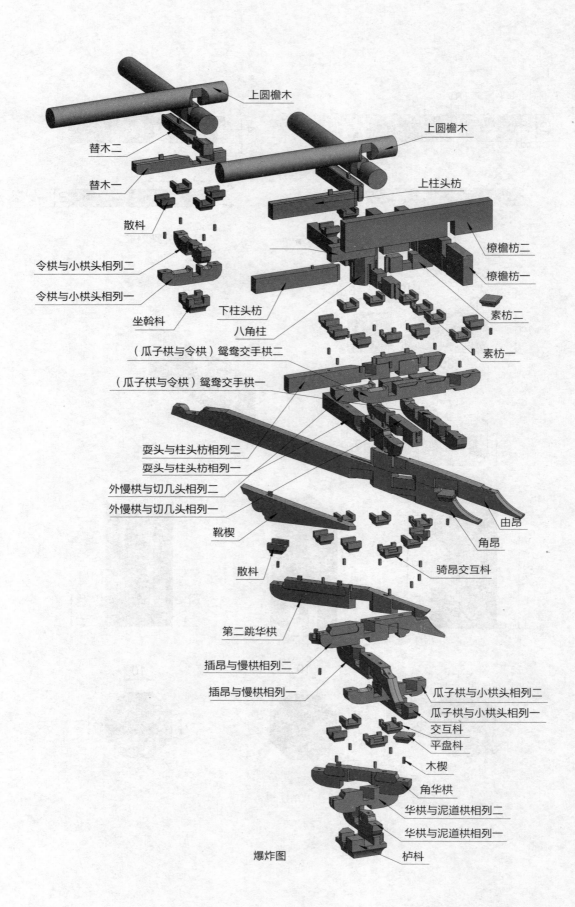

上圆檐木

替木二

替木一

上圆檐木

散料

上柱头枋

令栱与小栱头相列二

令栱与小栱头相列一

橑檐枋二

坐斡料

橑檐枋一

下柱头枋

八角柱

素枋二

（瓜子栱与令栱）鸳鸯交手栱二

素枋一

（瓜子栱与令栱）鸳鸯交手栱一

耍头与柱头枋相列二

耍头与柱头枋相列一

外慢栱与切几头相列二

外慢栱与切几头相列一

靴楔

由昂

角昂

散料

骑昂交互料

第二跳华栱

插昂与慢栱相列二

插昂与慢栱相列一

瓜子栱与小栱头相列二

瓜子栱与小栱头相列一

交互料

平盘料

木楔

角华栱

华栱与泥道栱相列二

华栱与泥道栱相列一

爆炸图

栌料

80

六铺作重栱单抄双下昂，里转五铺作重栱出两抄，并计心转角铺作

tengxun　　youku

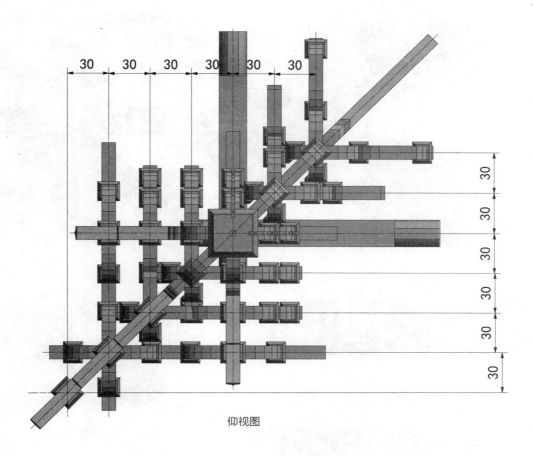

仰视图

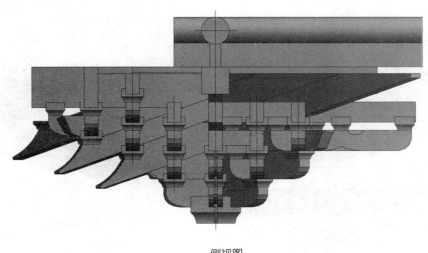

侧视图

第一 二层部件尺寸图解

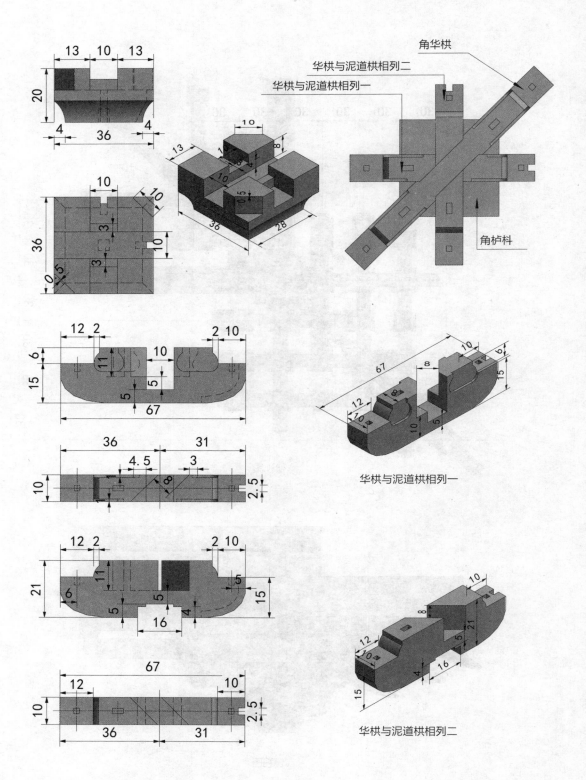

华栱与泥道栱相列一

华栱与泥道栱相列二

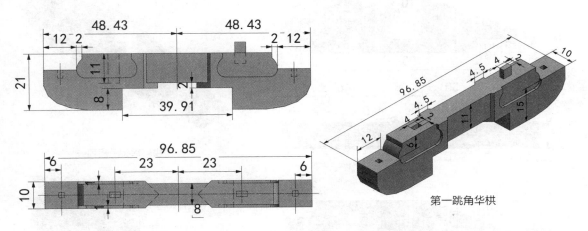

第一跳角华栱

第三层部件尺寸图解

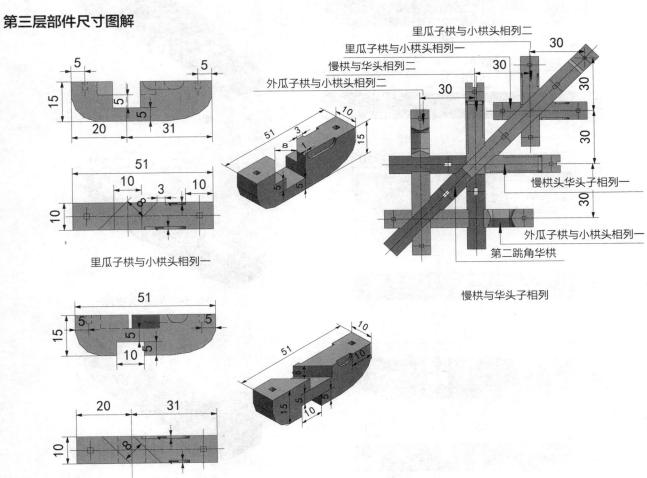

里瓜子栱与小栱头相列一

里瓜子栱与小栱头相列二

里瓜子栱与小栱头相列二

外瓜子栱与小栱头相列二

慢栱与华头相列二

里瓜子栱与小栱头相列一

外瓜子栱与小栱头相列一

第二跳角华栱

慢栱头华头子相列一

慢栱与华头子相列

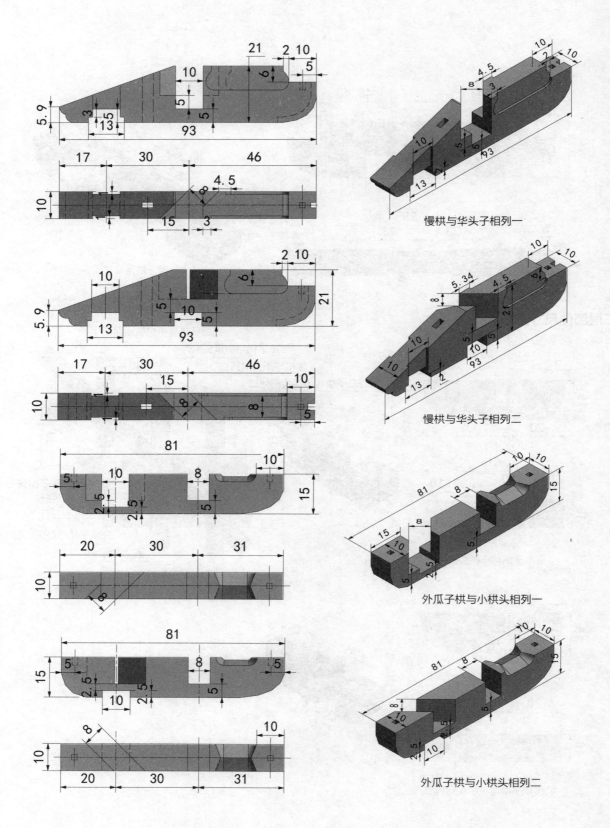

慢栱与华头子相列一

慢栱与华头子相列二

外瓜子栱与小栱头相列一

外瓜子栱与小栱头相列二

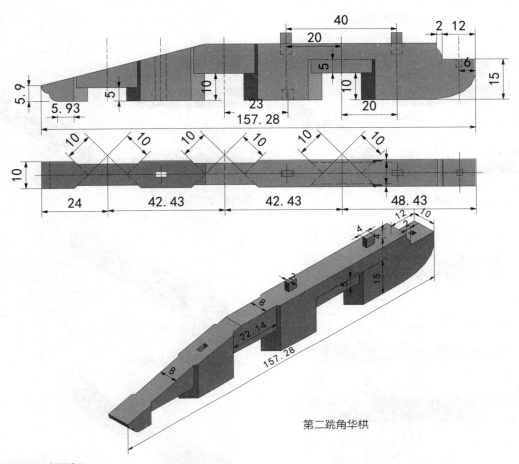

第二跳角华栱

第四层部件尺寸图解

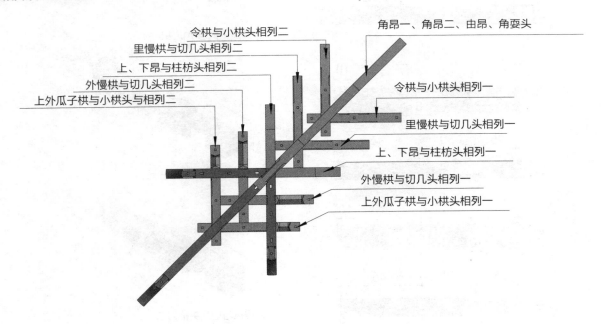

令栱与小栱头相列二

里慢栱与切几头相列二

上、下昂与柱枋头相列二

外慢栱与切几头相列二

上外瓜子栱与小栱头与相列二

角昂一、角昂二、由昂、角耍头

令栱与小栱头相列一

里慢栱与切几头相列一

上、下昂与柱枋头相列一

外慢栱与切几头相列一

上外瓜子栱与小栱头相列一

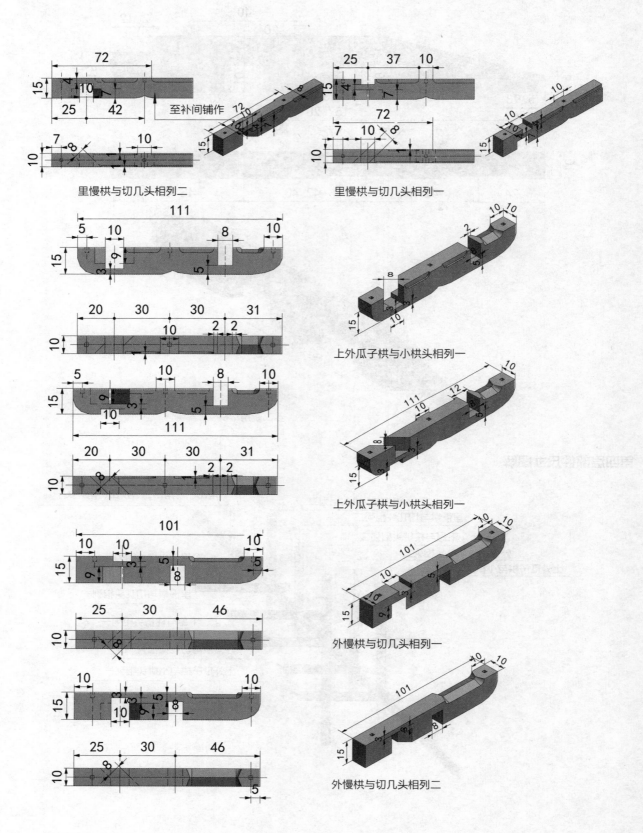

里慢栱与切几头相列二

里慢栱与切几头相列一

上外瓜子栱与小栱头相列一

上外瓜子栱与小栱头相列一

外慢栱与切几头相列一

外慢栱与切几头相列二

至补间铺作

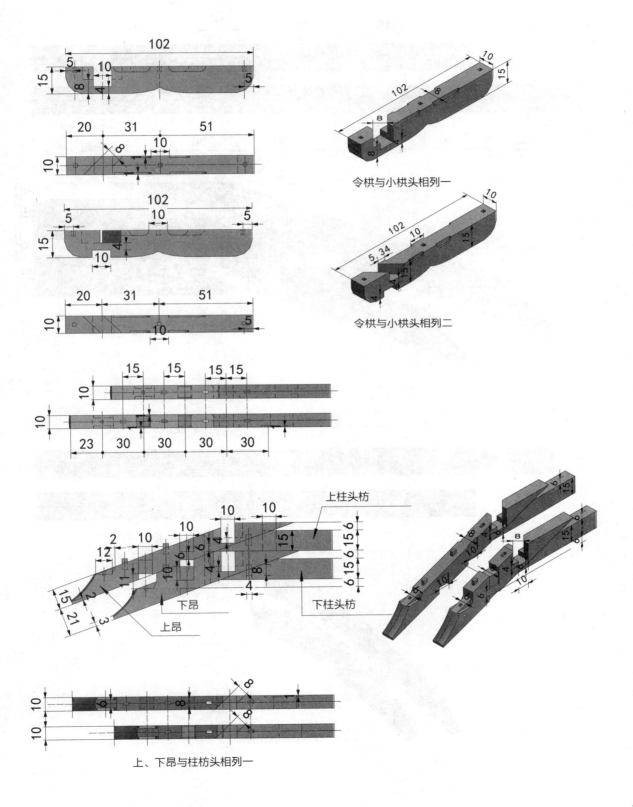

令栱与小栱头相列一

令栱与小栱头相列二

上柱头枋

下柱头枋

下昂

上昂

上、下昂与柱枋头相列一

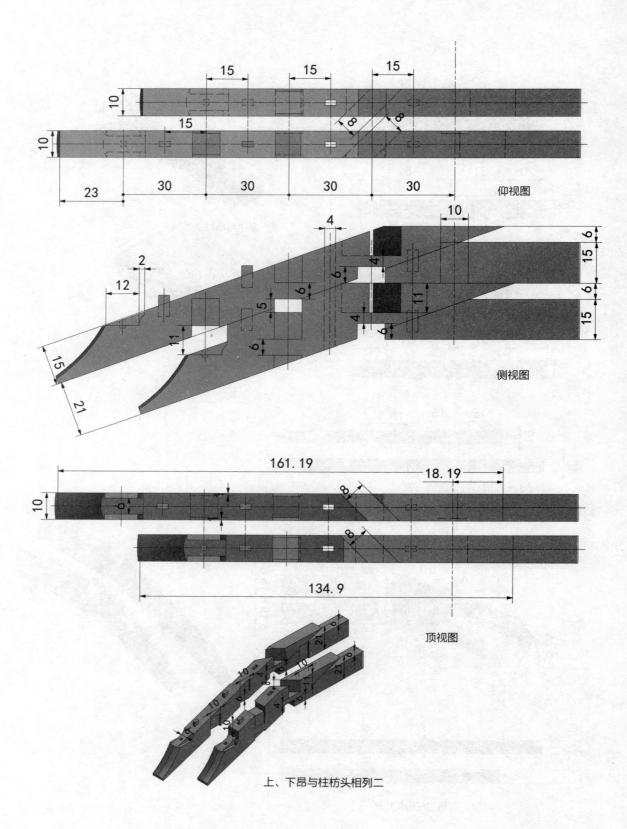

仰视图

侧视图

顶视图

上、下昂与柱枋头相列二

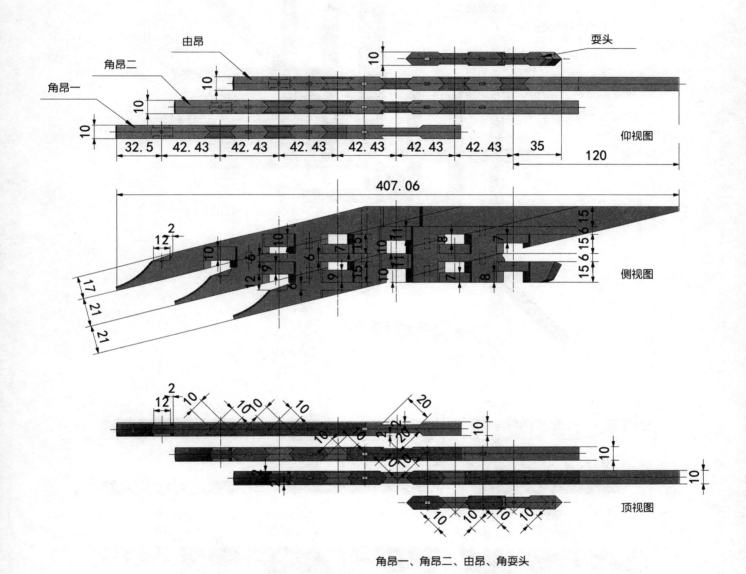

角昂一、角昂二、由昂、角耍头

分件尺寸图解

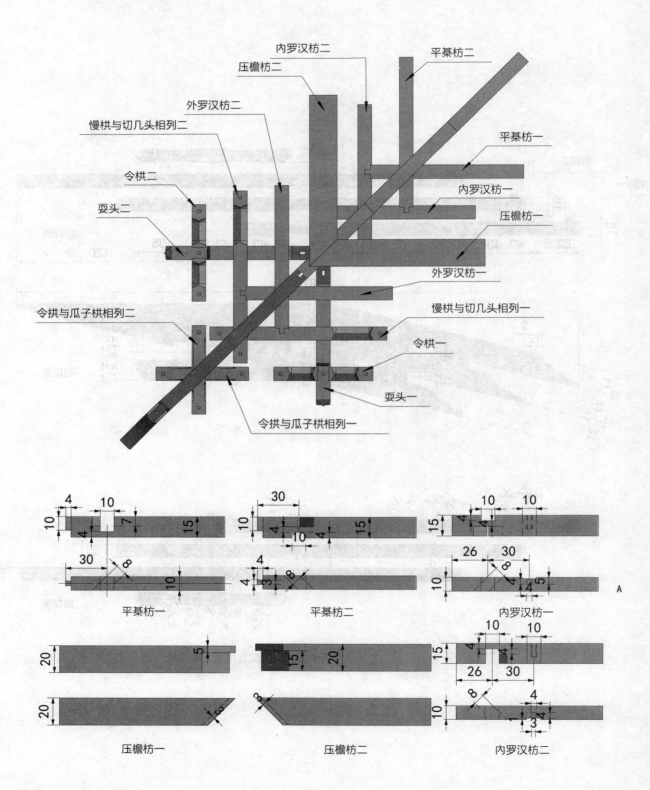

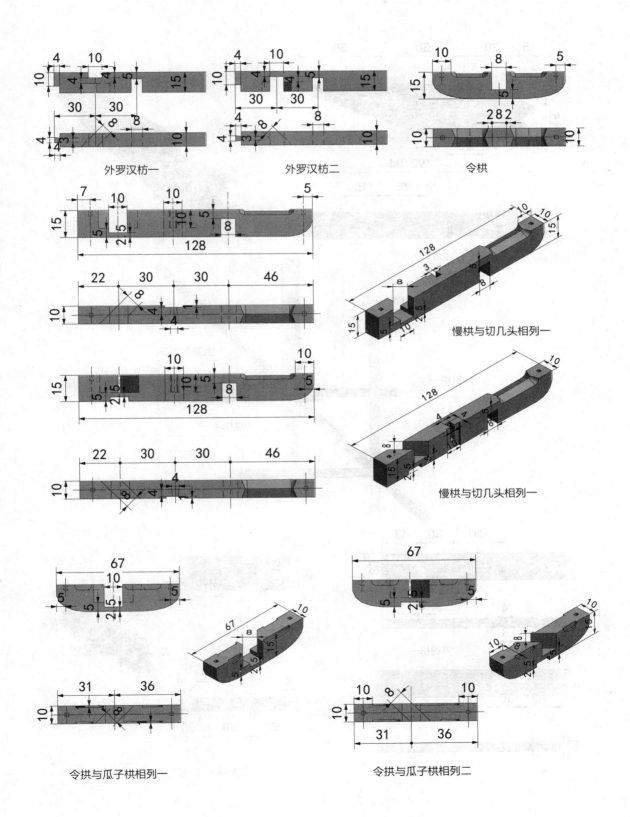

外罗汉枋一

外罗汉枋二

令栱

慢栱与切几头相列一

慢栱与切几头相列一

令拱与瓜子栱相列一

令拱与瓜子栱相列二

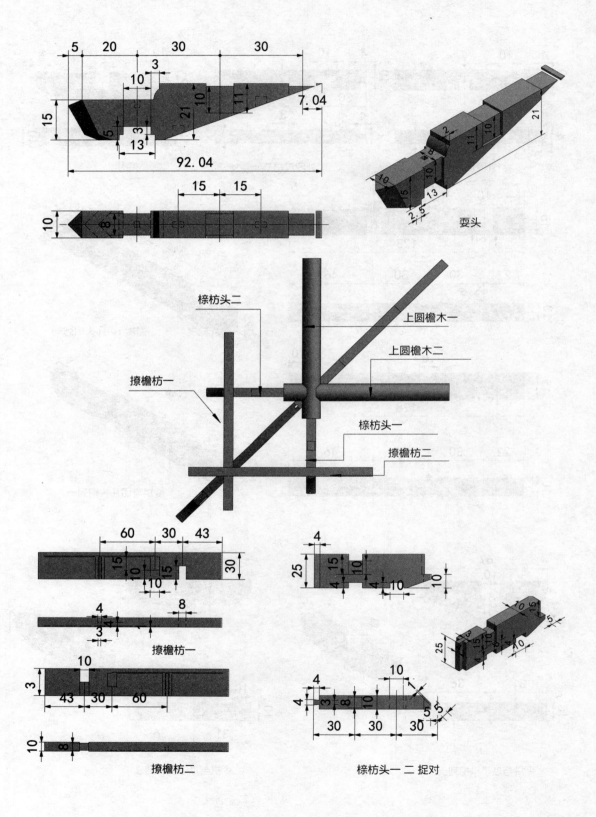

耍头

棕枋头二

上圆檐木一

上圆檐木二

撩檐枋一

棕枋头一

撩檐枋二

撩檐枋一

撩檐枋二

棕枋头一二 捉对

上圆木二

上圆木一

压檐枋一

压檐枋二

罗汉枋二

罗汉枋一

撩檐枋一

撩檐枋二

椽枋头二

椽枋头一

齐心斗

散斗

外罗汉枋一

平盘骑昂斗

慢栱与切几头相列二

角昂三

外罗汉枋二

慢栱与切几头相列一

耍头

耍头

令栱

令栱

令栱与瓜子栱相列一

令栱与瓜子栱相列二

交互斗

平盘骑昂斗

角昂二

内罗汉枋二

上昂与柱头枋相列二

上昂与柱头枋相列一

内罗汉枋一

外慢栱与切几头相列一

平棊枋一

上瓜子栱与小栱头相列一

外慢栱与切几头相列二

上瓜子栱与小栱头相列二

平棊枋二

角昂一

散斗

骑昂交互斗

下昂，下柱头枋相列二

下柱头枋

里慢栱与切几头相列二

下昂相列一

里慢栱与切几头相列一

令栱与小栱头相列二

耍头

令栱与小栱头相列一

散斗

第二跳华栱

慢栱与华头子相列二

栱与华头子相列一

里瓜子栱与小栱头相列二

瓜子栱与小栱头相列一

里瓜子栱与小栱头相列一

瓜子栱与小栱头相列二

交互斗

木楔

平撥斗

散斗

角华栱

华栱与泥道栱相列一

华栱与泥道栱相列二

栌斗

六铺作重栱单抄双下昂，里转五铺作重栱出两抄，并计心补间铺作

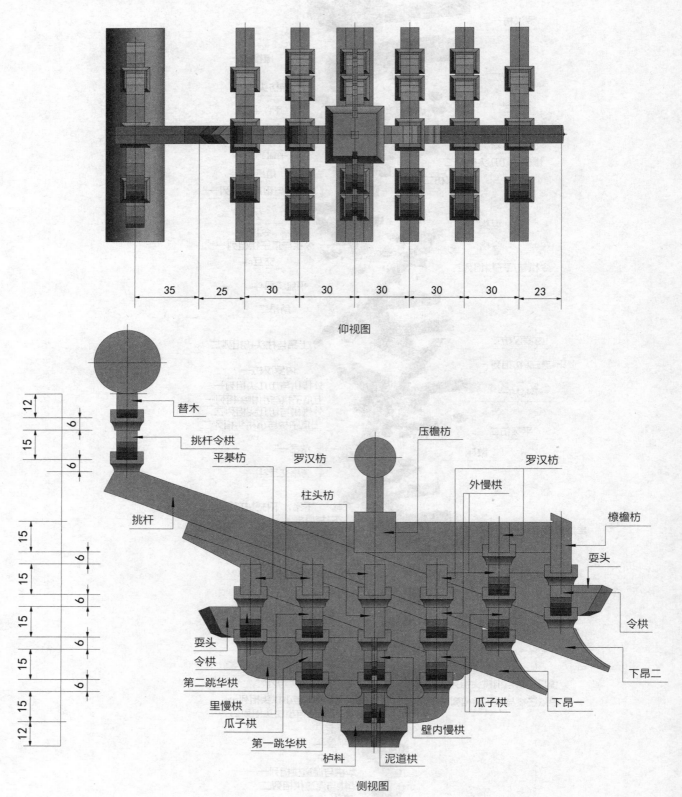

仰视图

侧视图

分件尺寸图解

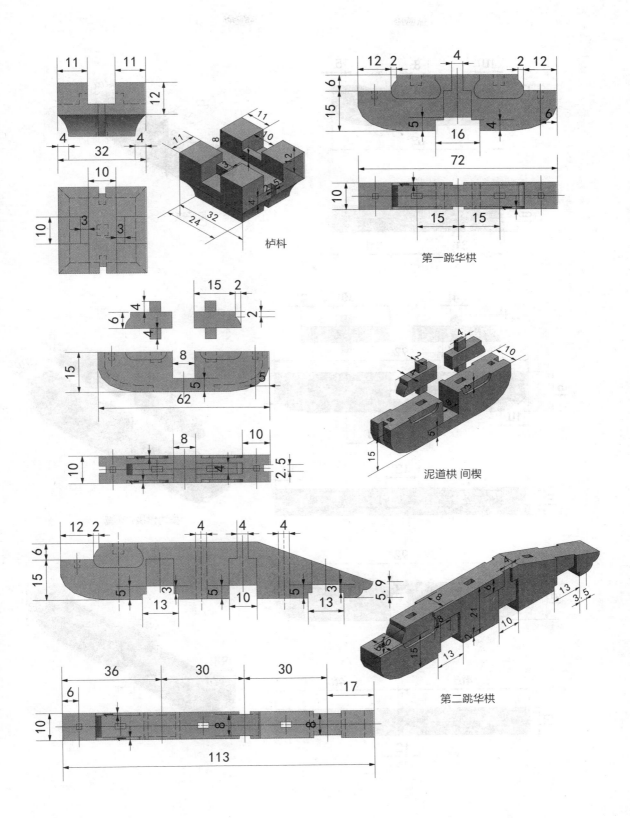

栌枓

第一跳华栱

泥道栱 间楔

第二跳华栱

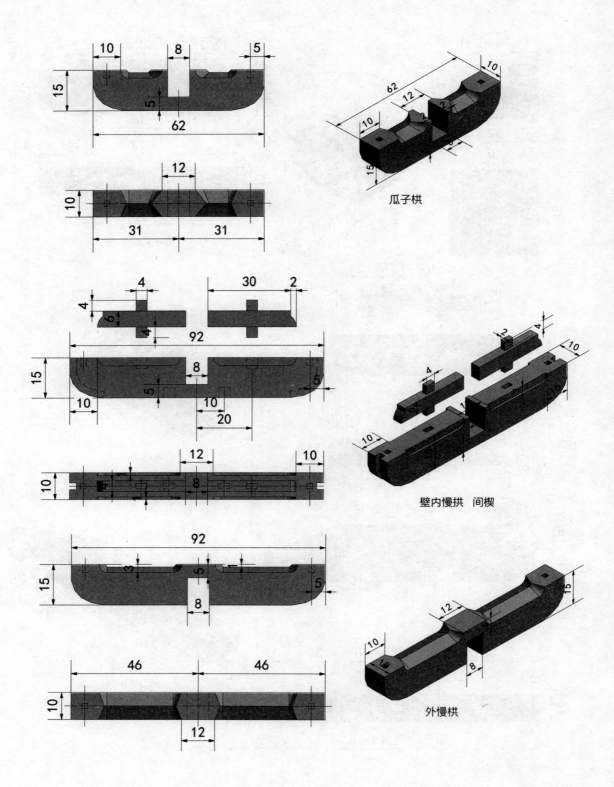

瓜子栱

壁内慢栱　间楔

外慢栱

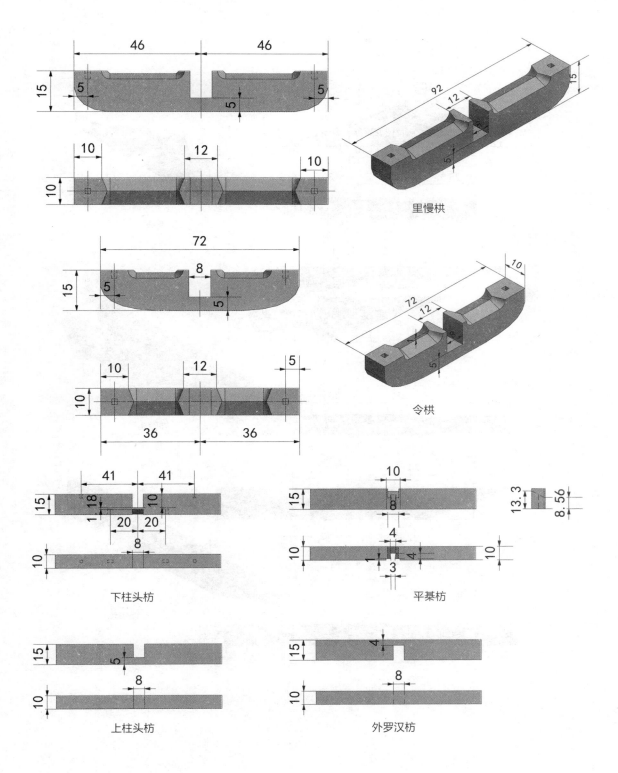

里慢栱

令栱

下柱头枋

平棊枋

上柱头枋

外罗汉枋

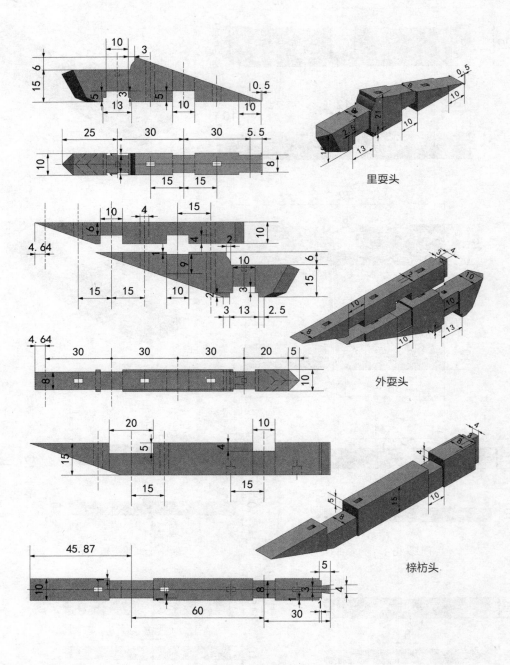

里耍头

外耍头

棕枋头

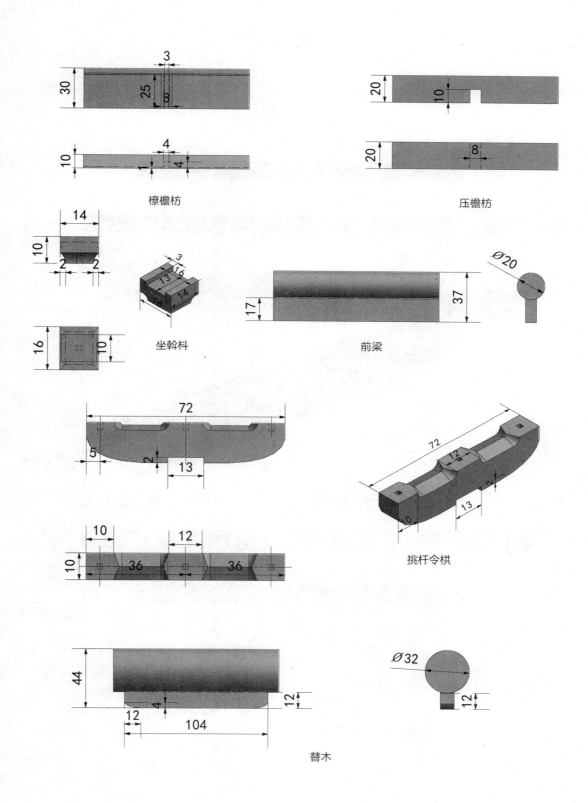

橑檐枋

压檐枋

坐斗枓

前梁

挑杆令栱

替木

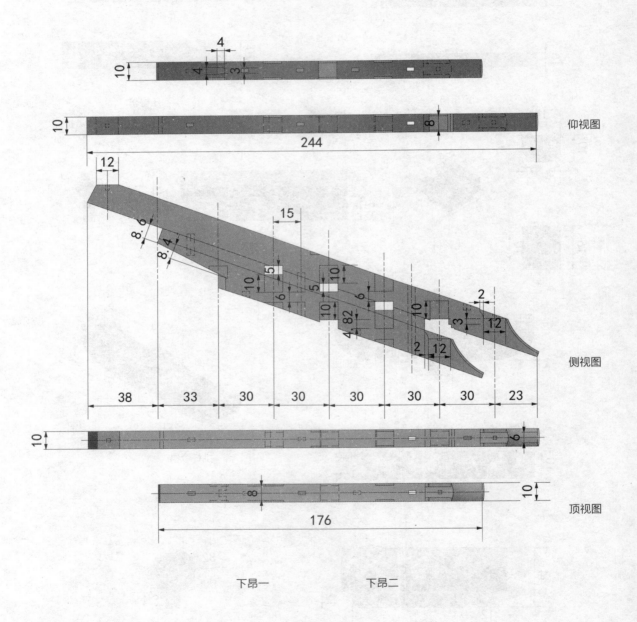

仰视图

侧视图

顶视图

下昂一　　　　　下昂二

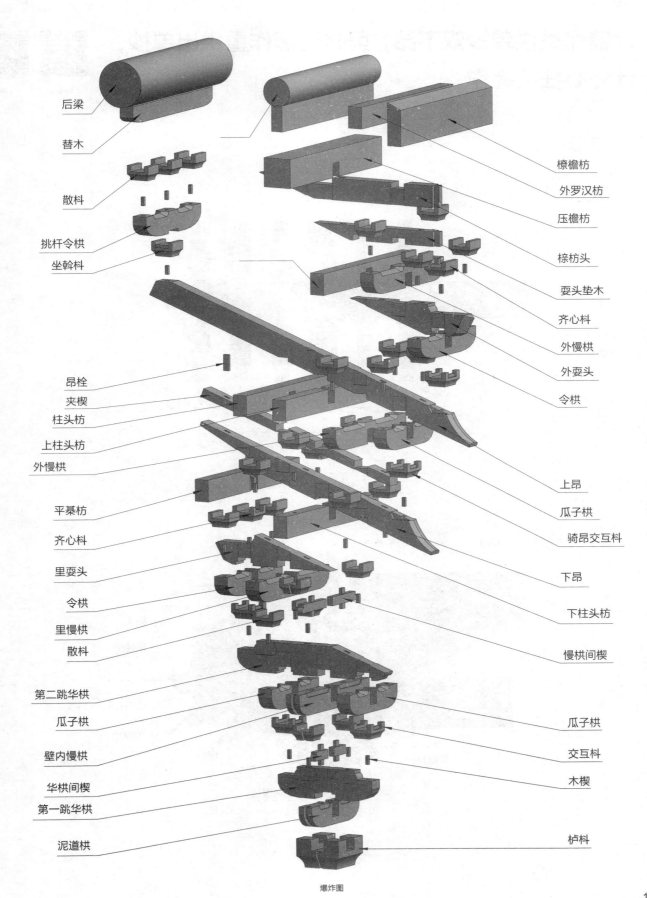

后梁
替木
散枓
挑杆令栱
坐斗枓
昂栓
夹楔
柱头枋
上柱头枋
外慢栱
平棊枋
齐心枓
里耍头
令栱
里慢栱
散枓
第二跳华栱
瓜子栱
壁内慢栱
华栱间楔
第一跳华栱
泥道栱

橑檐枋
外罗汉枋
压檐枋
榑枋头
耍头垫木
齐心枓
外慢栱
外耍头
令栱
上昂
瓜子栱
骑昂交互枓
下昂
下柱头枋
慢栱间楔
瓜子栱
交互枓
木楔
栌枓

爆炸图

六铺作重栱单抄双下昂，里转五铺作重栱出单抄，计外心柱头铺作

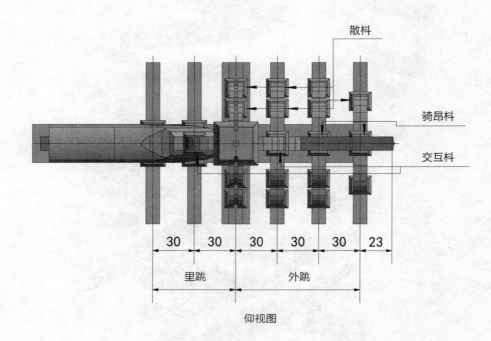

仰视图

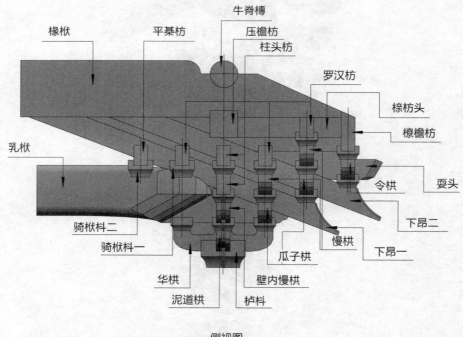

侧视图

分件尺寸图解

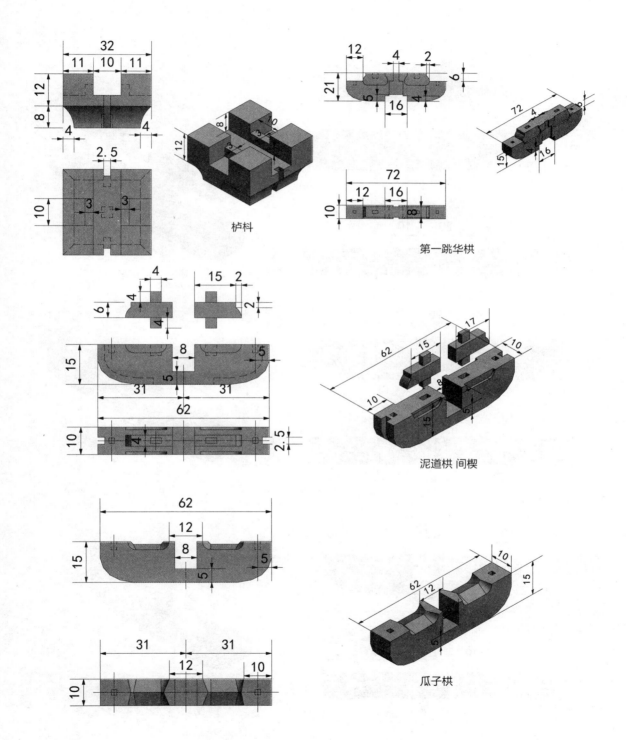

栌枓

第一跳华栱

泥道栱 间楔

瓜子栱

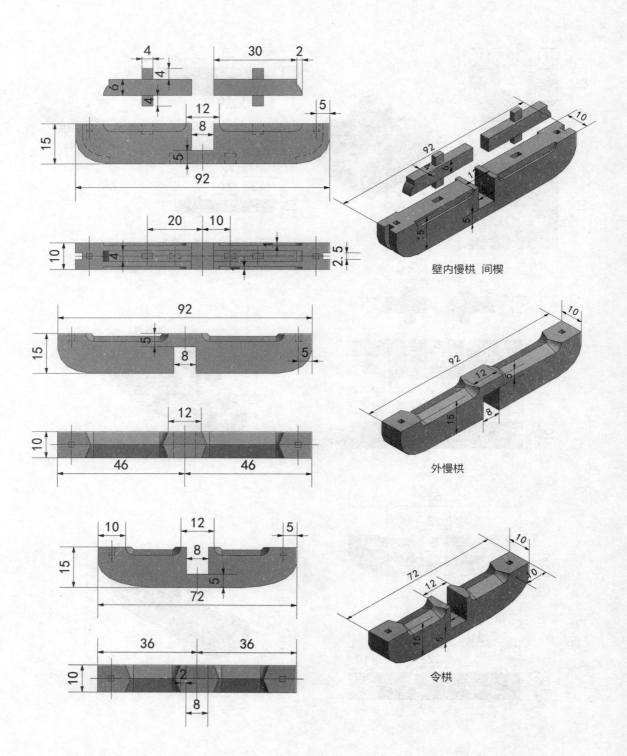

壁内慢栱 间楔

外慢栱

令栱

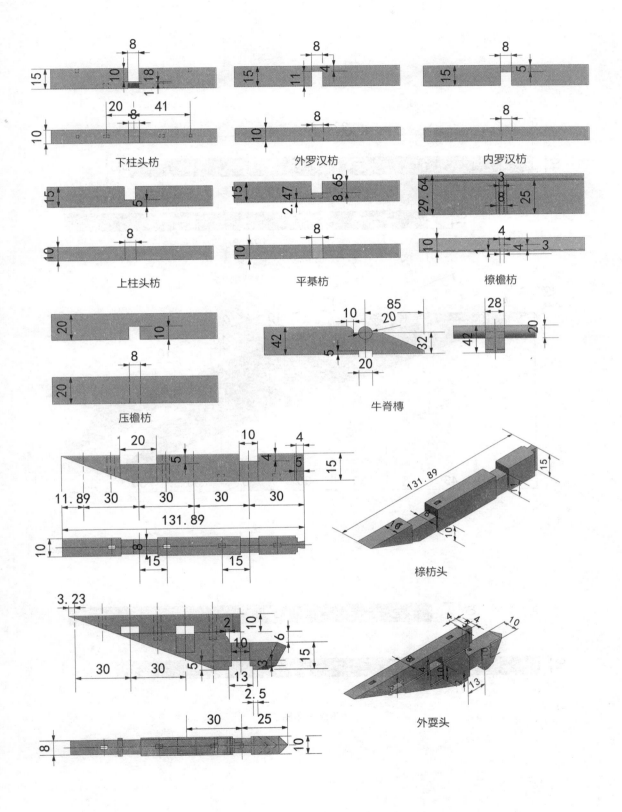

下柱头枋　　　　外罗汉枋　　　　内罗汉枋

上柱头枋　　　　平棊枋　　　　橑檐枋

压檐枋　　　　牛脊槫

槫枋头

外耍头

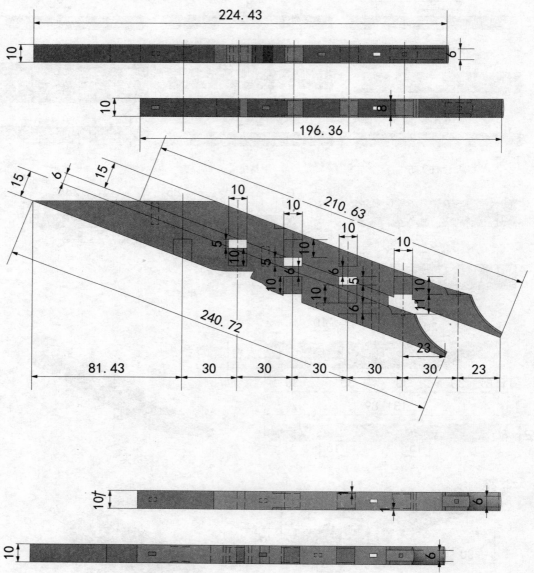

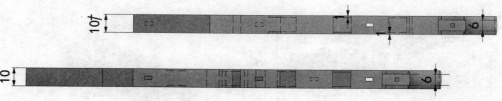

下昂一 下昂二

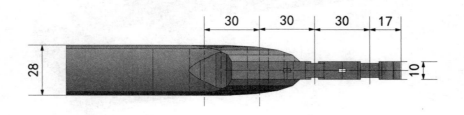

卷杀同五铺作

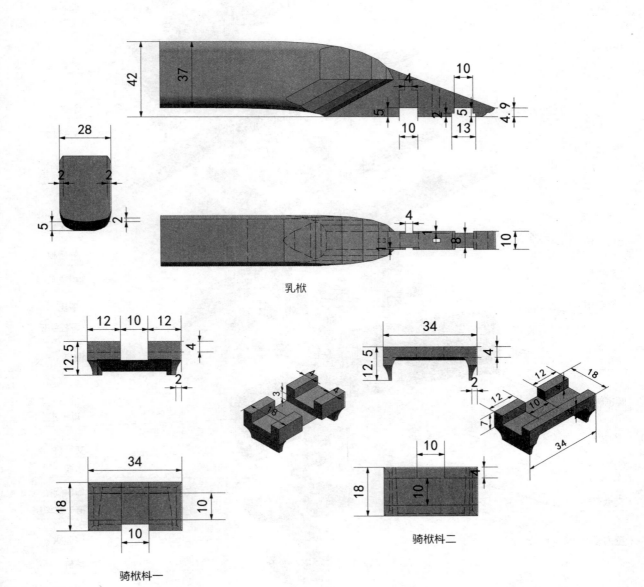

乳栿

骑栿枓一

骑栿枓二

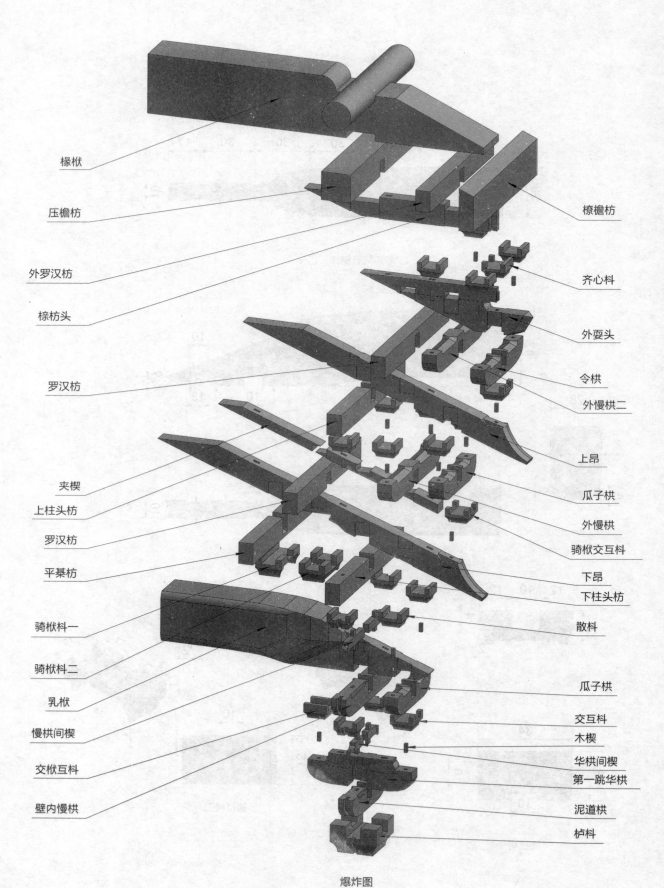

椽栿

压檐枋

外罗汉枋

槫枋头

罗汉枋

夹楔

上柱头枋

罗汉枋

平棊枋

骑栿枓一

骑栿枓二

乳栿

慢栱间楔

交栿互枓

壁内慢栱

檐檐枋

齐心枓

外耍头

令栱

外慢栱二

上昂

瓜子栱

外慢栱

骑栿交互枓

下昂

下柱头枋

散枓

瓜子栱

交互枓

木楔

华栱间楔

第一跳华栱

泥道栱

栌枓

爆炸图

七铺作重栱出双抄双下昂，里转六铺作重栱出三抄，并计心补间铺作

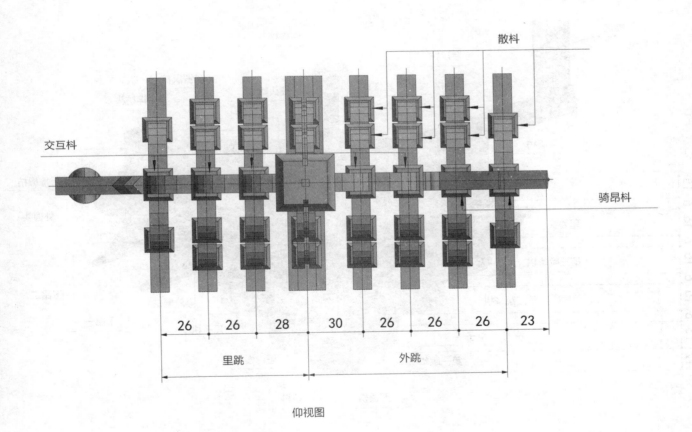

仰视图

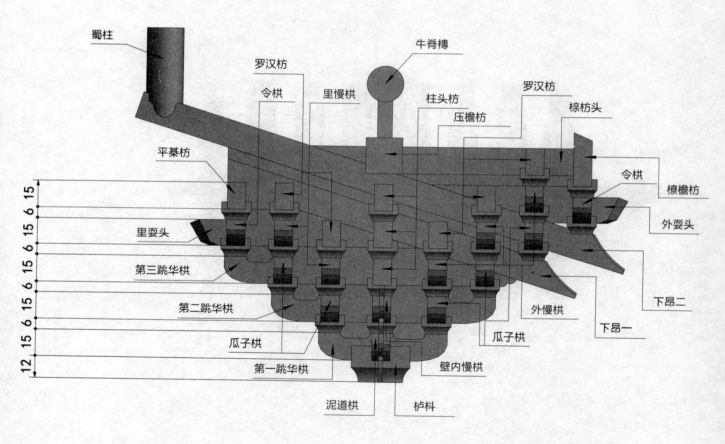

侧视图

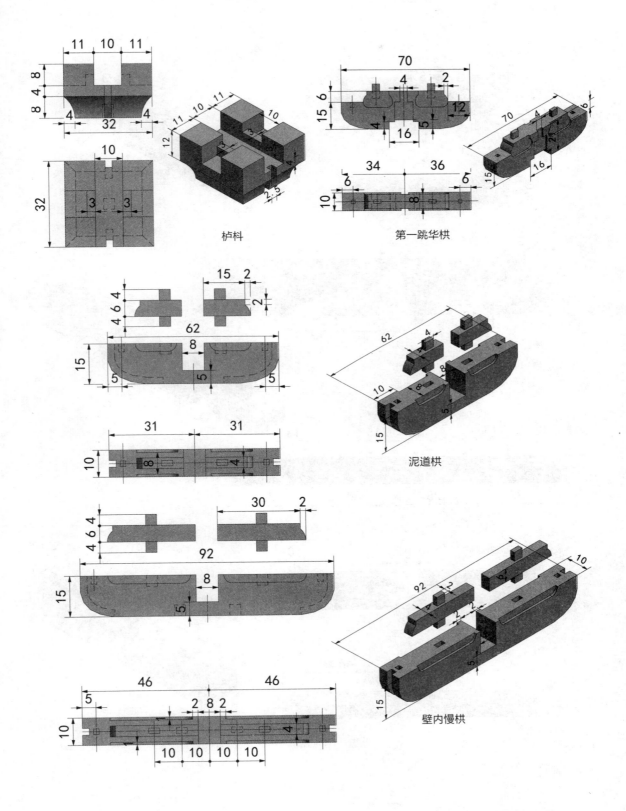

栌枓

第一跳华栱

泥道栱

壁内慢栱

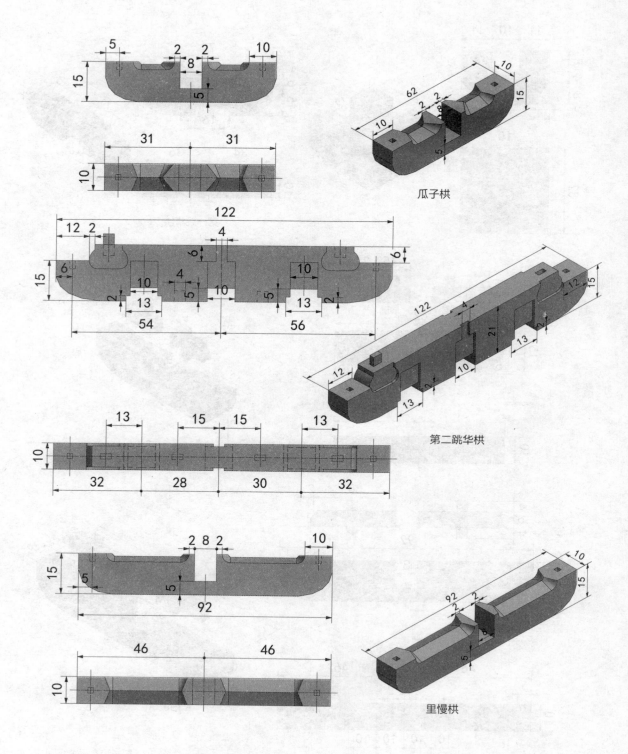

瓜子栱

第二跳华栱

里慢栱

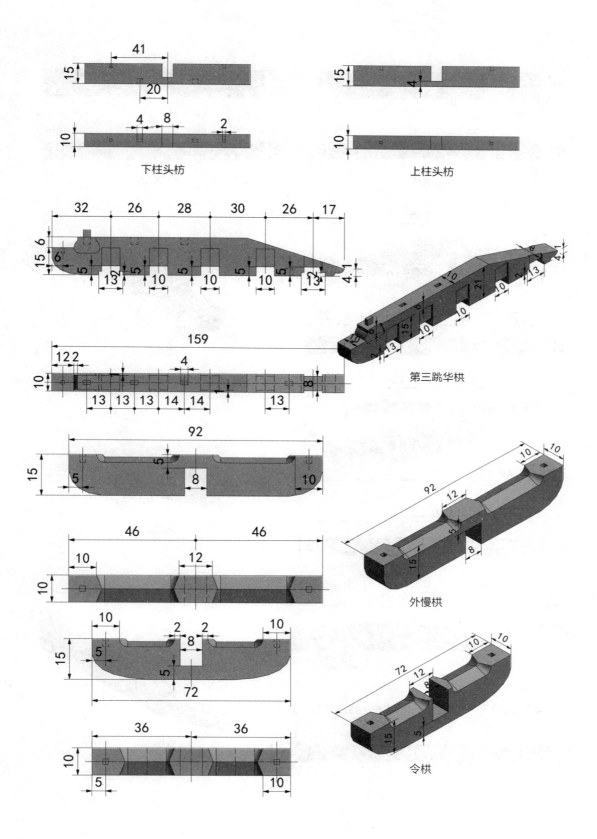

下柱头枋

上柱头枋

第三跳华栱

外慢栱

令栱

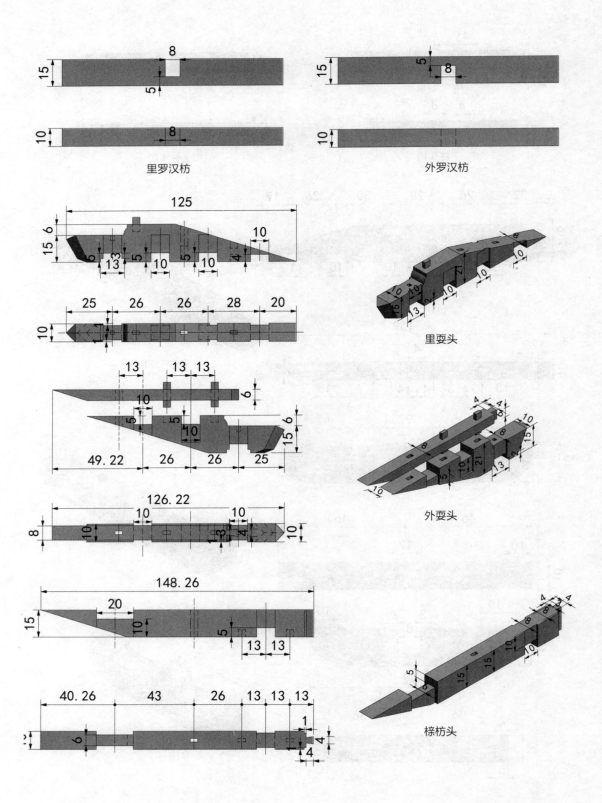

里罗汉枋

外罗汉枋

里耍头

外耍头

檐枋头

下昂一、下昂二尺寸图解

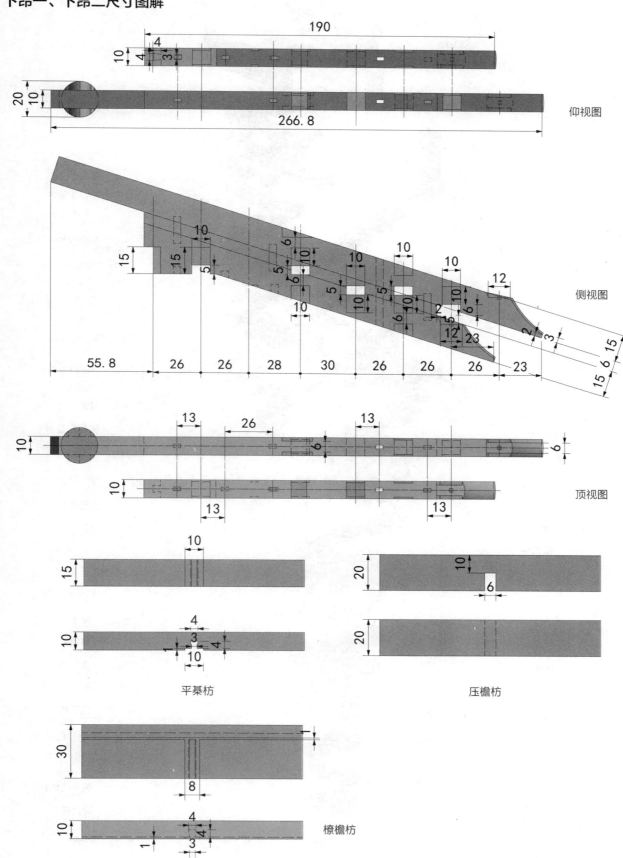

仰视图

侧视图

顶视图

平棊枋

压檐枋

橑檐枋

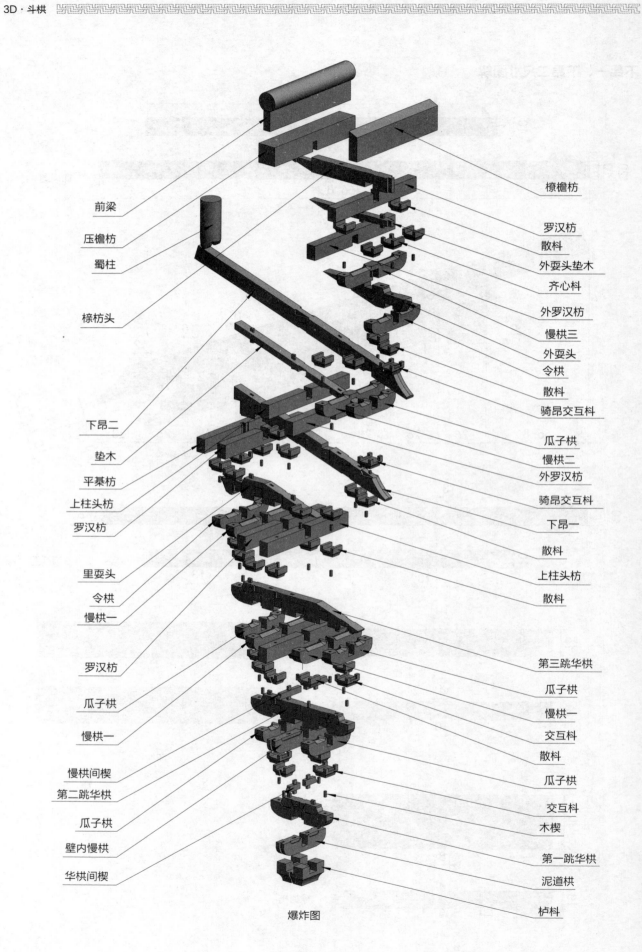

前梁

压檐枋

蜀柱

槫枋头

下昂二

垫木

平棊枋

上柱头枋

罗汉枋

里耍头

令栱

慢栱一

罗汉枋

瓜子栱

慢栱一

慢栱间楔

第二跳华栱

瓜子栱

壁内慢栱

华栱间楔

橑檐枋

罗汉枋

散科

外耍头垫木

齐心科

外罗汉枋

慢栱三

外耍头

令栱

散科

骑昂交互科

瓜子栱

慢栱二

外罗汉枋

骑昂交互科

下昂一

散科

上柱头枋

散科

第三跳华栱

瓜子栱

慢栱一

交互科

散科

瓜子栱

交互科

木楔

第一跳华栱

泥道栱

栌科

爆炸图

七铺作重栱出双抄双下昂，里转六铺作重栱出两抄，并计心柱头铺作

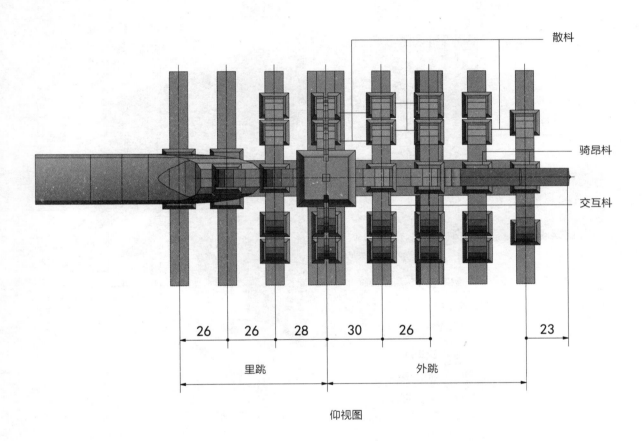

仰视图

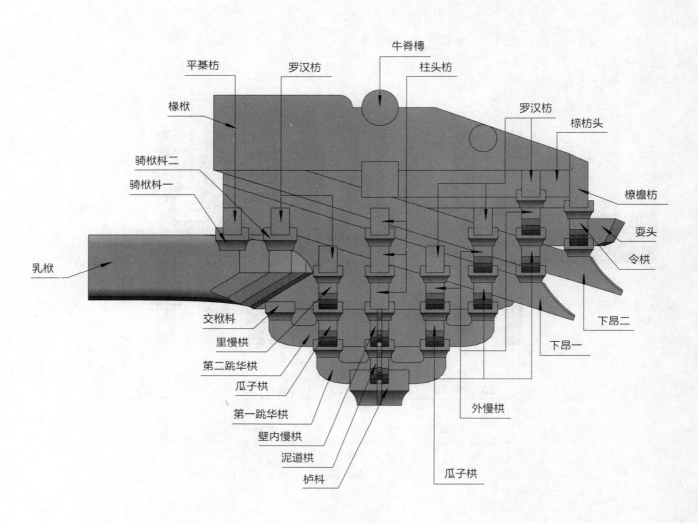

平棊枋
罗汉枋
牛脊槫
柱头枋
椽栿
罗汉枋
橑枋头
骑栿料二
骑栿料一
橑檐枋
乳栿
耍头
令栱
交栿料
里慢栱
下昂二
第二跳华栱
下昂一
瓜子栱
第一跳华栱
外慢栱
壁内慢栱
泥道栱
栌料
瓜子栱

侧视图

分件尺寸图解

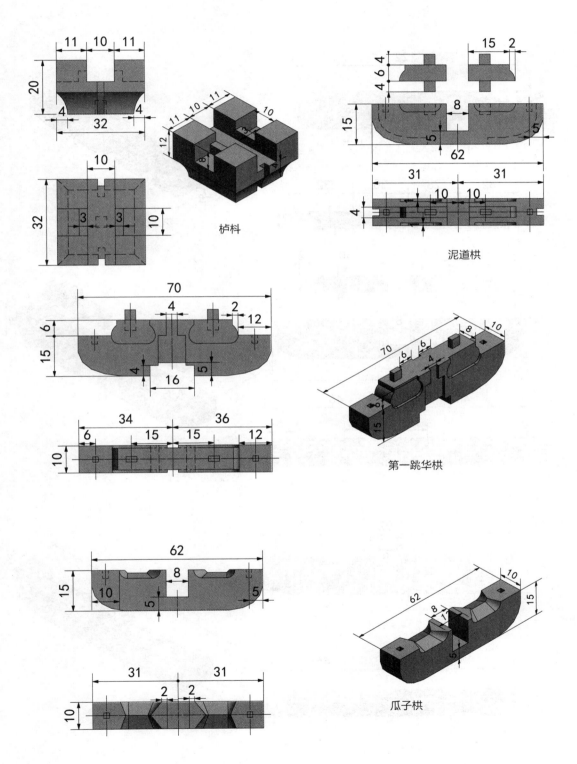

栌枓

泥道栱

第一跳华栱

瓜子栱

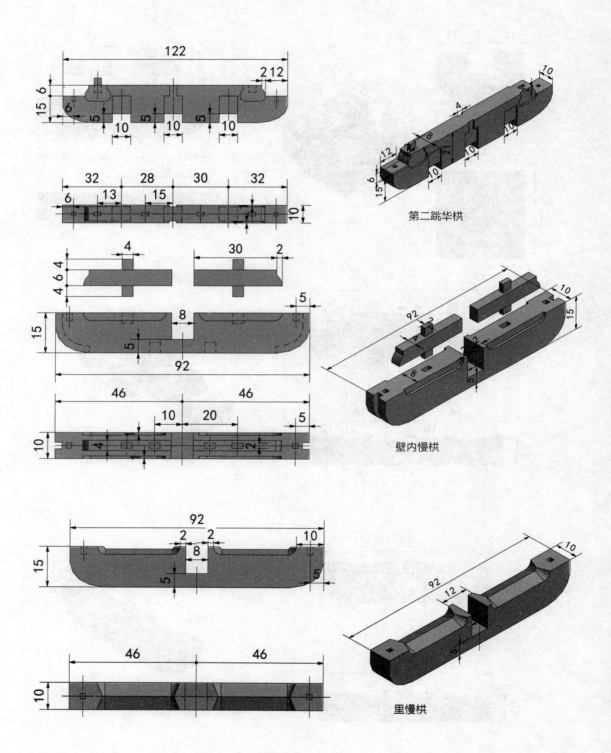

第二跳华栱

壁内慢栱

里慢栱

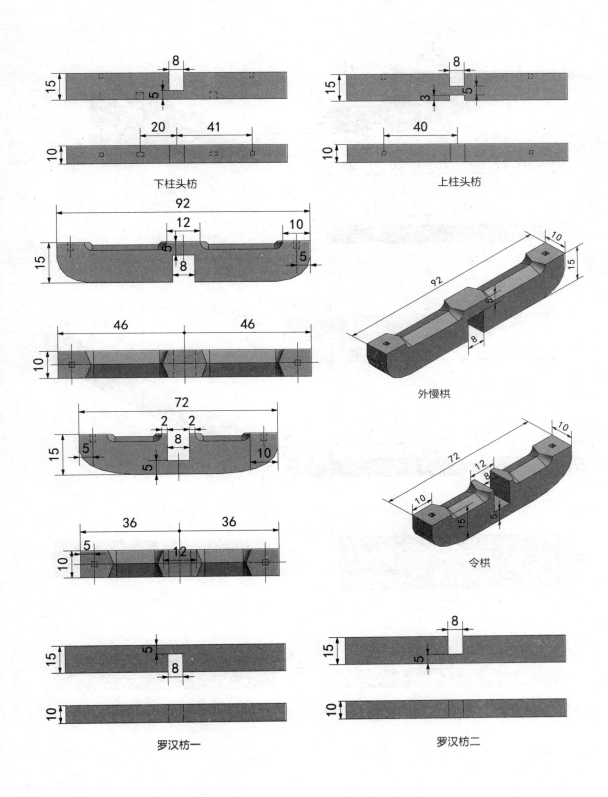

下柱头枋

上柱头枋

外慢栱

令栱

罗汉枋一

罗汉枋二

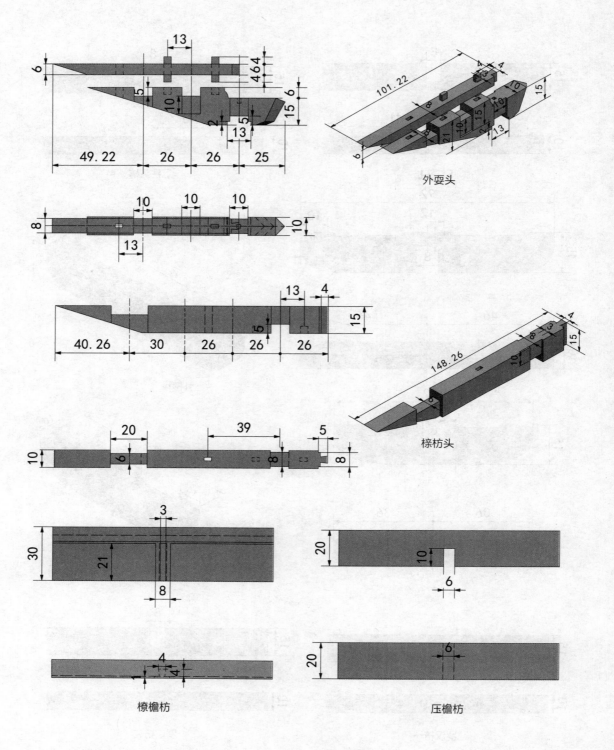

外耍头

檩枋头

橑檐枋

压檐枋

下昂一、下昂二尺寸图解

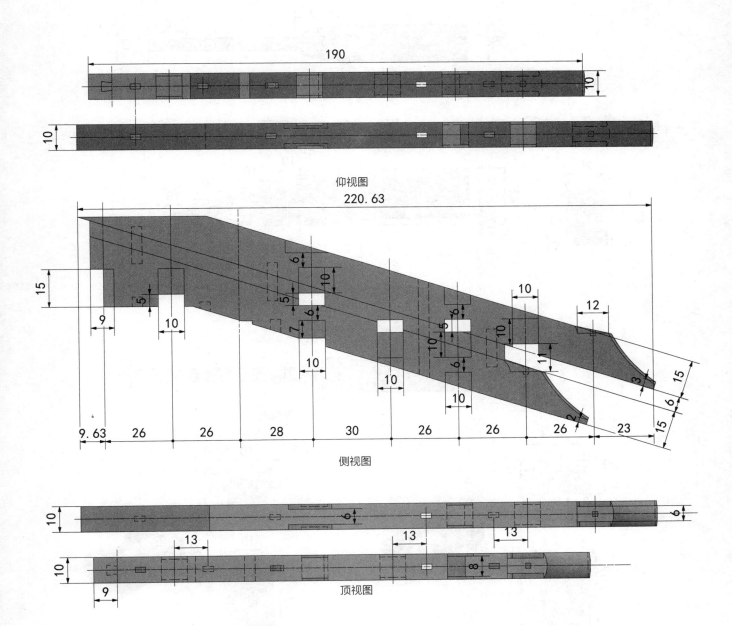

仰视图

侧视图

顶视图

乳栿尺寸图解

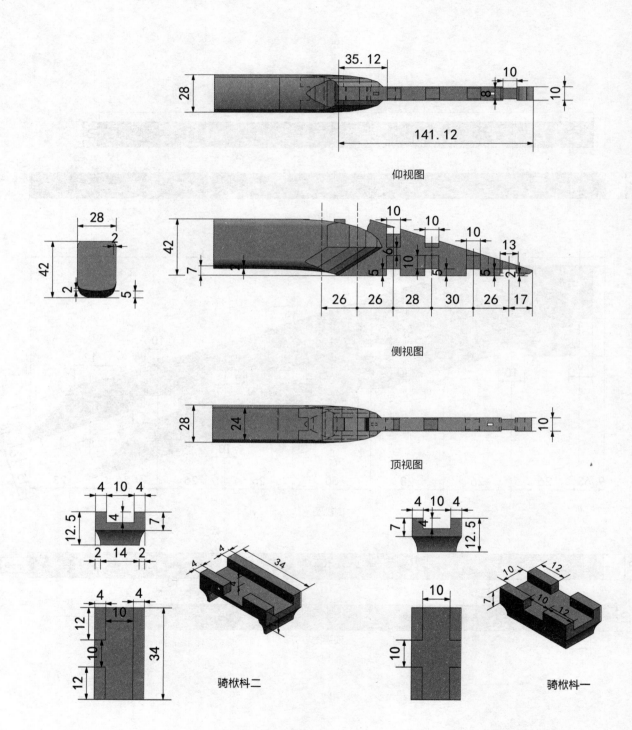

仰视图

侧视图

顶视图

骑栿枓二

骑栿枓一

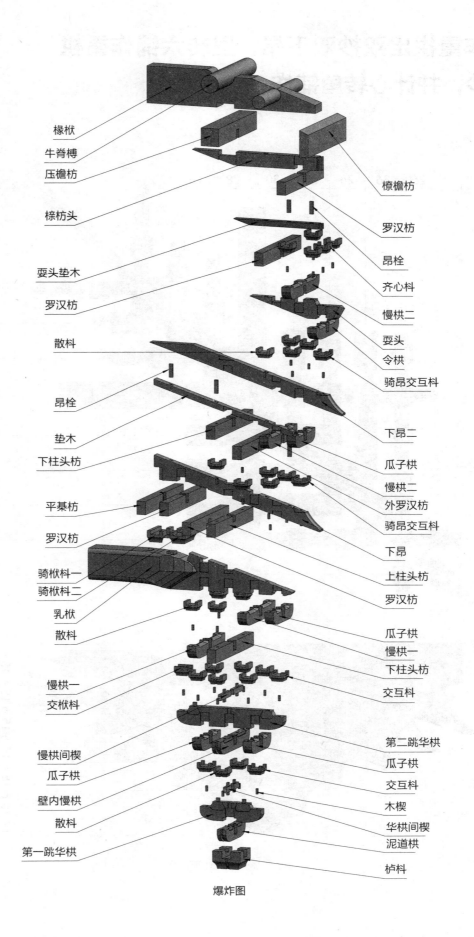

椽栿
牛脊槫
压檐枋
槏枋头
耍头垫木
罗汉枋
散枓
昂栓
垫木
下柱头枋
平棊枋
罗汉枋
骑栿枓一
骑栿枓二
乳栿
散枓
慢栱一
交栿枓
慢栱间楔
瓜子栱
壁内慢栱
散枓
第一跳华栱

橑檐枋
罗汉枋
昂栓
齐心枓
慢栱二
耍头
令栱
骑昂交互枓
下昂二
瓜子栱
慢栱二
外罗汉枋
骑昂交互枓
下昂
上柱头枋
罗汉枋
瓜子栱
慢栱一
下柱头枋
交互枓
第二跳华栱
瓜子栱
交互枓
木楔
华栱间楔
泥道栱
栌枓

爆炸图

七铺作重栱出双抄双下昂，里转六铺作重栱出三抄，并计心转角铺作

tengxun

youku

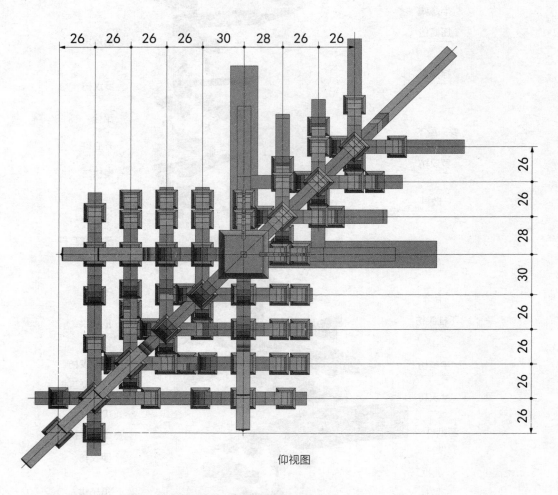

仰视图

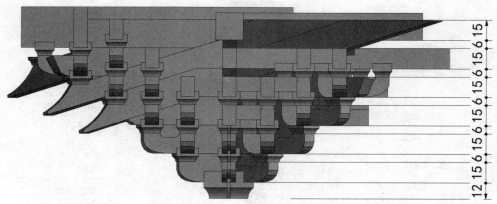

侧视图

第一、二层部件尺寸图解

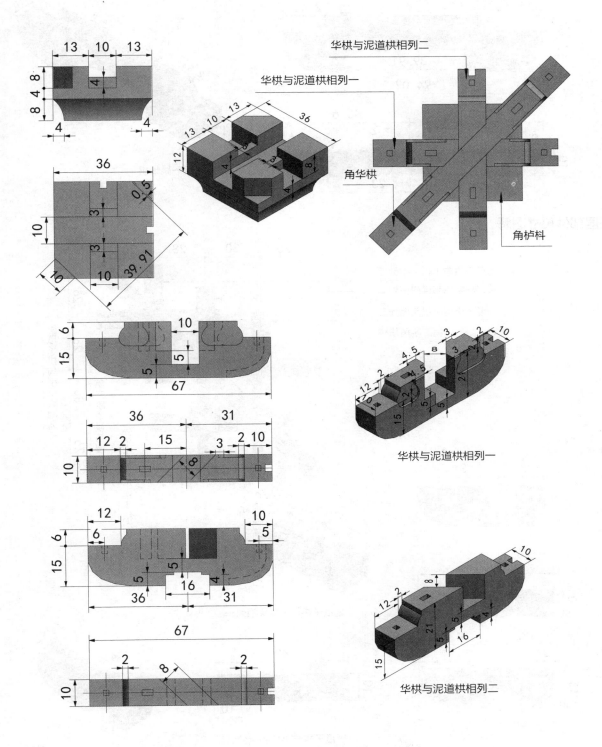

华栱与泥道栱相列二

华栱与泪道栱相列一

角华栱

角栌枓

华栱与泥道栱相列一

华栱与泥道栱相列二

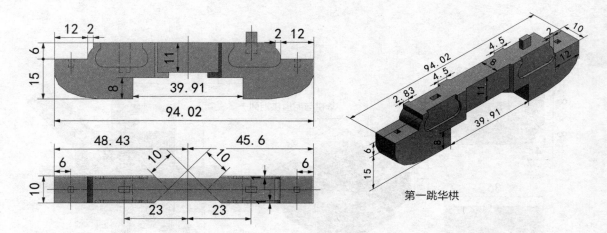

第一跳华栱

第三层部件尺寸图解

里瓜子栱与小栱头相列二
第二跳华栱与慢栱相列二
外瓜子栱与小栱头相列二
第二跳角华栱

里瓜子栱与小栱头相列一
第二跳华栱与慢栱相列一
外瓜子栱与小栱头相列一

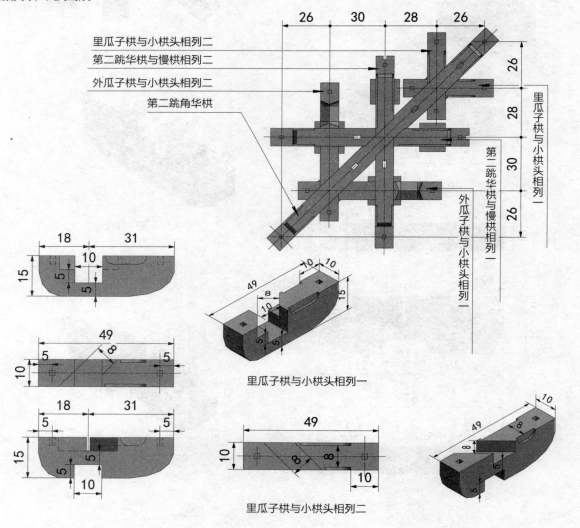

里瓜子栱与小栱头相列一

里瓜子栱与小栱头相列二

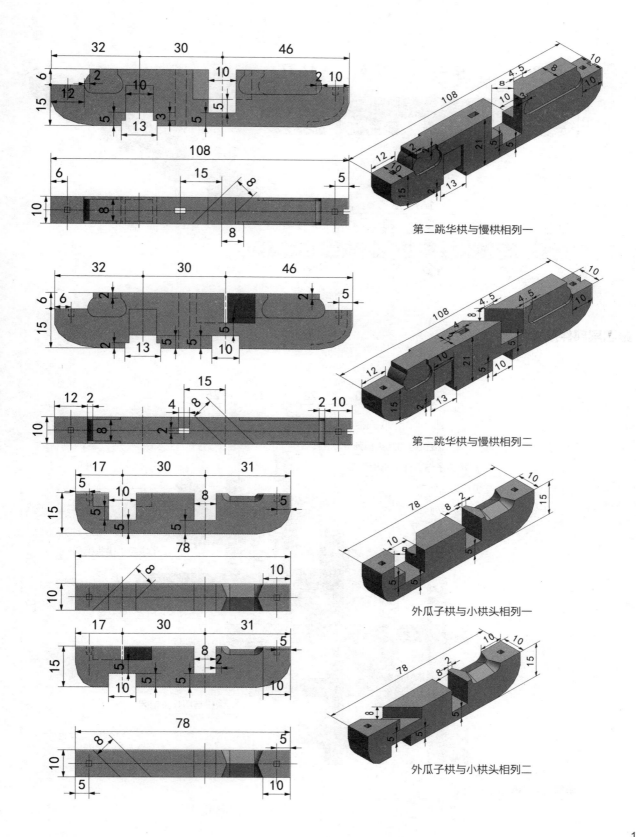

第二跳华栱与慢栱相列一

第二跳华栱与慢栱相列二

外瓜子栱与小栱头相列一

外瓜子栱与小栱头相列二

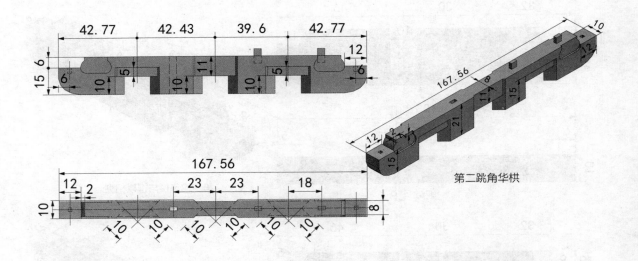

第二跳角华栱

第四层部件尺寸图解

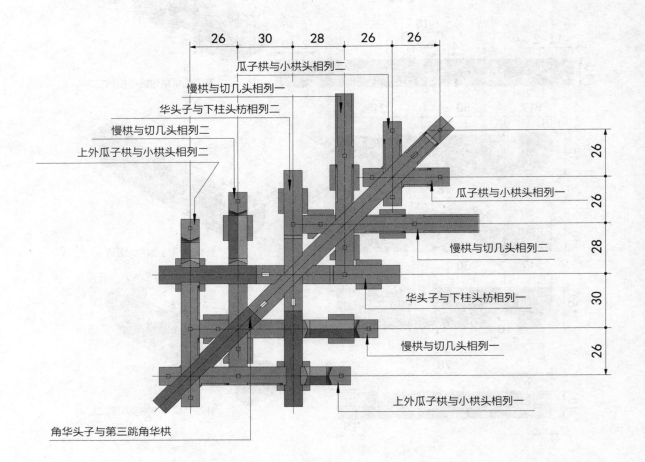

瓜子栱与小栱头相列二

慢栱与切几头相列一

华头子与下柱头枋相列二

慢栱与切几头相列二

上外瓜子栱与小栱头相列二

瓜子栱与小栱头相列一

慢栱与切几头相列二

华头子与下柱头枋相列一

慢栱与切几头相列一

上外瓜子栱与小栱头相列一

角华头子与第三跳角华栱

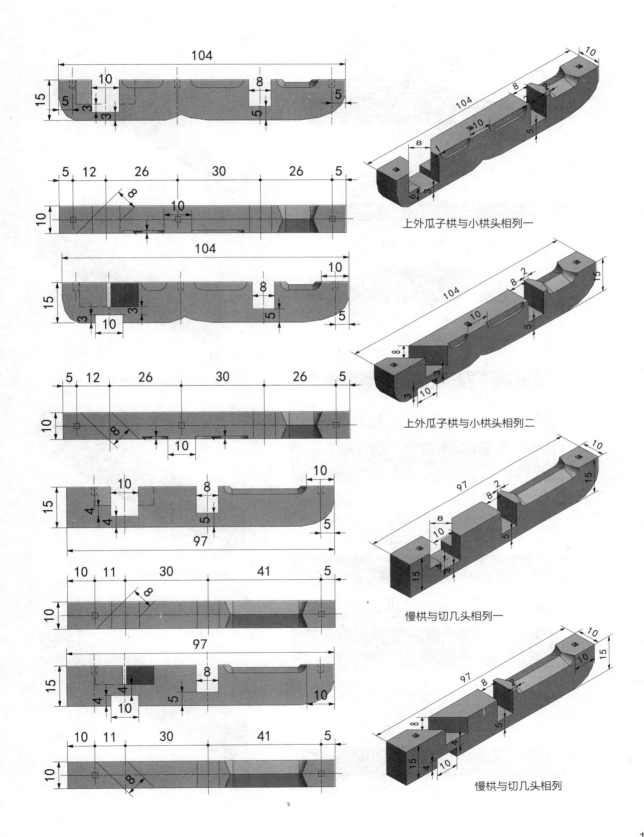

上外瓜子栱与小栱头相列一

上外瓜子栱与小栱头相列二

慢栱与切几头相列一

慢栱与切几头相列

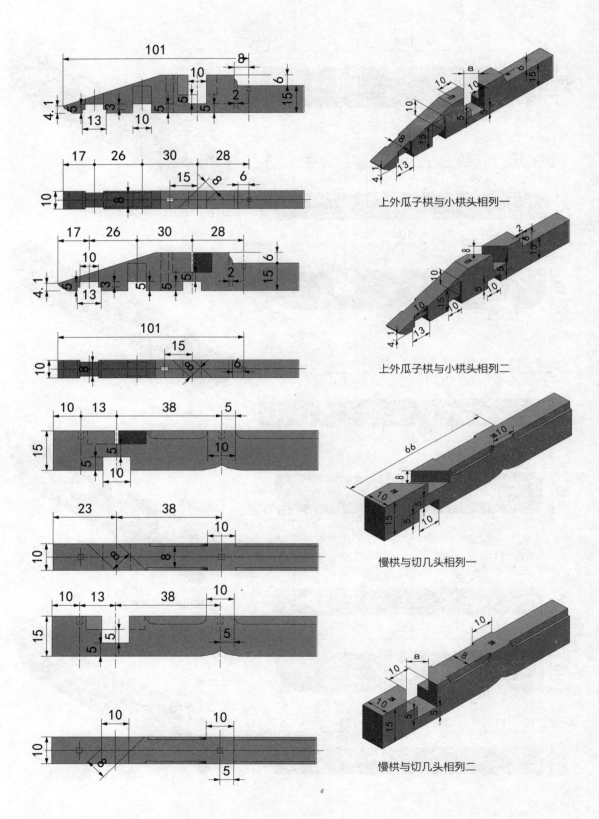

上外瓜子栱与小栱头相列一

上外瓜子栱与小栱头相列二

慢栱与切几头相列一

慢栱与切几头相列二

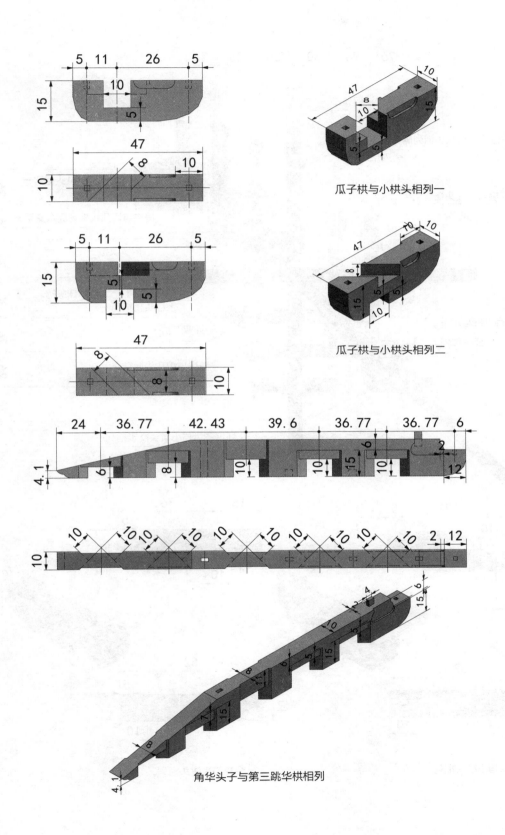

瓜子栱与小栱头相列一

瓜子栱与小栱头相列二

角华头子与第三跳华栱相列

第五层部件尺寸图解

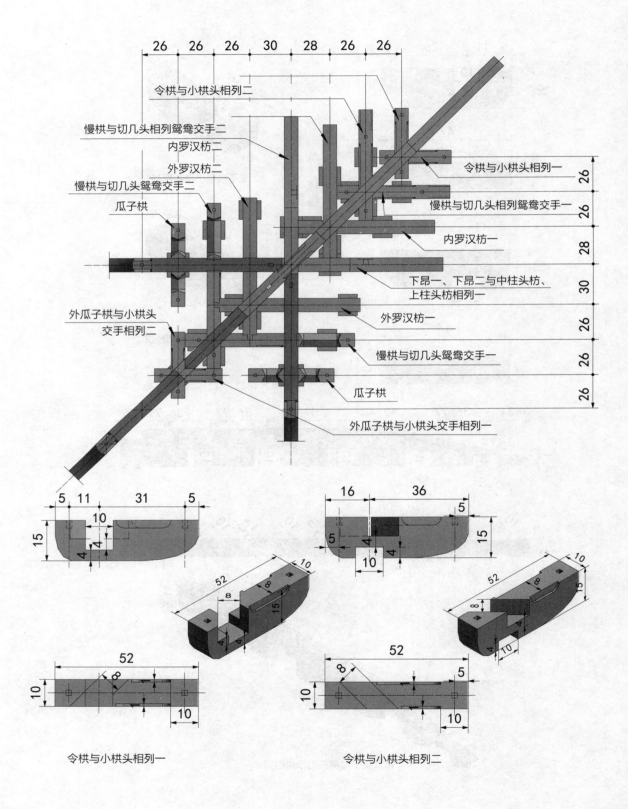

26　26　26　30　28　26　26

令栱与小栱头相列二

慢栱与切几头相列鸳鸯交手二

内罗汉枋二

外罗汉枋二

慢栱与切几头鸳鸯交手二

瓜子栱

令栱与小栱头相列一

慢栱与切几头相列鸳鸯交手一

内罗汉枋一

下昂一、下昂二与中柱头枋、
上柱头枋相列一

外罗汉枋一

慢栱与切几头鸳鸯交手一

瓜子栱

26

26

28

30

26

26

外瓜子栱与小栱头
交手相列二

外瓜子栱与小栱头交手相列一

5　11　31　5

15

10

4

4

16　36

5

5

4　4

10

15

52

8

10

8

15

4　4

52

10

8

15

4

10

52

10

8

10

52

8

10

5

10

令栱与小栱头相列一

令栱与小栱头相列二

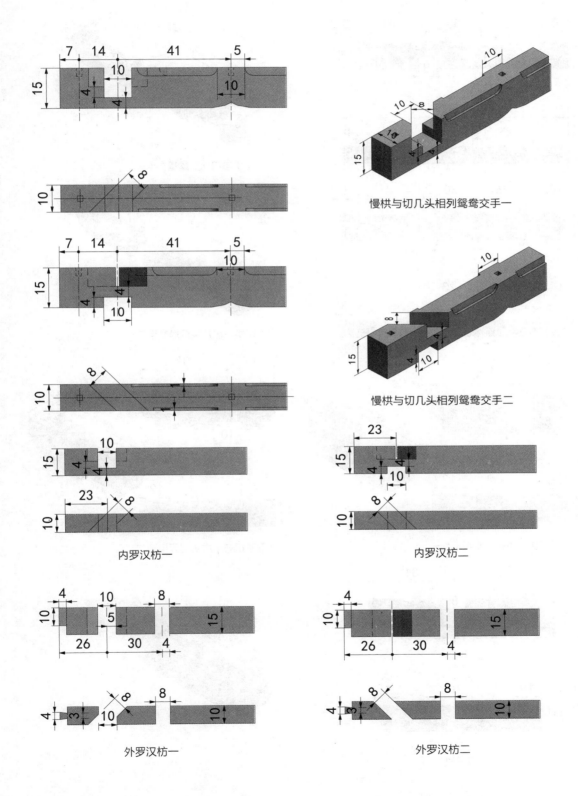

慢栱与切几头相列鸳鸯交手一

慢栱与切几头相列鸳鸯交手二

内罗汉枋一

内罗汉枋二

外罗汉枋一

外罗汉枋二

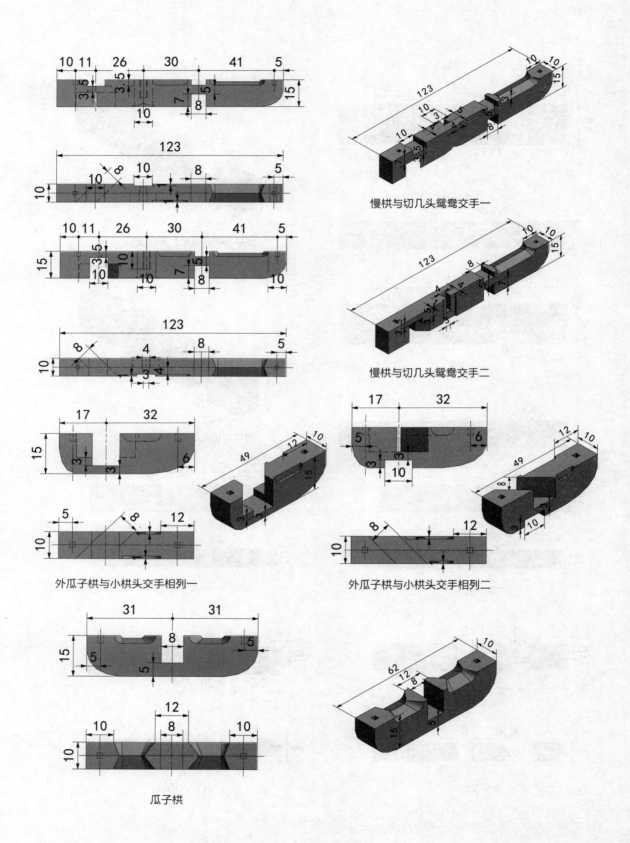

慢栱与切几头鸳鸯交手一

慢栱与切几头鸳鸯交手二

外瓜子栱与小栱头交手相列一

外瓜子栱与小栱头交手相列二

瓜子栱

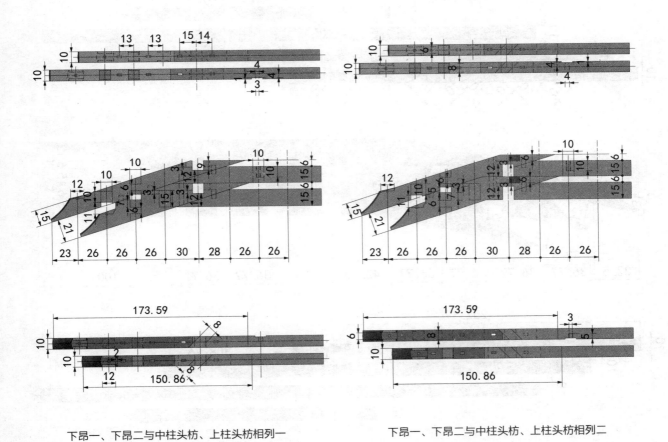

下昂一、下昂二与中柱头枋、上柱头枋相列一　　　　　下昂一、下昂二与中柱头枋、上柱头枋相列二

角昂一、角昂二、由昂与角耍头尺寸图解

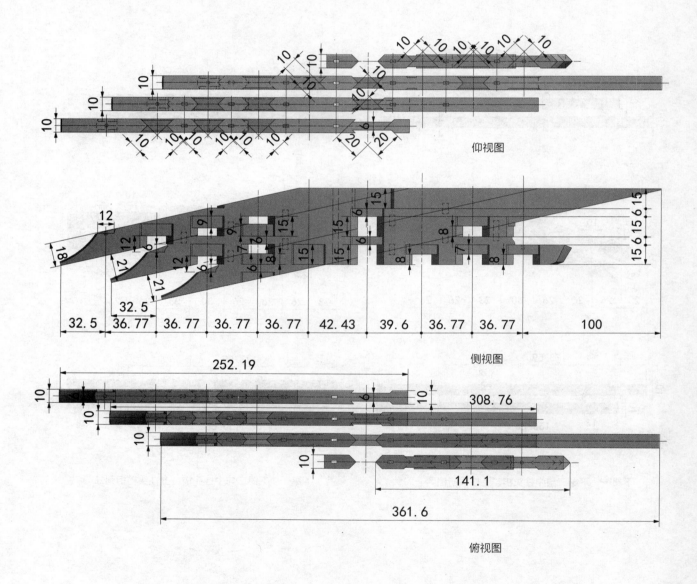

仰视图

侧视图

俯视图

第六层部件尺寸图解

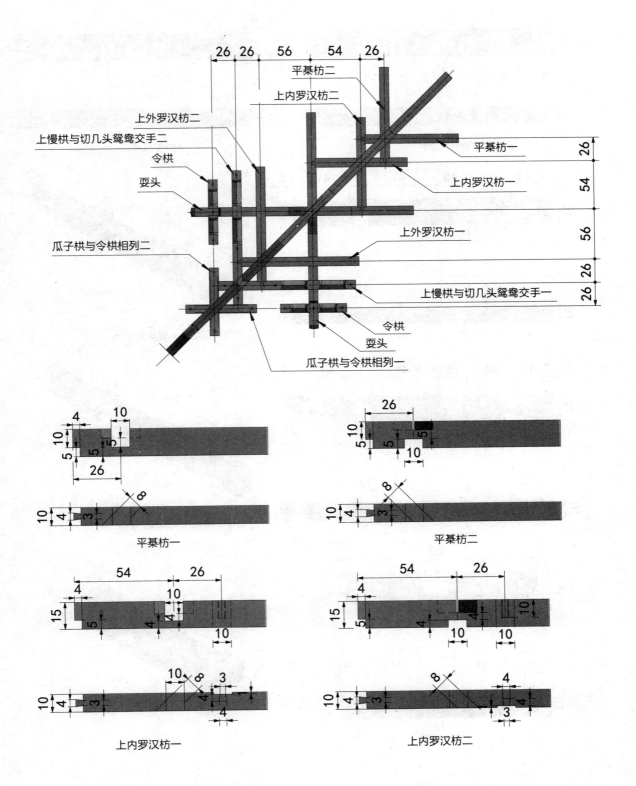

平棊枋一

平棊枋二

上内罗汉枋一

上内罗汉枋二

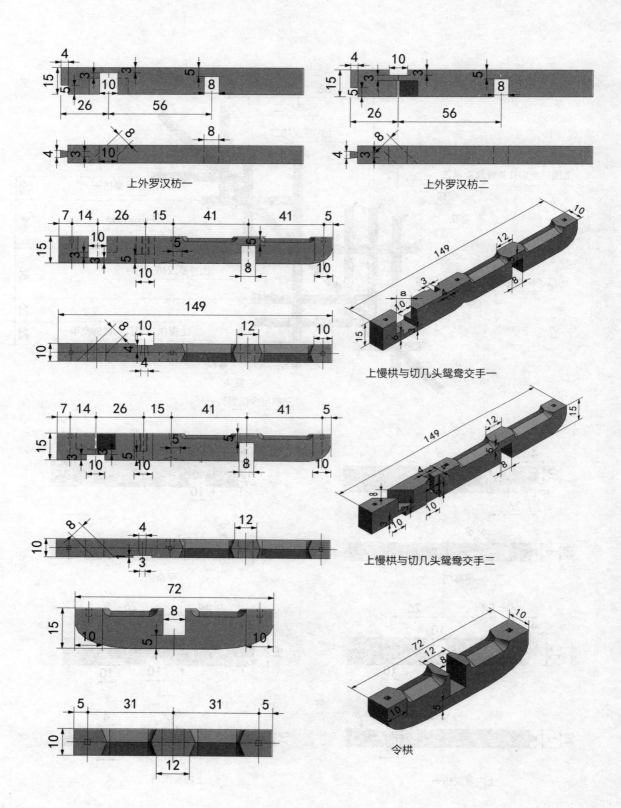

上外罗汉枋一

上外罗汉枋二

上慢栱与切几头鸳鸯交手一

上慢栱与切几头鸳鸯交手二

令栱

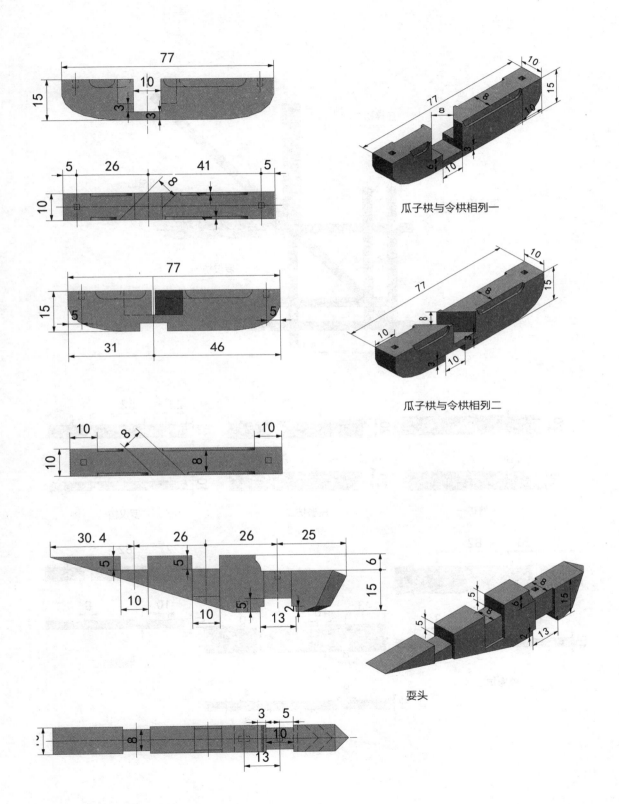

瓜子栱与令栱相列一

瓜子栱与令栱相列二

耍头

第七层部件尺寸图解

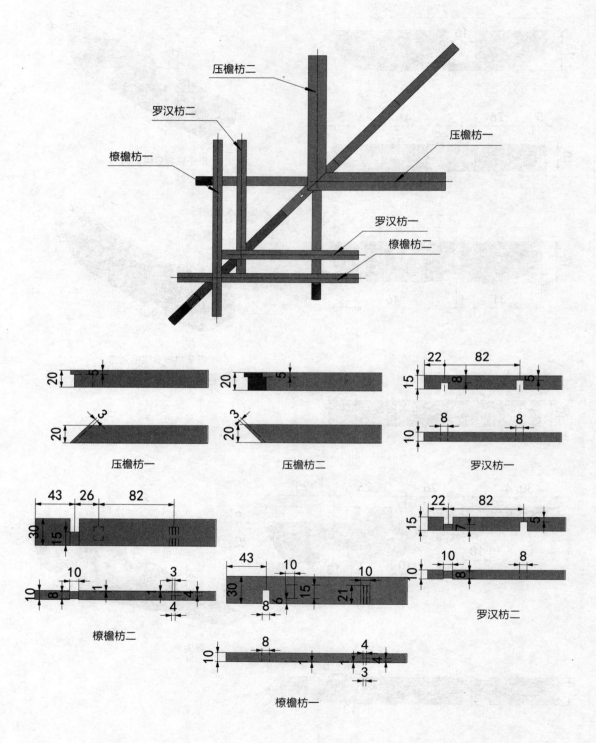

压檐枋一

压檐枋二

罗汉枋一

檩檐枋二

檩檐枋一

罗汉枋二

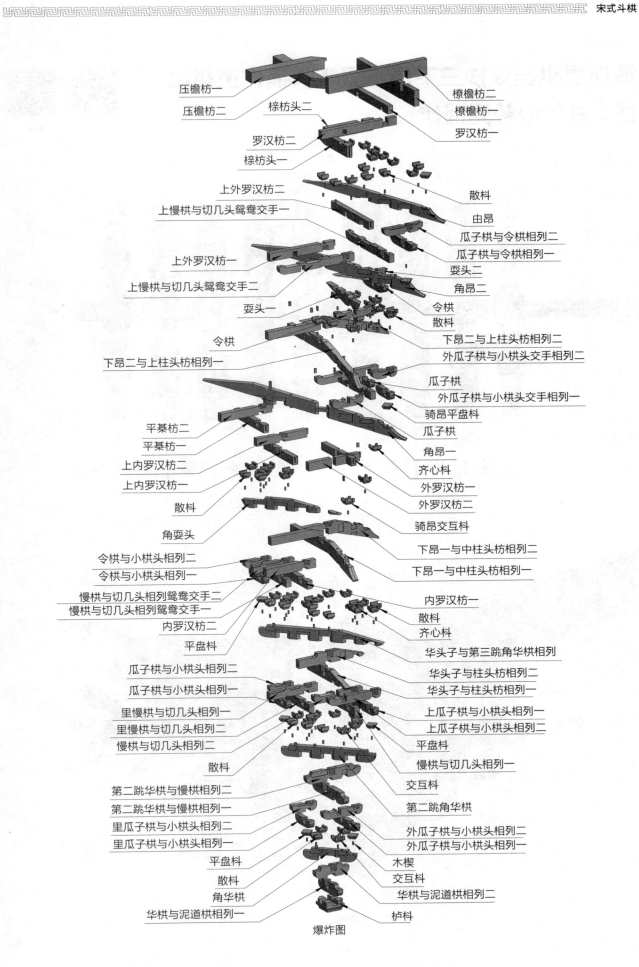

压檐枋一
压檐枋二
檐枋头二
罗汉枋二
檐枋头一
上外罗汉枋二
上慢栱与切几头鸳鸯交手一
上外罗汉枋一
上慢栱与切几头鸳鸯交手二
耍头一
令栱
下昂二与上柱头枋相列一
平棊枋二
平棊枋一
上内罗汉枋二
上内罗汉枋一
散枓
角耍头
令栱与小栱头相列二
令栱与小栱头相列一
慢栱与切几头相列鸳鸯交手二
慢栱与切几头相列鸳鸯交手一
内罗汉枋二
平盘枓
瓜子栱与小栱头相列二
瓜子栱与小栱头相列一
里慢栱与切几头相列一
里慢栱与切几头相列二
慢栱与切几头相列二
散枓
第二跳华栱与慢栱相列二
第二跳华栱与慢栱相列一
里瓜子栱与小栱头相列二
里瓜子栱与小栱头相列一
平盘枓
散枓
角华栱
华栱与泥道栱相列一

檐檐枋二
檐檐枋一
罗汉枋一
散枓
由昂
瓜子栱与令栱相列二
瓜子栱与令栱相列一
耍头二
角昂二
令栱
散枓
下昂二与上柱头枋相列二
外瓜子栱与小栱头交手相列二
瓜子栱
外瓜子栱与小栱头交手相列一
骑昂平盘枓
瓜子栱
角昂一
齐心枓
外罗汉枋一
外罗汉枋二
骑昂交互枓
下昂一与中柱头枋相列二
下昂一与中柱头枋相列一
内罗汉枋一
散枓
齐心枓
华头子与第三跳角华栱相列
华头子与柱头枋相列二
华头子与柱头枋相列一
上瓜子栱与小栱头相列一
上瓜子栱与小栱头相列二
平盘枓
慢栱与切几头相列一
交互枓
第二跳角华栱
外瓜子栱与小栱头相列二
外瓜子栱与小栱头相列一
木楔
交互枓
华栱与泥道栱相列二
栌枓

爆炸图

143

八铺作重栱出双抄三下昂，里转六铺作重栱出三抄，并计心补间铺作

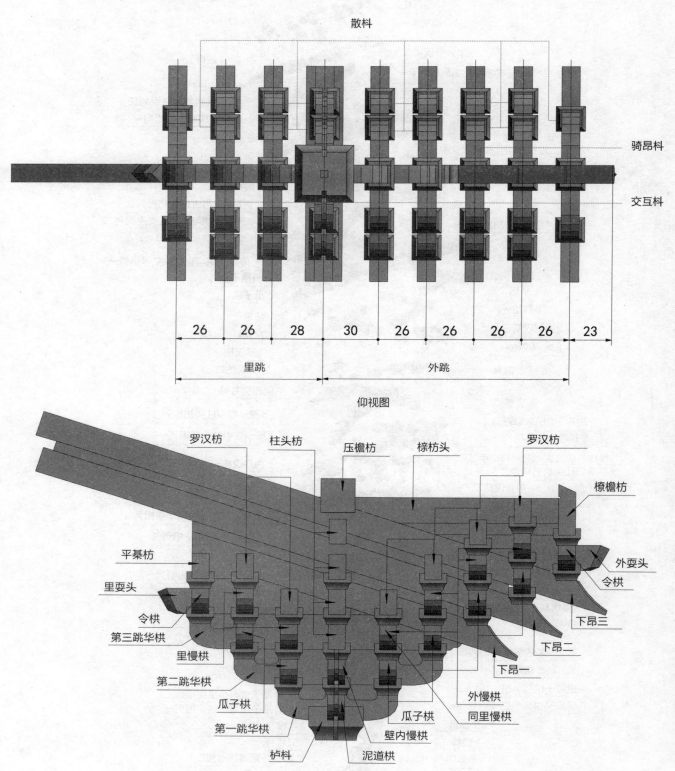

散枓

骑昂枓

交互枓

| 26 | 26 | 28 | 30 | 26 | 26 | 26 | 26 | 23 |

里跳　　　　　　外跳

仰视图

罗汉枋　柱头枋　压檐枋　橑枋头　罗汉枋

橑檐枋

平棊枋

里耍头

令栱

第三跳华栱

里慢栱

第二跳华栱

瓜子栱

第一跳华栱

栌枓　泥道栱

外耍头

令栱

下昂三

下昂二

下昂一

外慢栱

同里慢栱

瓜子栱

壁内慢栱

侧视图

分件尺寸图解

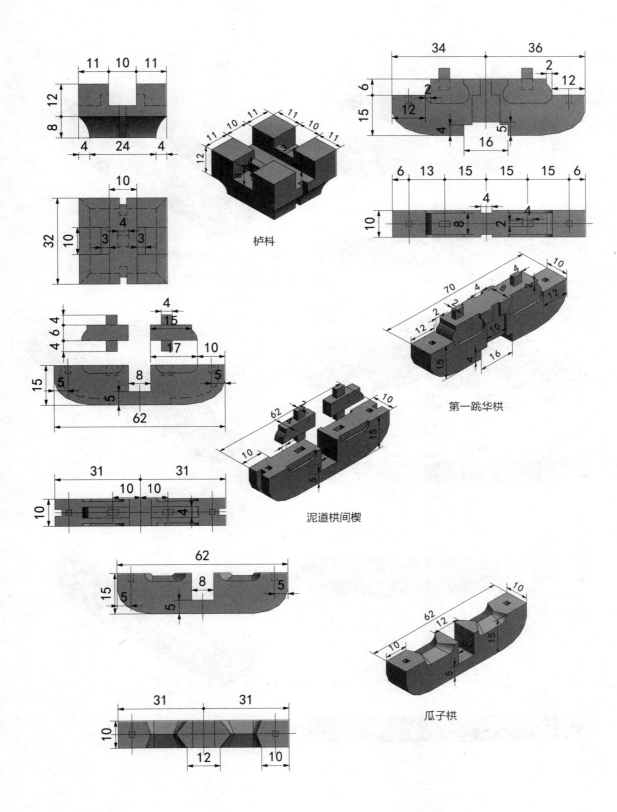

栌枓

第一跳华栱

泥道栱间楔

瓜子栱

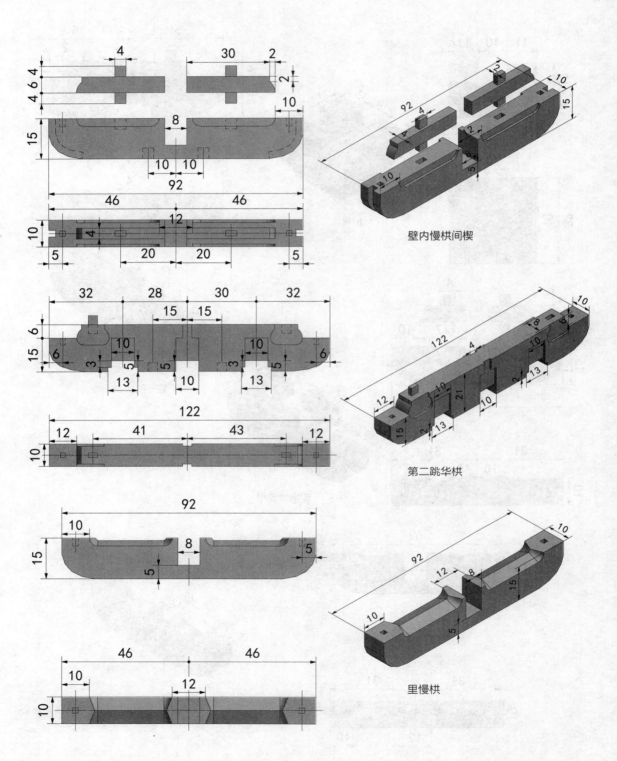

壁内慢栱间楔

第二跳华栱

里慢栱

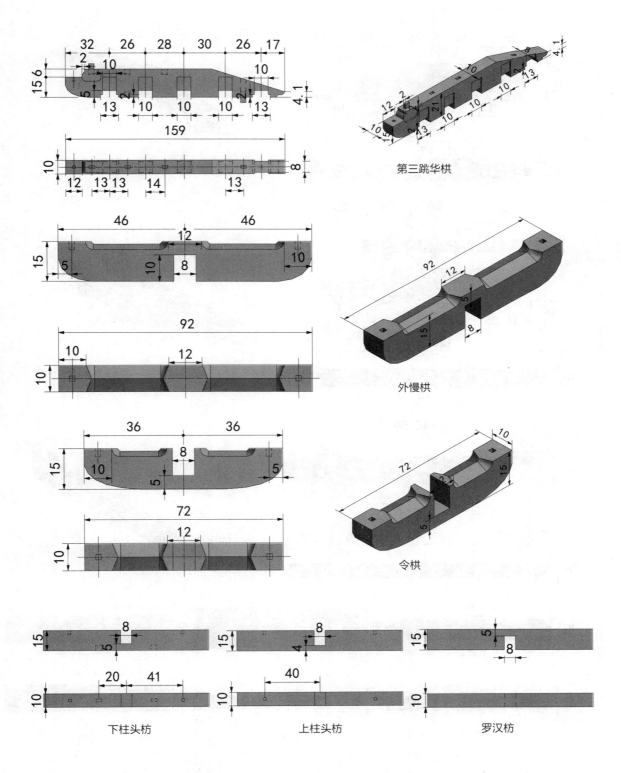

第三跳华栱

外慢栱

令栱

下柱头枋　　　　　上柱头枋　　　　　罗汉枋

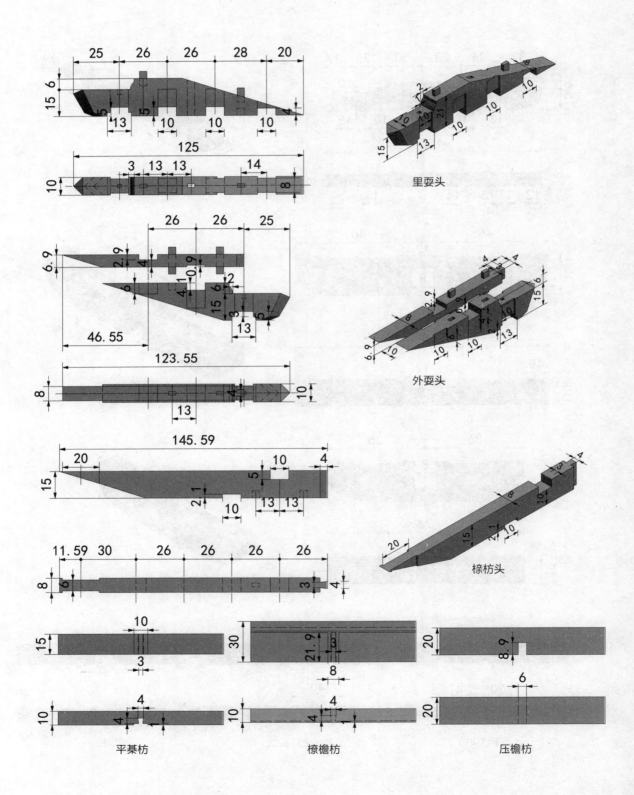

里耍头

外耍头

椽枋头

平棊枋

橑檐枋

压檐枋

下昂一、下昂二、下昂三尺寸图解

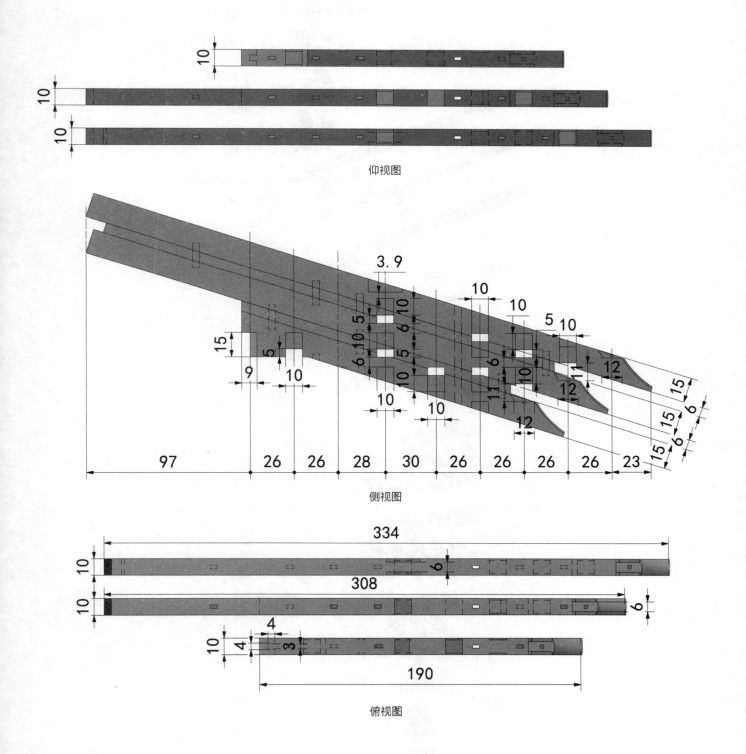

仰视图

侧视图

俯视图

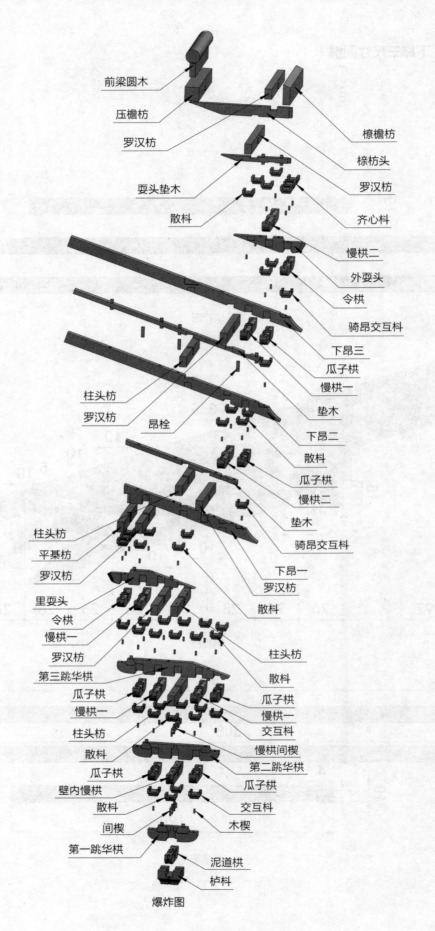

前梁圆木

压檐枋

罗汉枋

撩檐枋

橑枋头

罗汉枋

耍头垫木

齐心枓

散枓

慢栱二

外耍头

令栱

骑昂交互枓

下昂三

瓜子栱

慢栱一

柱头枋

垫木

罗汉枋

下昂二

昂栓

散枓

瓜子栱

慢栱二

柱头枋

垫木

罗汉枋

骑昂交互枓

平棊枋

下昂一

罗汉枋

罗汉枋

散枓

里耍头

令栱

柱头枋

慢栱一

散枓

罗汉枋

瓜子栱

第三跳华栱

瓜子栱

瓜子栱

慢栱一

慢栱一

柱头枋

交互枓

散枓

慢栱间楔

瓜子栱

第二跳华栱

壁内慢栱

瓜子栱

散枓

交互枓

间楔

木楔

第一跳华栱

泥道栱

栌枓

爆炸图

八铺作重栱出双抄三下昂，里转六铺作重栱出三抄，并计心补间铺作

tengxun

youku

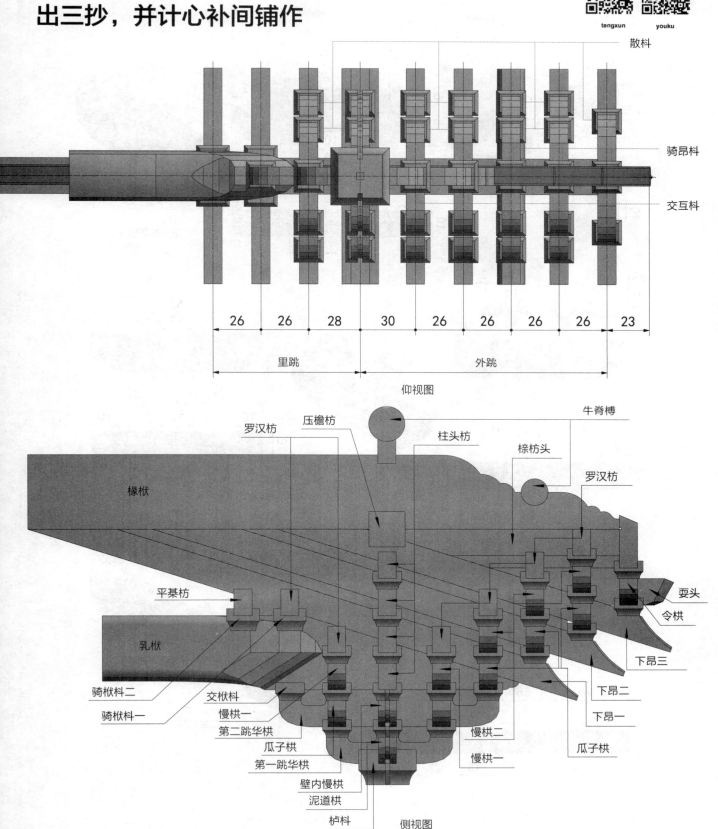

仰视图

散枓

骑昂枓

交互枓

| 26 | 26 | 28 | 30 | 26 | 26 | 26 | 26 | 23 |

里跳 · 外跳

罗汉枋　压檐枋　　　柱头枋　　牛脊槫

椽栿　　　　　　　　　　　　　　　　榛枋头

罗汉枋

平棊枋

乳栿

耍头

令栱

骑栿枓二　　交栿枓　　　　　　　　　　　　下昂三

骑栿枓一　　慢栱一　　　　　　　　　　下昂二

第二跳华栱　　　　　　　　慢栱二　　下昂一

瓜子栱　　　　　　　　慢栱一　　瓜子栱

第一跳华栱

壁内慢栱

泥道栱

栌枓　　　　　侧视图

151

分件尺寸图解

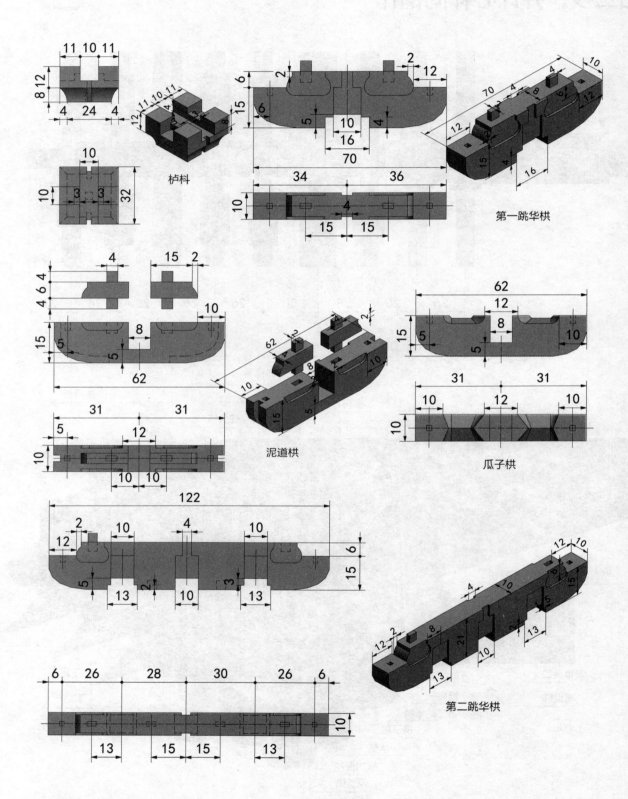

栌枓

第一跳华栱

泥道栱

瓜子栱

第二跳华栱

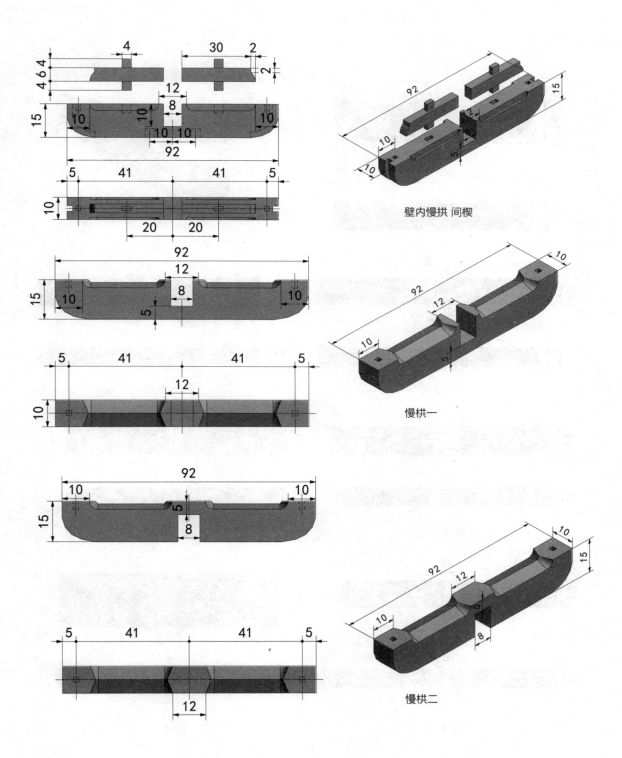

壁内慢拱 间楔

慢栱一

慢栱二

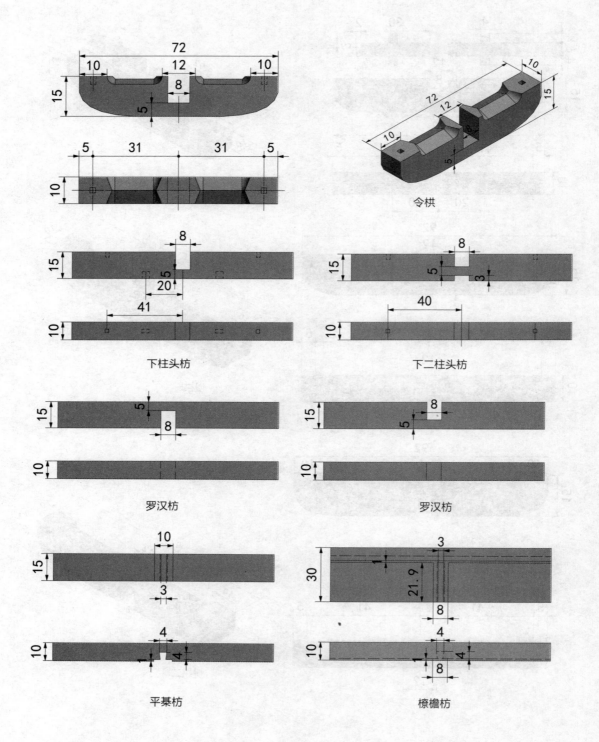

令栱

下柱头枋

下二柱头枋

罗汉枋

罗汉枋

平棊枋

橑檐枋

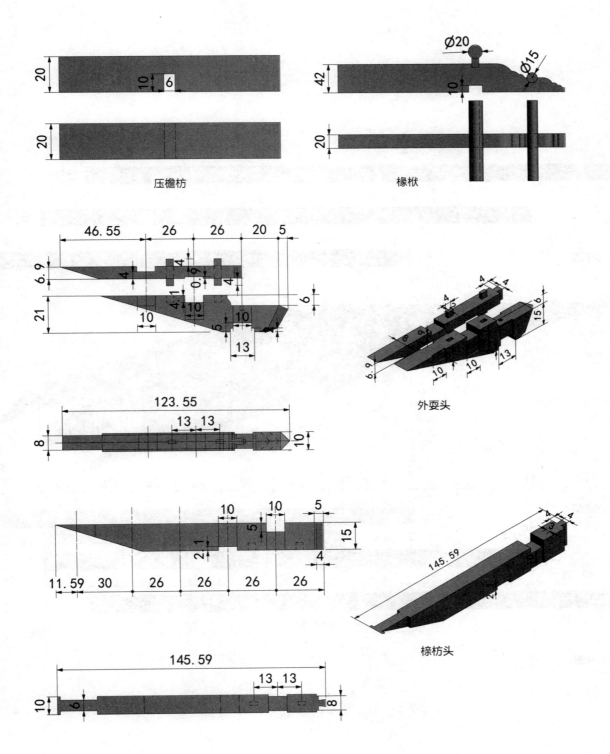

压檐枋

椽栿

外耍头

槫枋头

下昂一、下昂二、下昂三尺寸图解

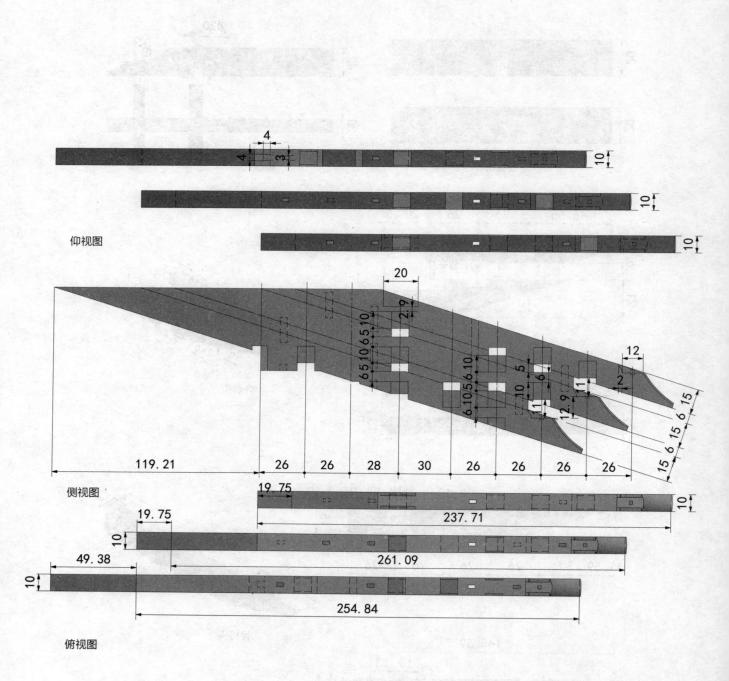

仰视图

侧视图

俯视图

乳栿尺寸图解

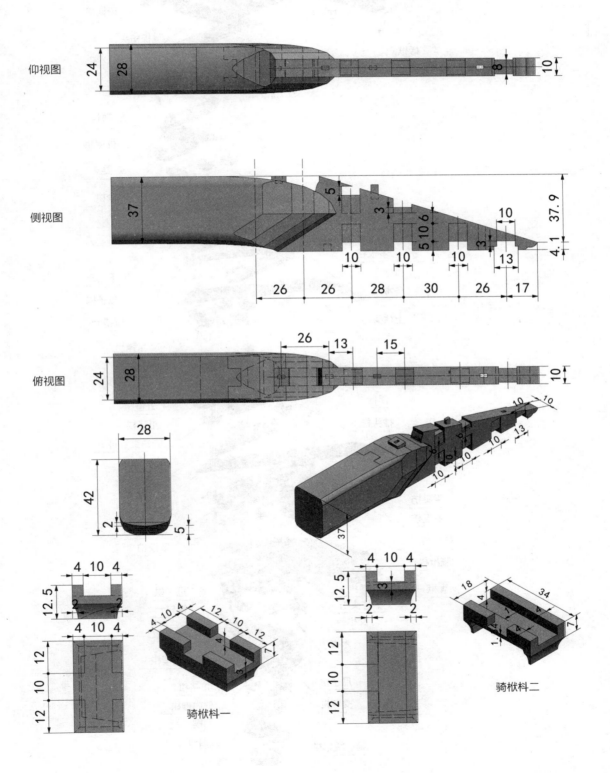

仰视图

侧视图

俯视图

骑栿科一

骑栿科二

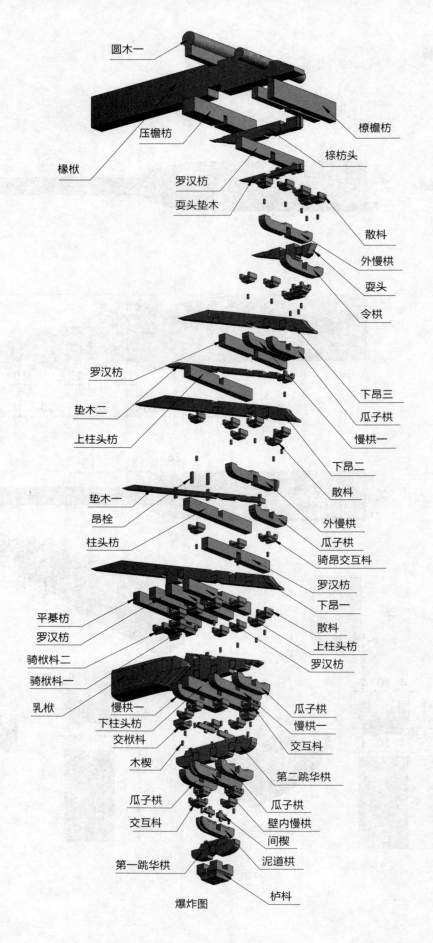

圆木一

压檐枋

椽栿

罗汉枋

耍头垫木

罗汉枋

垫木二

上柱头枋

垫木一

昂栓

柱头枋

平棊枋

罗汉枋

骑栿枓二

骑栿枓一

乳栿

慢栱一

下柱头枋

交栿枓

木楔

瓜子栱

交互枓

第一跳华栱

橑檐枋

椋枋头

散枓

外慢栱

耍头

令栱

下昂三

瓜子栱

慢栱一

下昂二

散枓

外慢栱

瓜子栱

骑昂交互枓

罗汉枋

下昂一

散枓

上柱头枋

罗汉枋

瓜子栱

慢栱一

交互枓

第二跳华栱

瓜子栱

壁内慢栱

间楔

泥道栱

栌枓

爆炸图

八铺作重栱出双抄三下昂，里转六铺作重栱出三抄，并计心转角铺作

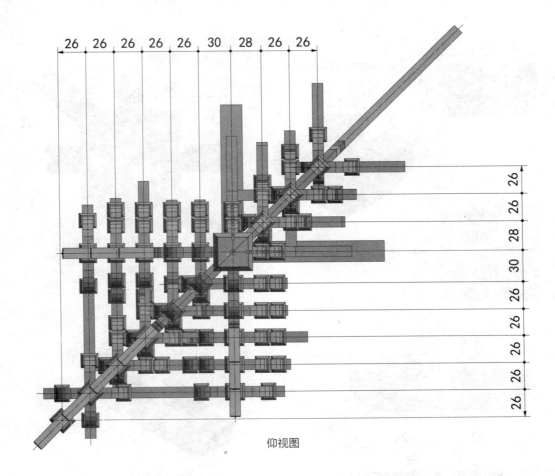

26　26　26　26　26　30　28　26　26

26
26
28
30
26
26
26
26
26

仰视图

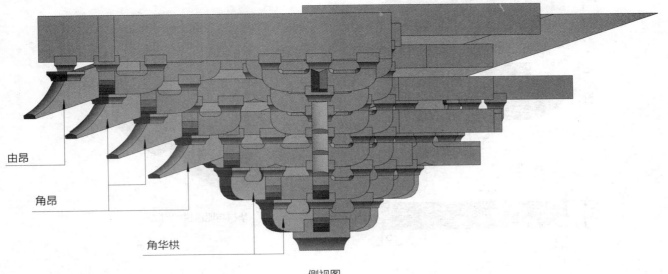

由昂

角昂

角华栱

侧视图

第一、二层部件尺寸图解

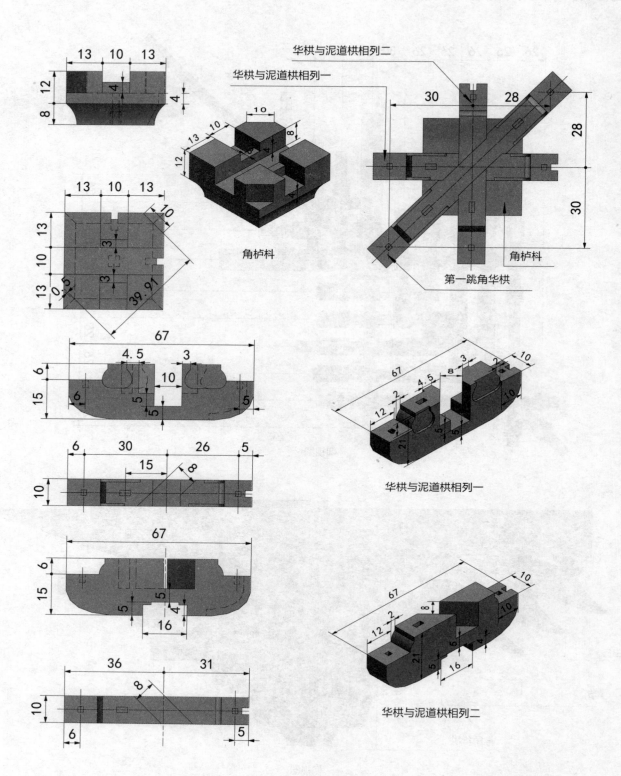

华栱与泥道栱相列二

华栱与泥道栱相列一

角栌料

角栌料

第一跳角华栱

华栱与泥道栱相列一

华栱与泥道栱相列二

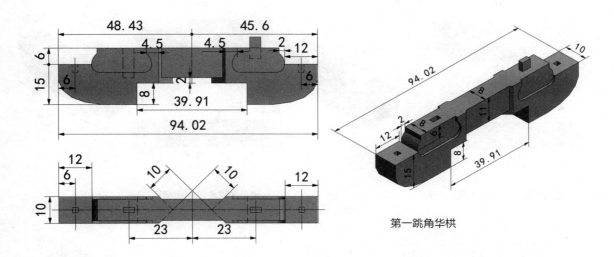

第一跳角华栱

第三层部件尺寸图解

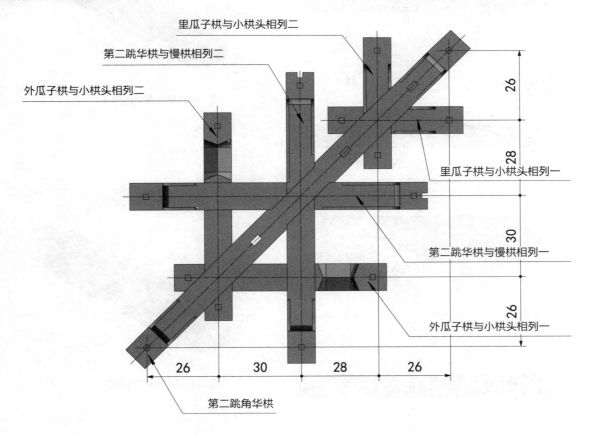

里瓜子栱与小栱头相列二

第二跳华栱与慢栱相列二

外瓜子栱与小栱头相列二

里瓜子栱与小栱头相列一

第二跳华栱与慢栱相列一

外瓜子栱与小栱头相列一

第二跳角华栱

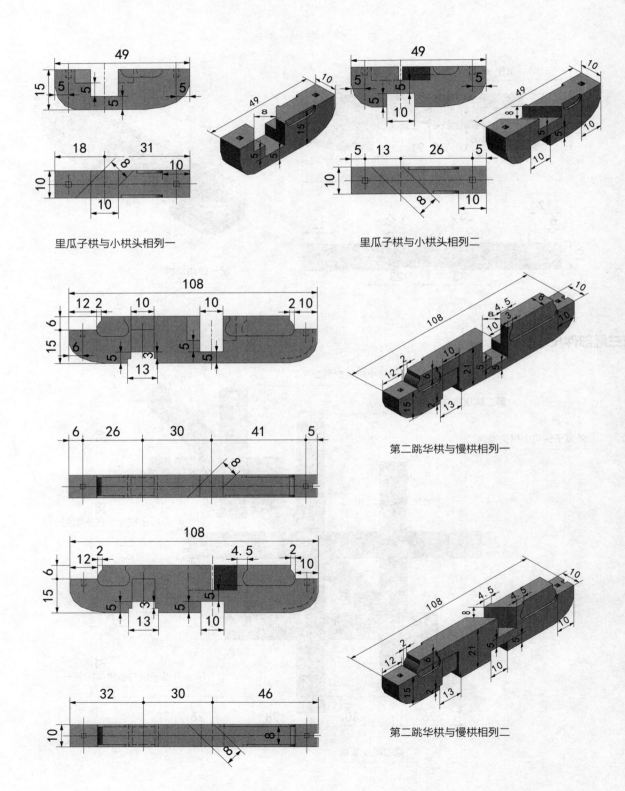

里瓜子栱与小栱头相列一

里瓜子栱与小栱头相列二

第二跳华栱与慢栱相列一

第二跳华栱与慢栱相列二

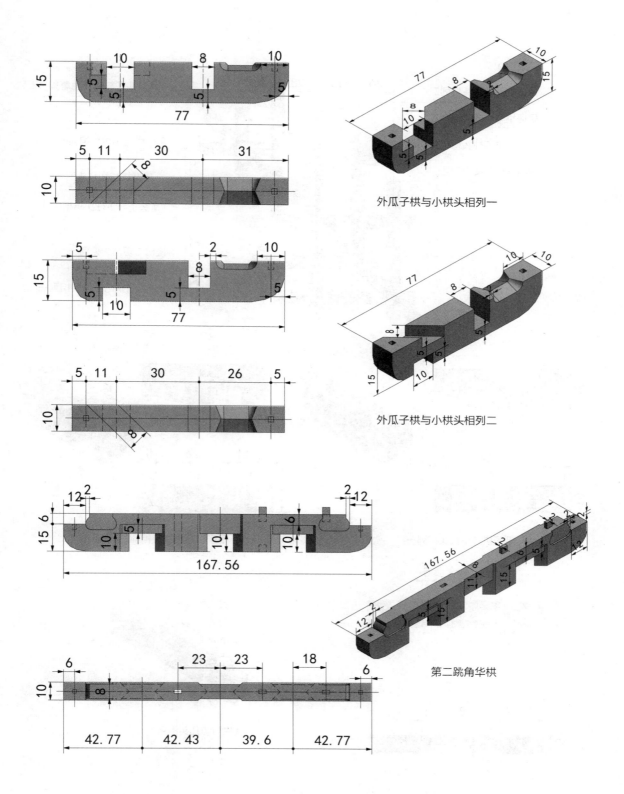

外瓜子栱与小栱头相列一

外瓜子栱与小栱头相列二

第二跳角华栱

第四层部件尺寸图解

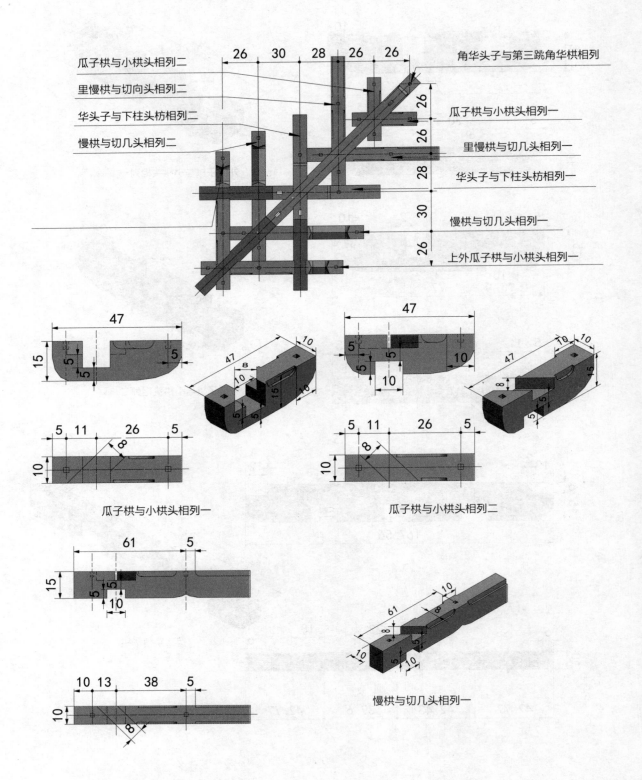

瓜子栱与小栱头相列二

里慢栱与切向头相列二

华头子与下柱头枋相列二

慢栱与切几头相列二

角华头子与第三跳角华栱相列

瓜子栱与小栱头相列一

里慢栱与切几头相列一

华头子与下柱头枋相列一

慢栱与切几头相列一

上外瓜子栱与小栱头相列一

瓜子栱与小栱头相列一

瓜子栱与小栱头相列二

慢栱与切几头相列一

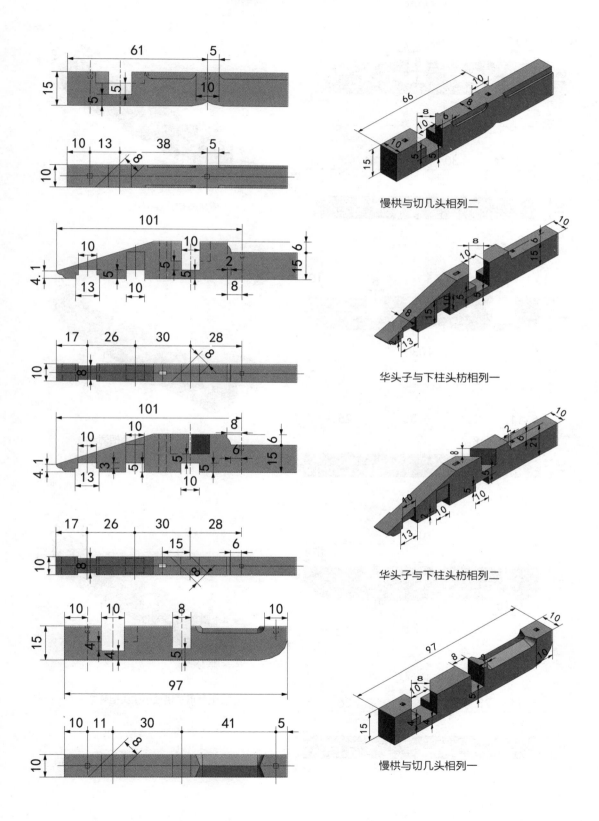

慢栱与切几头相列二

华头子与下柱头枋相列一

华头子与下柱头枋相列二

慢栱与切几头相列一

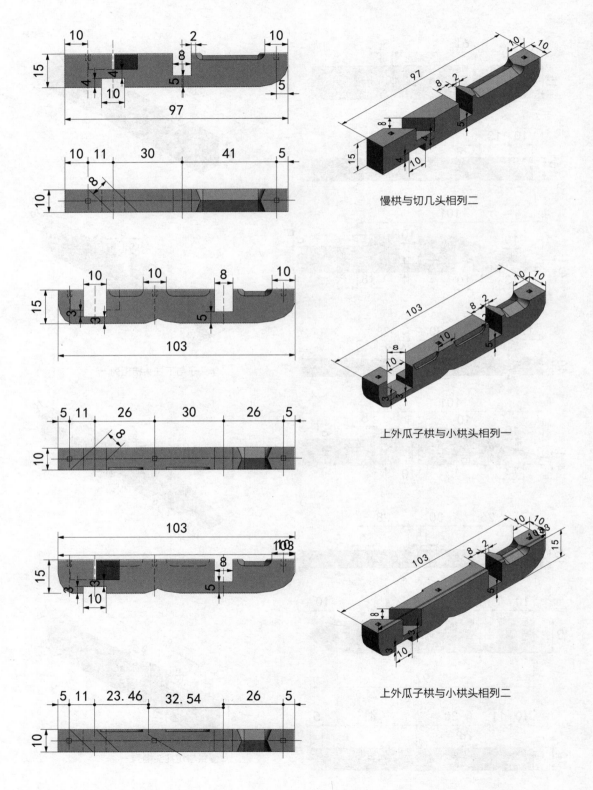

慢栱与切几头相列二

上外瓜子栱与小栱头相列一

上外瓜子栱与小栱头相列二

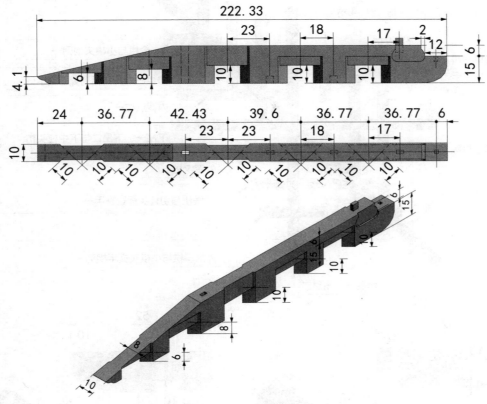

角华头子与第三跳角华栱相列

第五层部件尺寸图解

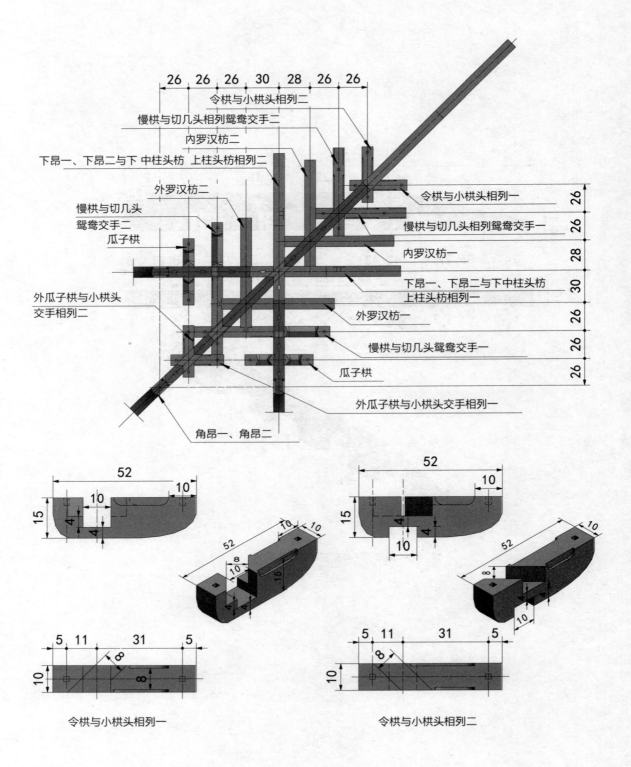

令栱与小栱头相列一

令栱与小栱头相列二

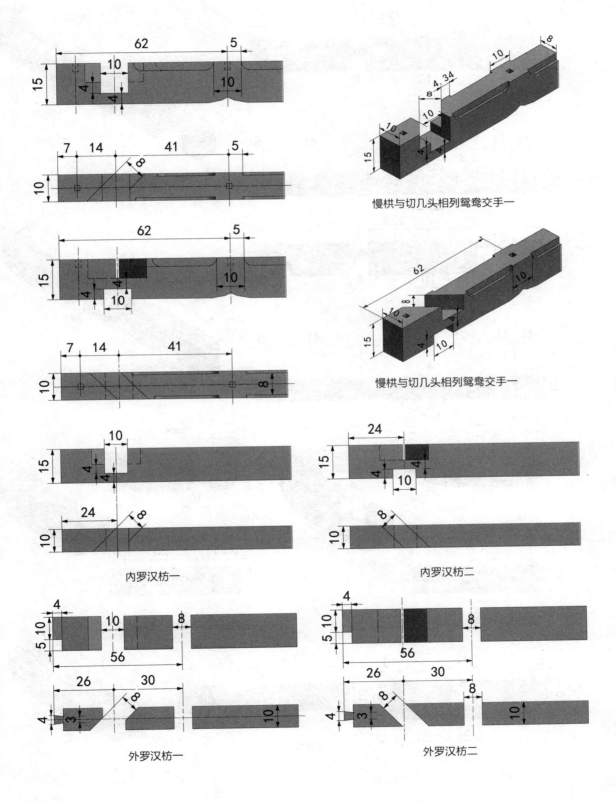

慢栱与切几头相列鸳鸯交手一

慢栱与切几头相列鸳鸯交手一

内罗汉枋一

内罗汉枋二

外罗汉枋一

外罗汉枋二

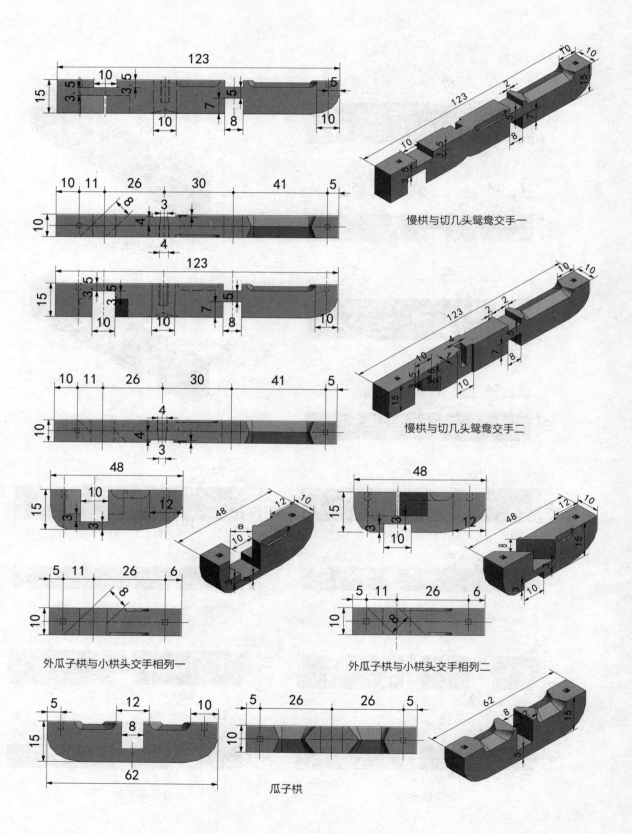

慢栱与切几头鸳鸯交手一

慢栱与切几头鸳鸯交手二

外瓜子栱与小栱头交手相列一

外瓜子栱与小栱头交手相列二

瓜子栱

下昂一、下昂二、下昂三与中柱头枋、上柱头枋、中下柱头枋相列一尺寸图解

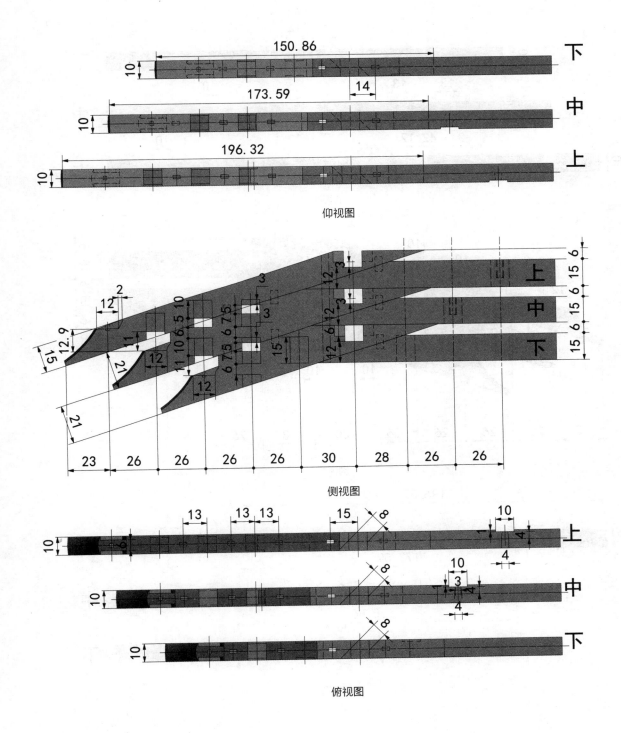

仰视图

侧视图

俯视图

下昂一、下昂二、下昂三与中柱头枋、上柱头枋、中下柱头枋相列二尺寸图解

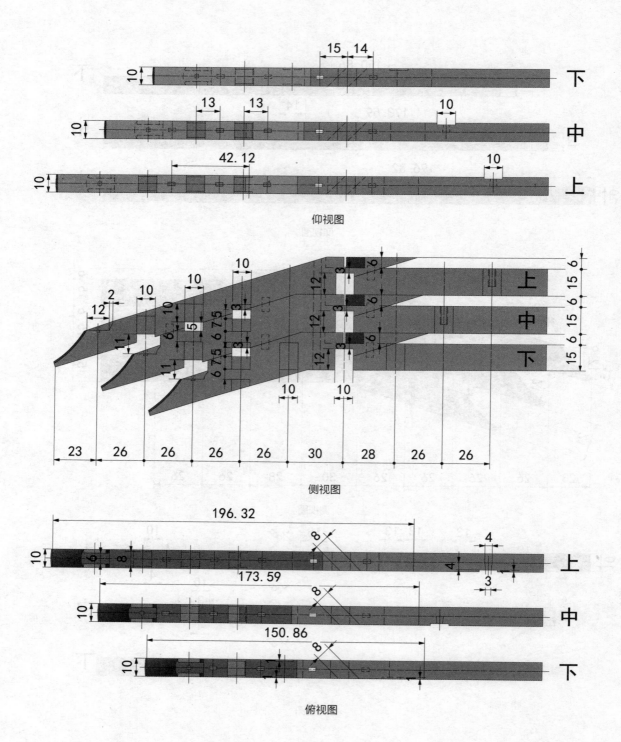

仰视图

侧视图

俯视图

角昂一、角昂二、角耍头尺寸图解

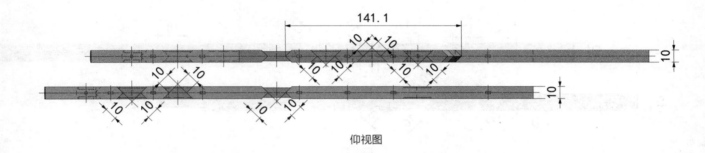

仰视图

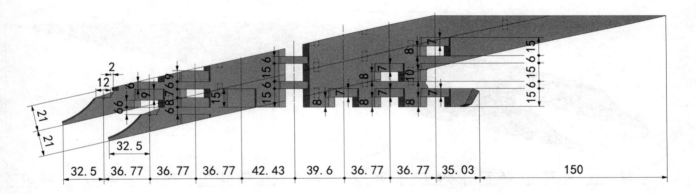

侧视图

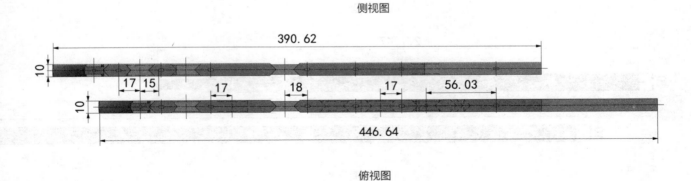

俯视图

角昂三、由昂尺寸图解

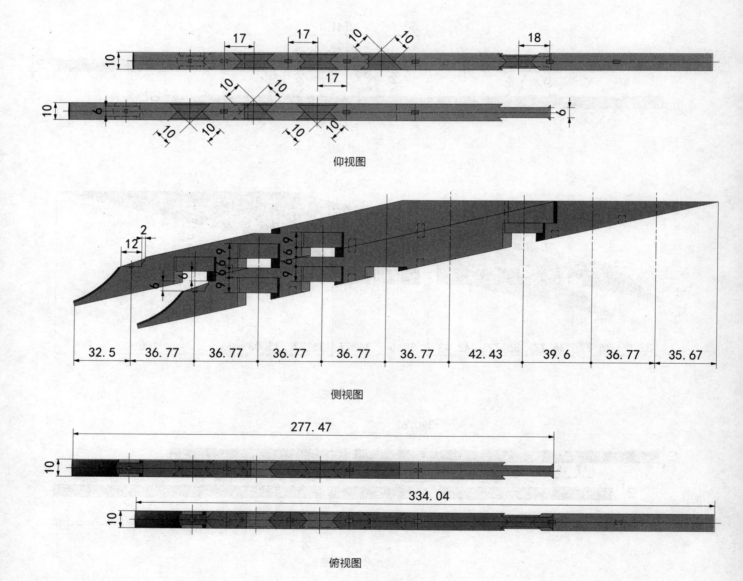

仰视图

侧视图

俯视图

角昂一、角昂二、角昂三、由昂与角耍头

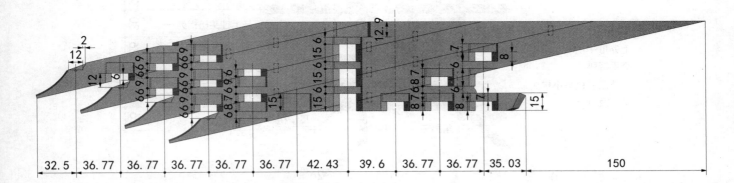

侧视图

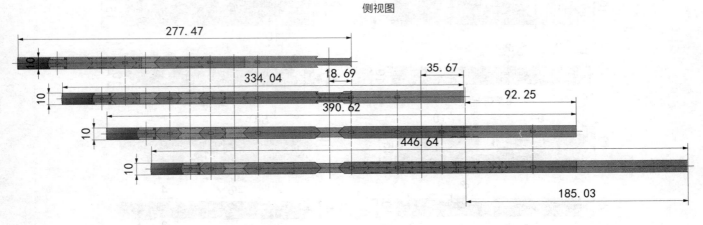

俯视图

第六层部件尺寸图解

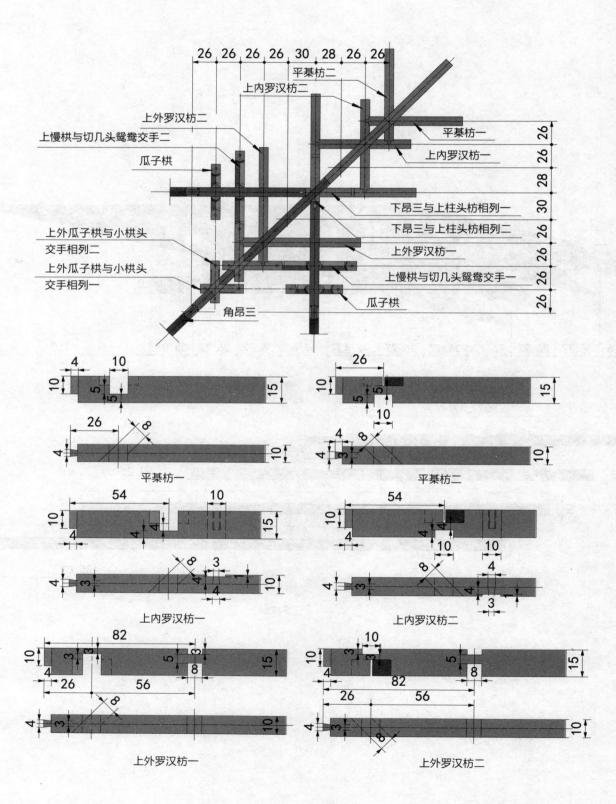

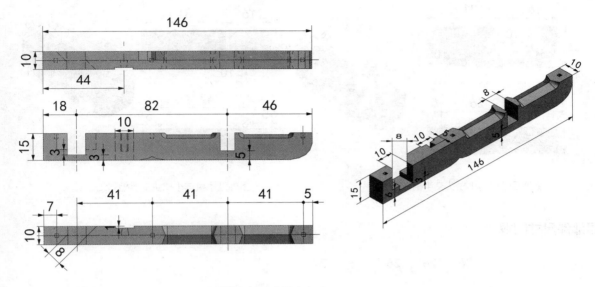

上慢栱与切几头鸳鸯交手一

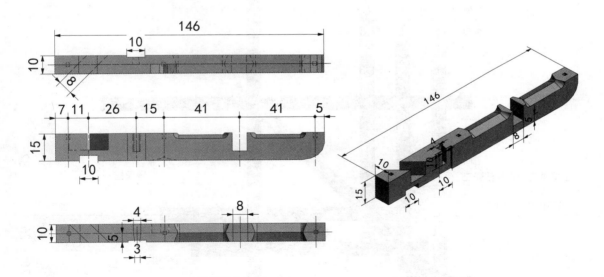

上慢栱与切几头鸳鸯交手二

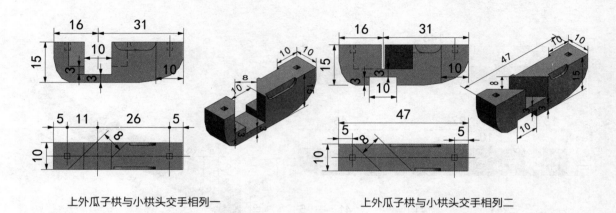

上外瓜子栱与小栱头交手相列一　　　　　上外瓜子栱与小栱头交手相列二

第七层部件尺寸图解

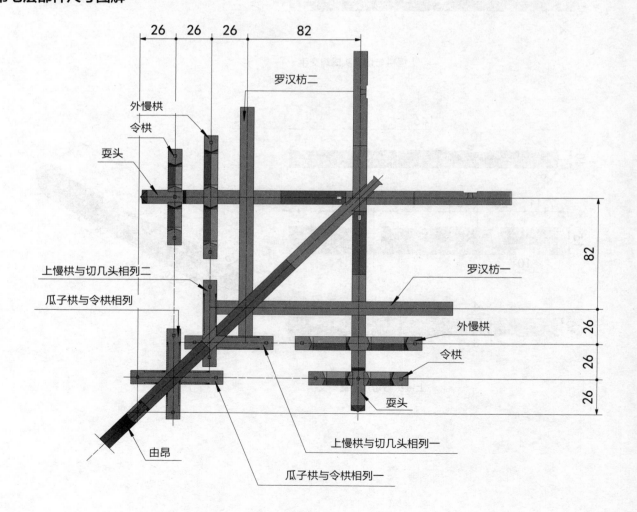

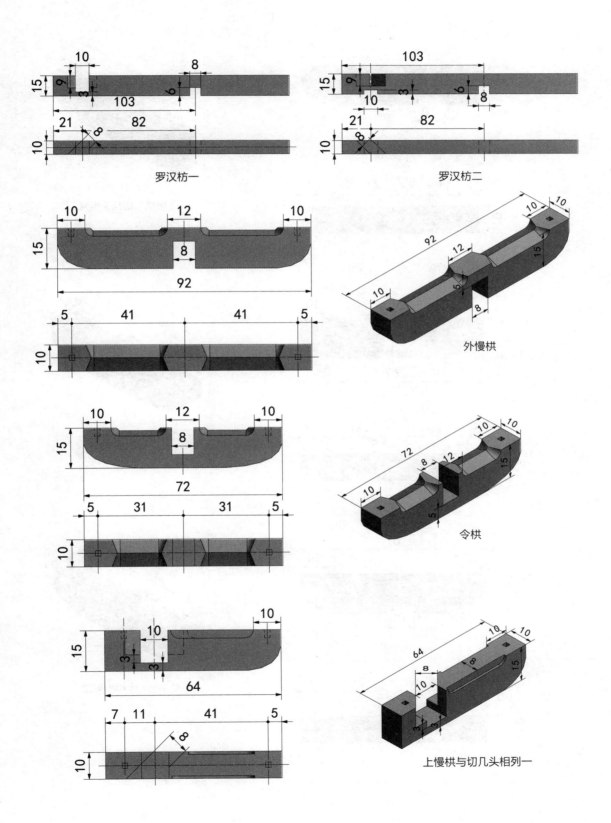

罗汉枋一

罗汉枋二

外慢栱

令栱

上慢栱与切几头相列一

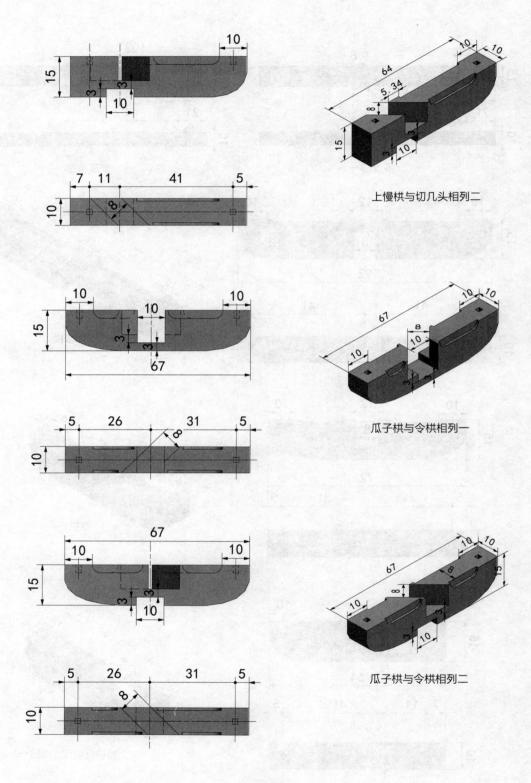

上慢栱与切几头相列二

瓜子栱与令栱相列一

瓜子栱与令栱相列二

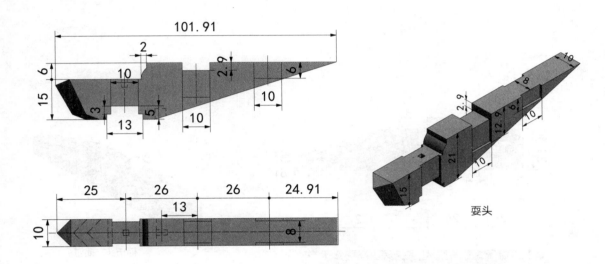

耍头

第八层部件尺寸图解

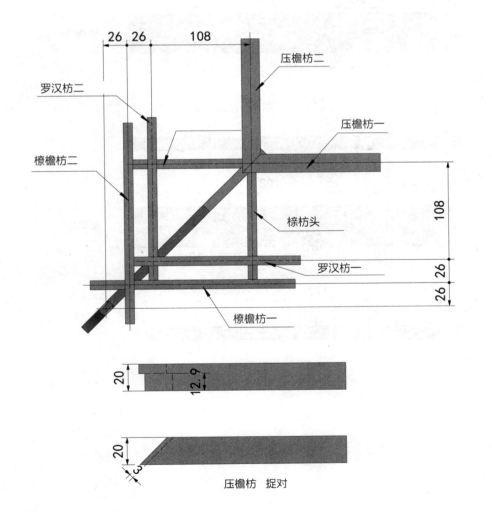

压檐枋二

罗汉枋二

压檐枋一

橑檐枋二

椓枋头

罗汉枋一

橑檐枋一

压檐枋 捉对

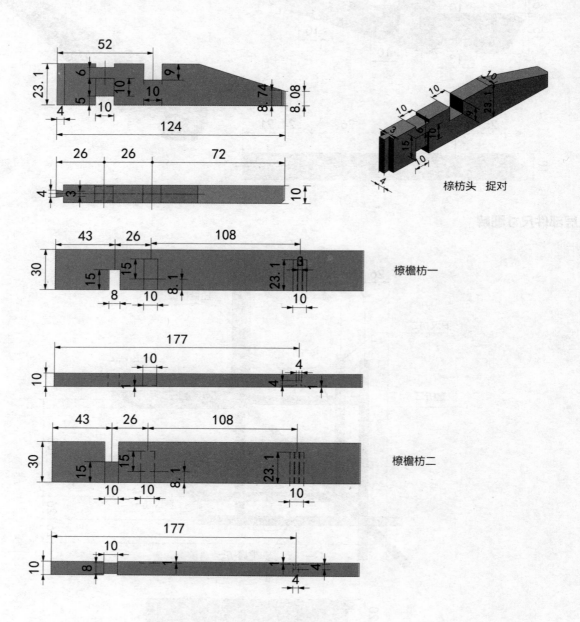

椽枋头 捉对

橑檐枋一

橑檐枋二

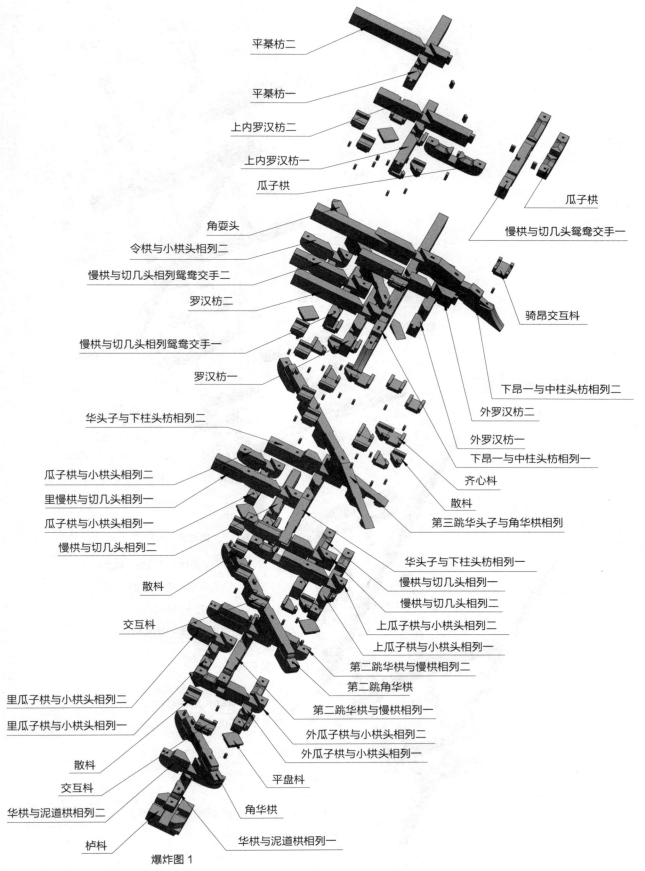

平棊枋二

平棊枋一

上内罗汉枋二

上内罗汉枋一

瓜子栱

角耍头

令栱与小栱头相列二

慢栱与切几头相列鸳鸯交手二

罗汉枋二

慢栱与切几头相列鸳鸯交手一

罗汉枋一

华头子与下柱头枋相列二

瓜子栱与小栱头相列二

里慢栱与切几头相列一

瓜子栱与小栱头相列一

慢栱与切几头相列二

散料

交互料

里瓜子栱与小栱头相列二

里瓜子栱与小栱头相列一

散料

交互料

华栱与泥道栱相列二

栌料

瓜子栱

慢栱与切几头鸳鸯交手一

骑昂交互料

下昂一与中柱头枋相列二

外罗汉枋二

外罗汉枋一

下昂一与中柱头枋相列一

齐心料

散料

第三跳华头子与角华栱相列

华头子与下柱头枋相列一

慢栱与切几头相列一

慢栱与切几头相列二

上瓜子栱与小栱头相列二

上瓜子栱与小栱头相列一

第二跳华栱与慢栱相列二

第二跳角华栱

第二跳华栱与慢栱相列一

外瓜子栱与小栱头相列二

外瓜子栱与小栱头相列一

平盘料

角华栱

华栱与泥道栱相列一

爆炸图 1

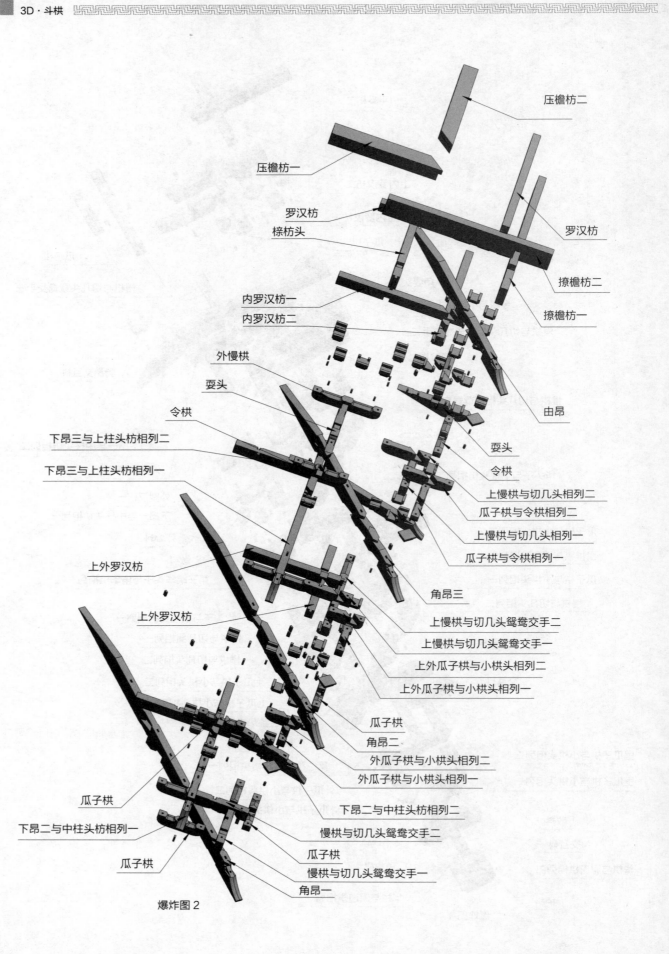

压檐枋二

压檐枋一

罗汉枋

罗汉枋

橑枋头

撩檐枋二

撩檐枋一

内罗汉枋一

内罗汉枋二

外慢栱

耍头

由昂

令栱

耍头

下昂三与上柱头枋相列二

令栱

下昂三与上柱头枋相列一

上慢栱与切几头相列二

瓜子栱与令栱相列二

上慢栱与切几头相列一

瓜子栱与令栱相列一

上外罗汉枋

角昂三

上外罗汉枋

上慢栱与切几头鸳鸯交手二

上慢栱与切几头鸳鸯交手一

上外瓜子栱与小栱头相列二

上外瓜子栱与小栱头相列一

瓜子栱

角昂二

外瓜子栱与小栱头相列二

外瓜子栱与小栱头相列一

瓜子栱

下昂二与中柱头枋相列二

下昂二与中柱头枋相列一

慢栱与切几头鸳鸯交手二

瓜子栱

瓜子栱

慢栱与切几头鸳鸯交手一

角昂一

爆炸图 2

清式斗栱

清式斗栱

清朝《工程做法》中斗口制规定，斗口有头等材，二等材，以至十一等材之分。头等材斗口宽六寸，二等材斗口宽五寸五分，子三等材至十一等材各递减五分，既得斗口尺寸。

模型尺寸按清朝尺寸，一清尺即320mm，为使模型标注更具有通用性，本书以"分"为主要单位。所谓"分"，即斗口的十分之一（如标注中"分"与"寸"同时出现，则"分"为"寸"的十分之一）。本书标注尺寸取小数点后两位。

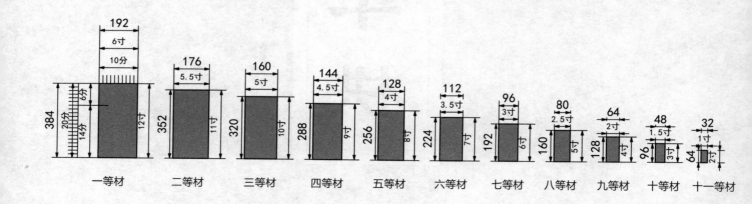

注：本页所注尺寸除注明者外，均以毫米（mm）为单位。

清式斗栱大料、小料尺寸图解

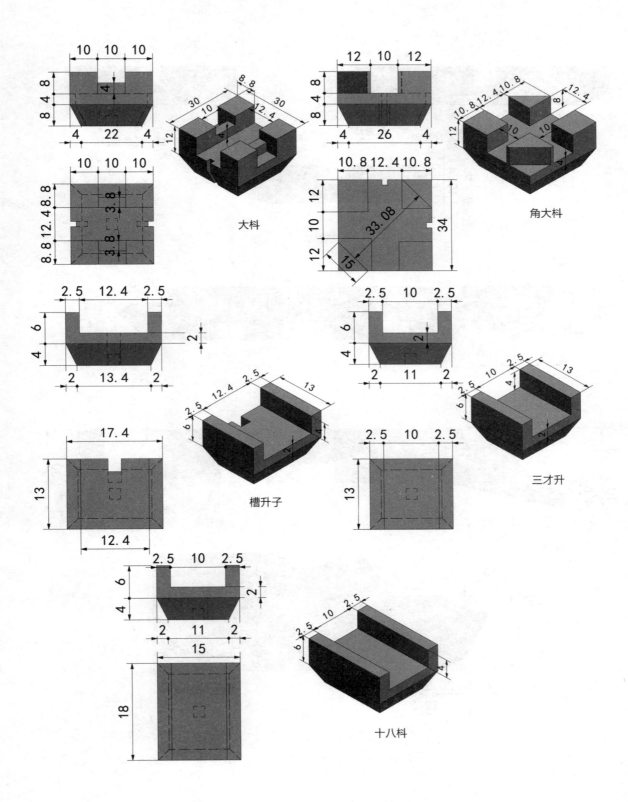

大料

角大料

槽升子

三才升

十八科

清式斗栱卷杀、昂头、蚂蚱头、六分头、
菊花头、桃尖梁头尺寸图解

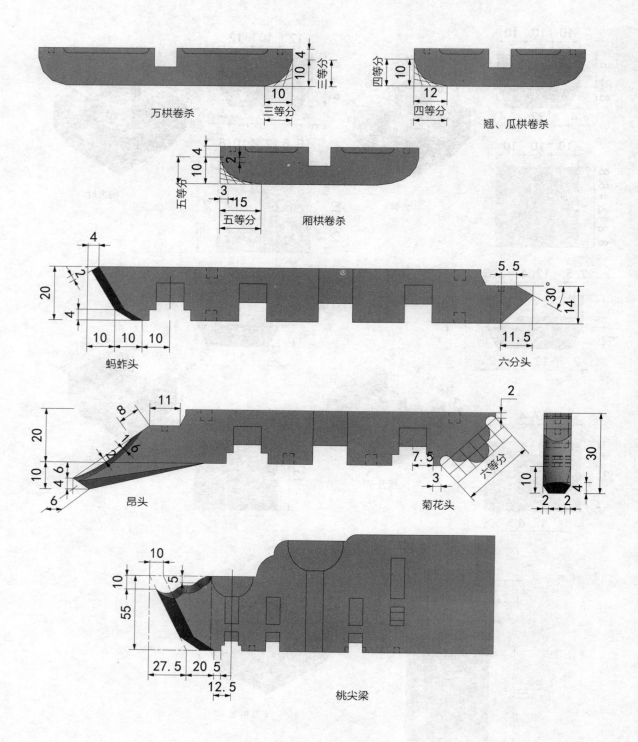

万栱卷杀

翘、瓜栱卷杀

厢栱卷杀

蚂蚱头

六分头

昂头

菊花头

桃尖梁

单栱交麻叶云、重栱交麻叶云

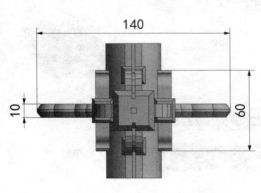

仰视图

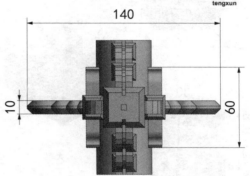

仰视图

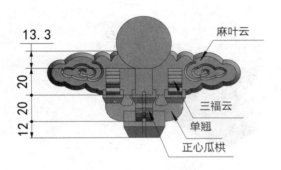

侧视图

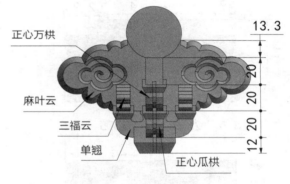

侧视图

单栱交麻叶云

重栱交麻叶云

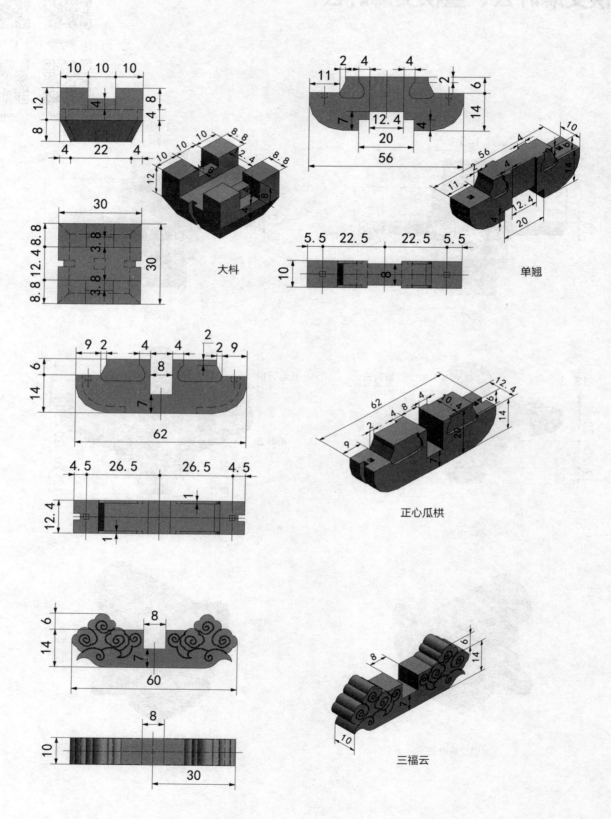

大科

单翘

正心瓜栱

三福云

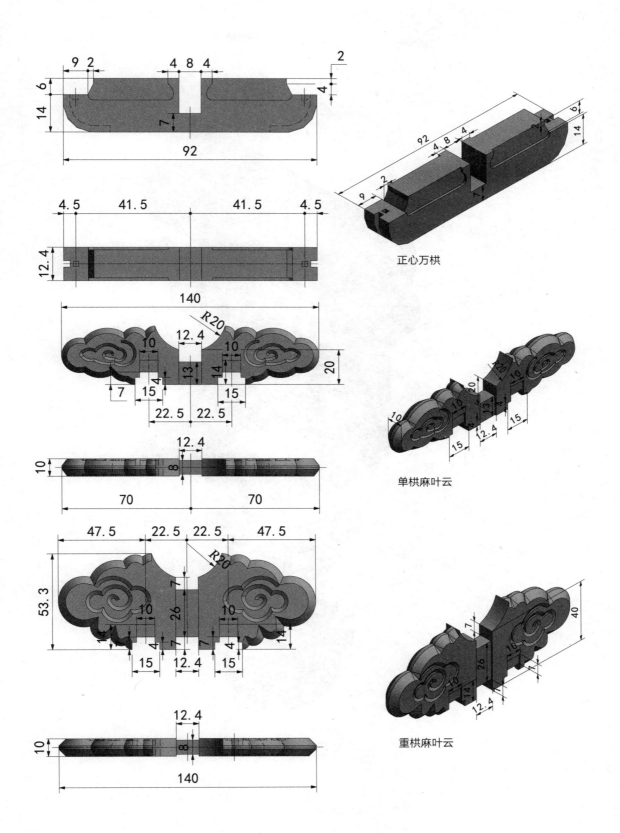

正心万栱

单栱麻叶云

重栱麻叶云

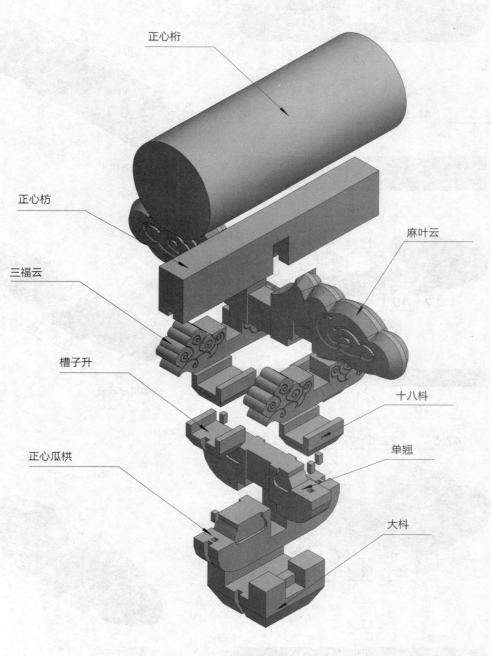

正心桁

正心枋

三福云

槽子升

正心瓜栱

麻叶云

十八枓

单翘

大枓

单栱交麻叶云爆炸图

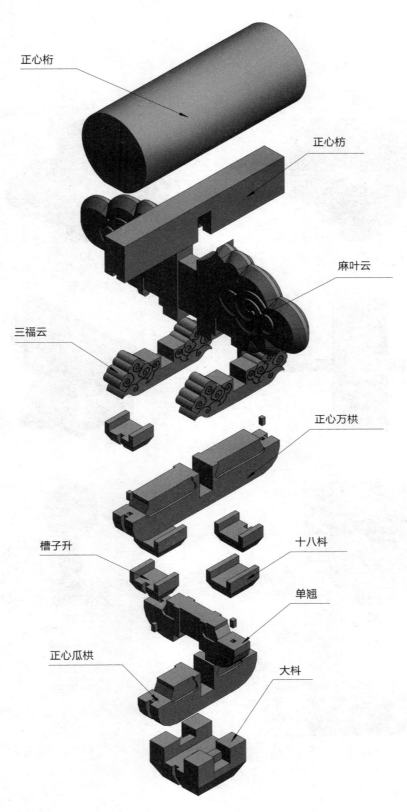

正心桁

正心枋

麻叶云

三福云

正心万栱

槽子升

十八枓

单翘

正心瓜栱

大枓

重栱交麻叶云爆炸图

一斗二升交麻叶云并一斗三升平身科

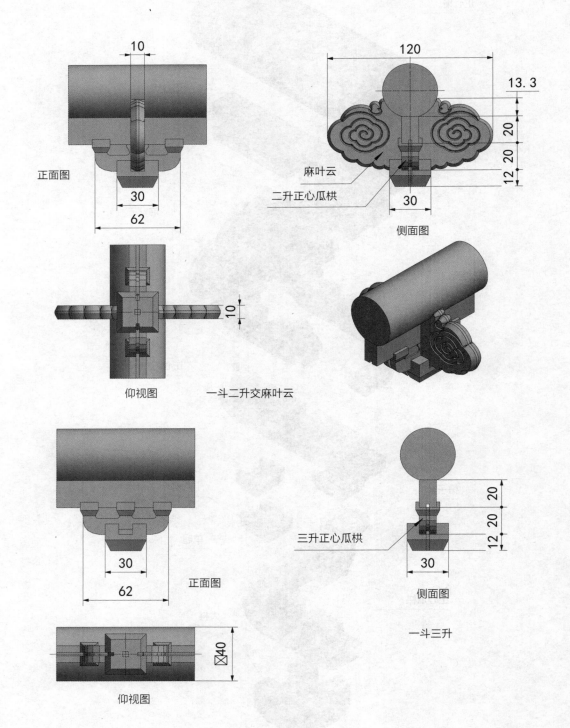

正面图

仰视图

一斗二升交麻叶云

麻叶云

二升正心瓜栱

侧面图

正面图

仰视图

三升正心瓜栱

侧面图

一斗三升

分件尺寸图解

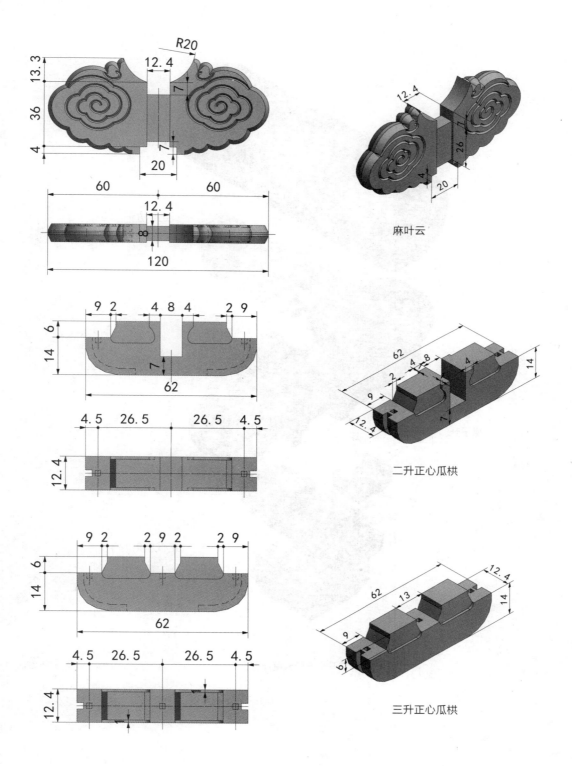

麻叶云

二升正心瓜栱

三升正心瓜栱

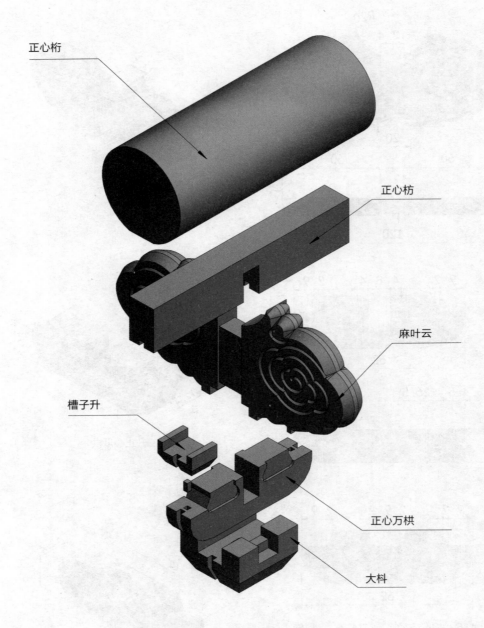

正心桁

正心枋

麻叶云

槽子升

正心万栱

大科

一斗二升交麻叶云爆炸图

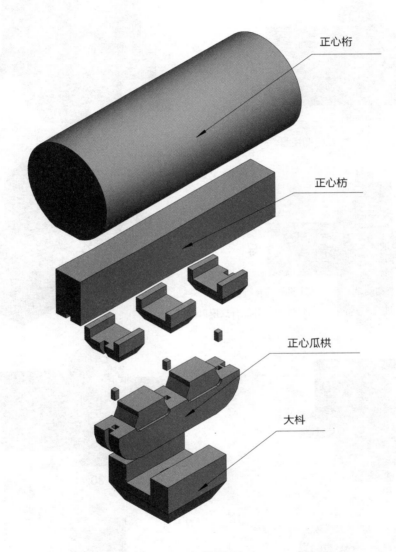

正心桁

正心枋

正心瓜栱

大枓

一斗三升平身科爆炸图

一斗二升交麻叶云并一斗三升柱头科

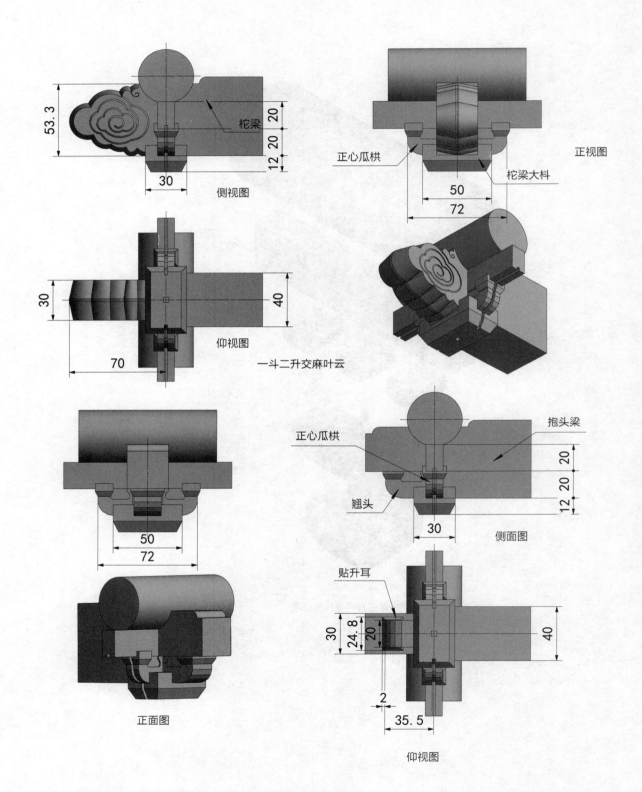

侧视图

桄梁

53.3

30

20
20
12 20

仰视图

30

70

40

一斗二升交麻叶云

正视图

正心瓜栱

桄梁大科

50

72

正面图

50

72

正心瓜栱

抱头梁

翘头

30

20
20
12 20

侧面图

贴升耳

30
24.8
20

2

35.5

40

仰视图

分件尺寸图解

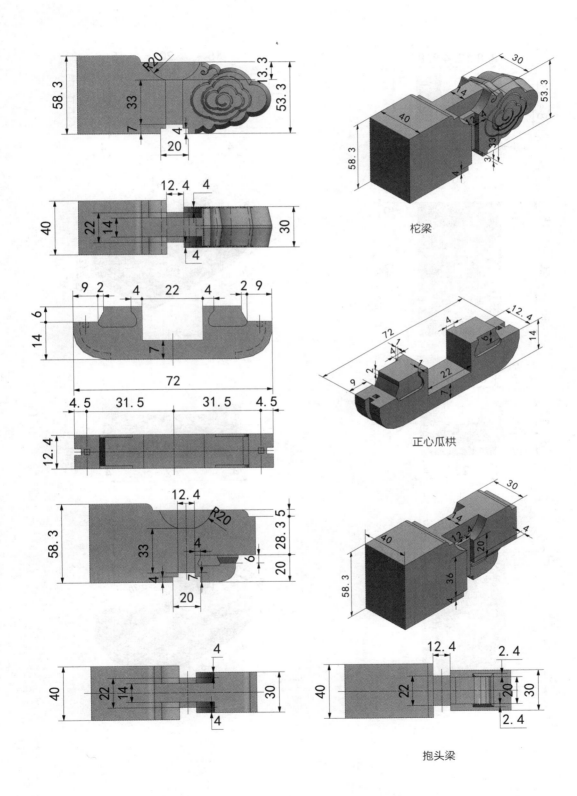

柁梁

正心瓜栱

抱头梁

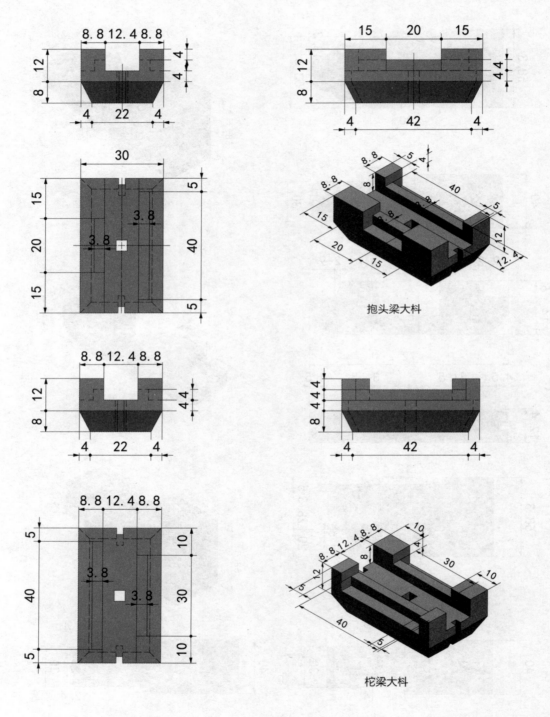

抱头梁大科

柁梁大科

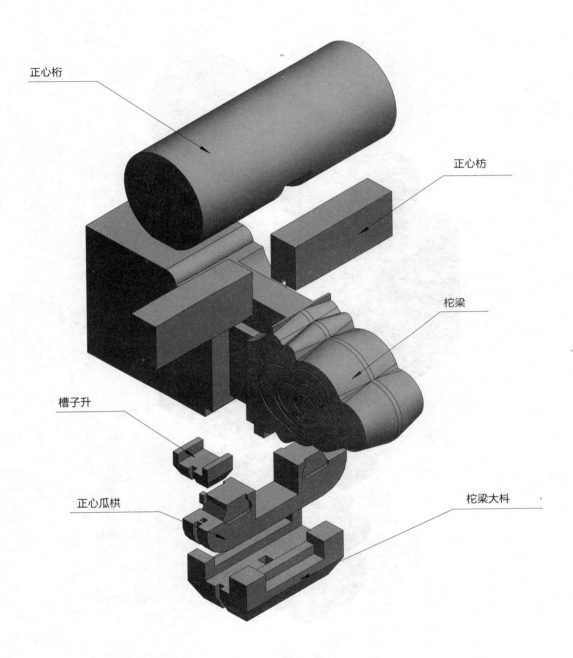

正心桁

正心枋

挑梁

槽子升

正心瓜栱

挑梁大科

一斗二升交麻叶云柱头科爆炸图

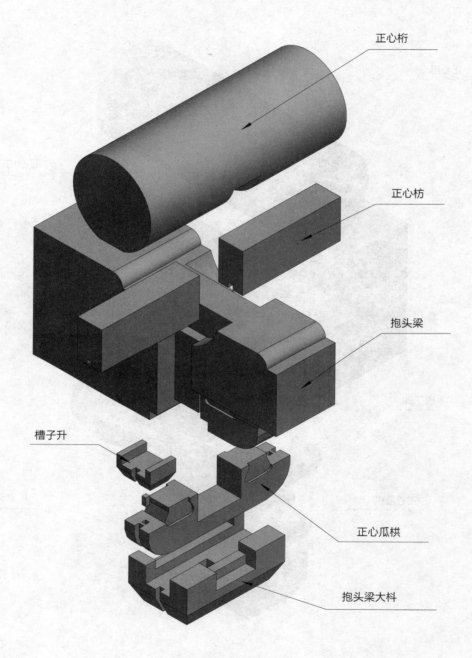

正心桁

正心枋

抱头梁

槽子升

正心瓜栱

抱头梁大枓

一斗三升柱头科

一斗二升交麻叶并一斗三升角科

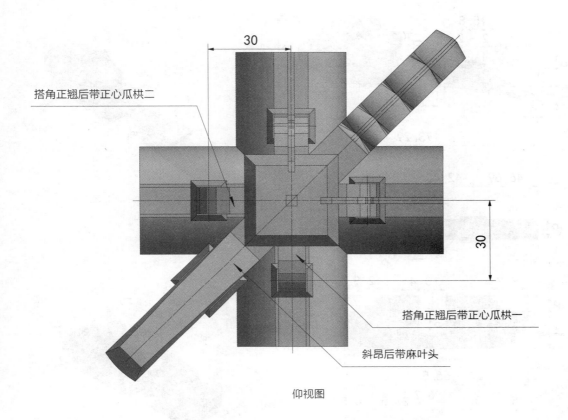

搭角正翘后带正心瓜栱二

30

30

搭角正翘后带正心瓜栱一

斜昂后带麻叶头

仰视图

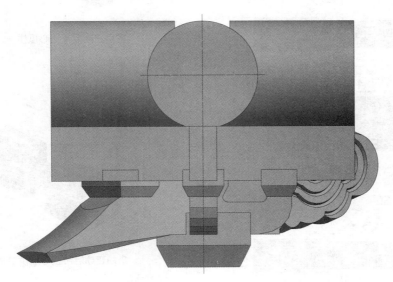

侧视图

分件尺寸图解

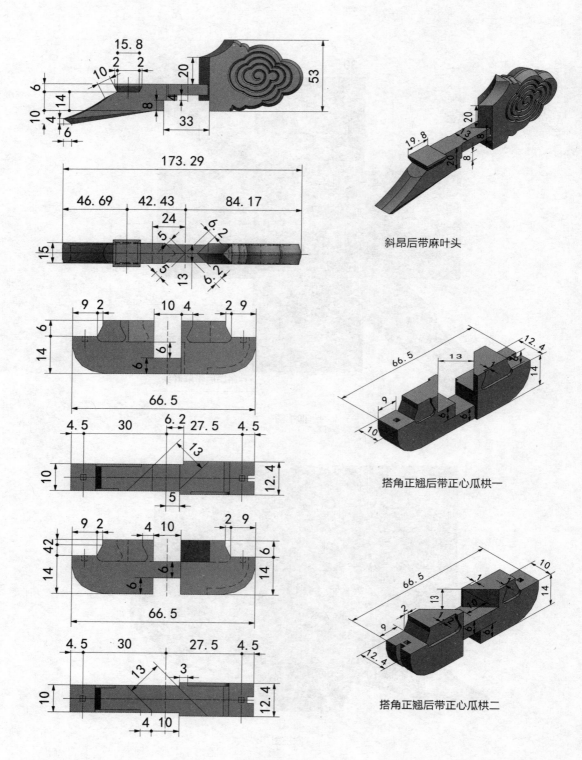

斜昂后带麻叶头

搭角正翘后带正心瓜栱一

搭角正翘后带正心瓜栱二

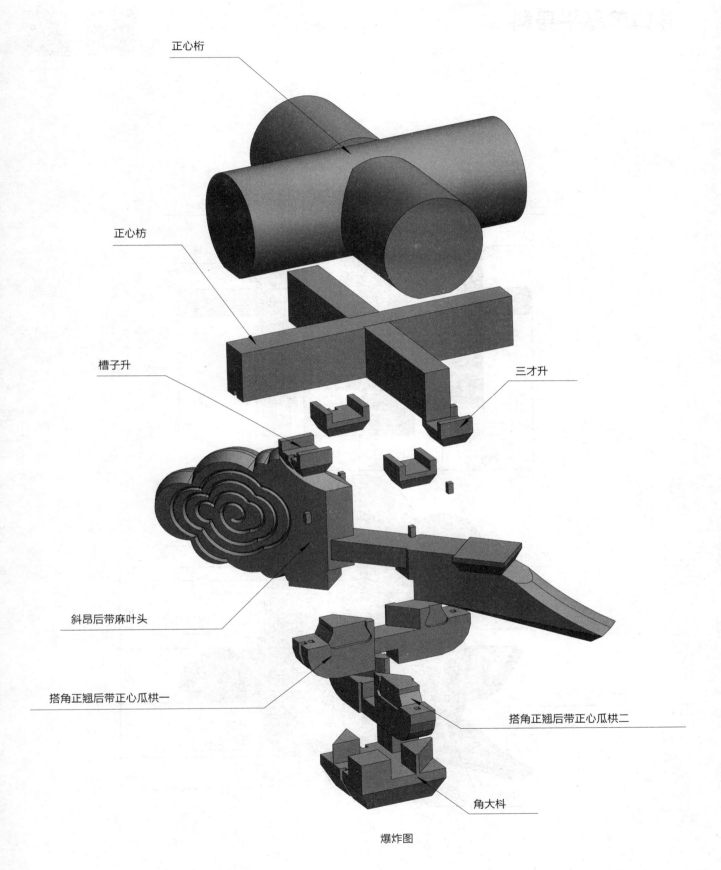

正心桁

正心枋

槽子升

三才升

斜昂后带麻叶头

搭角正翘后带正心瓜栱一

搭角正翘后带正心瓜栱二

角大科

爆炸图

斗口单昂平身科

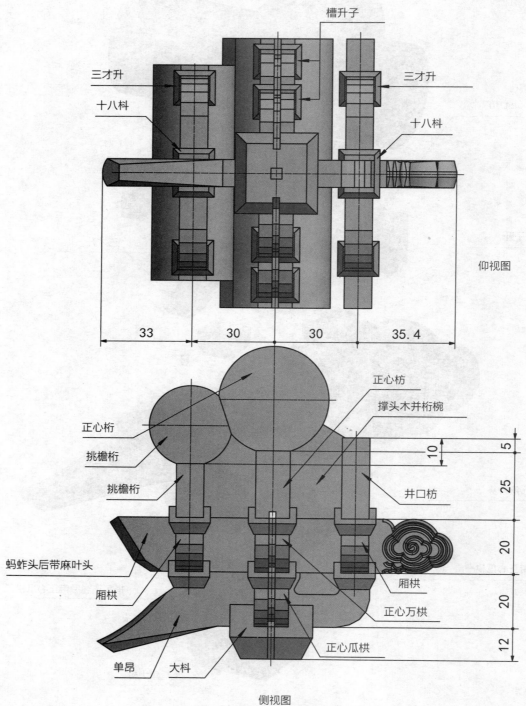

槽升子

三才升

十八枓

三才升

十八枓

仰视图

33　　30　　30　　35.4

正心枋

撑头木并桁椀

正心桁

挑檐桁

挑檐桁

井口枋

蚂蚱头后带麻叶头

厢栱

厢栱

正心万栱

单昂　　大枓

正心瓜栱

5
10
25
20
20
12

侧视图

分件尺寸图解

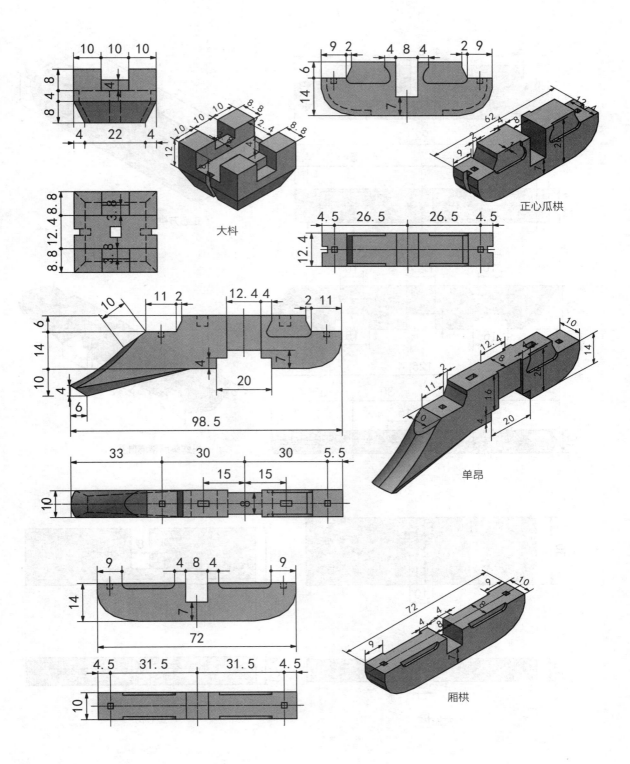

大科

正心瓜栱

单昂

厢栱

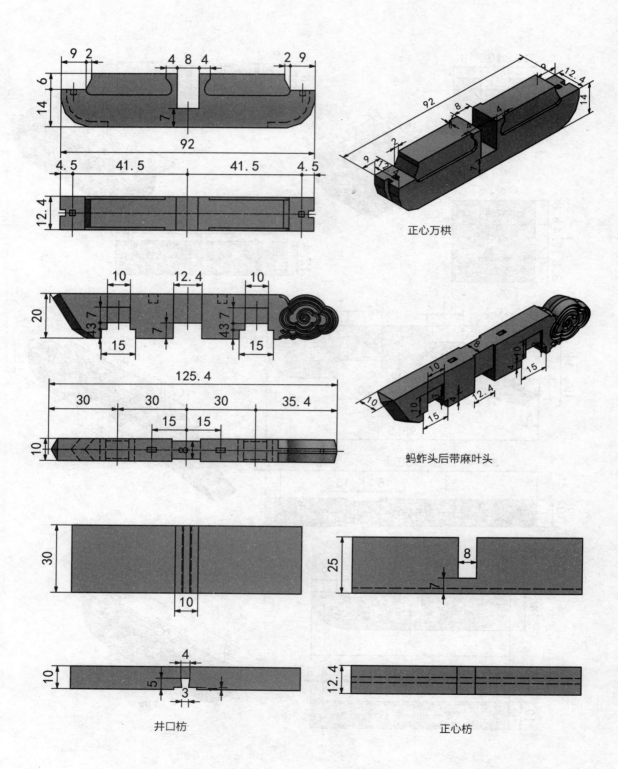

正心万栱

蚂蚱头后带麻叶头

井口枋

正心枋

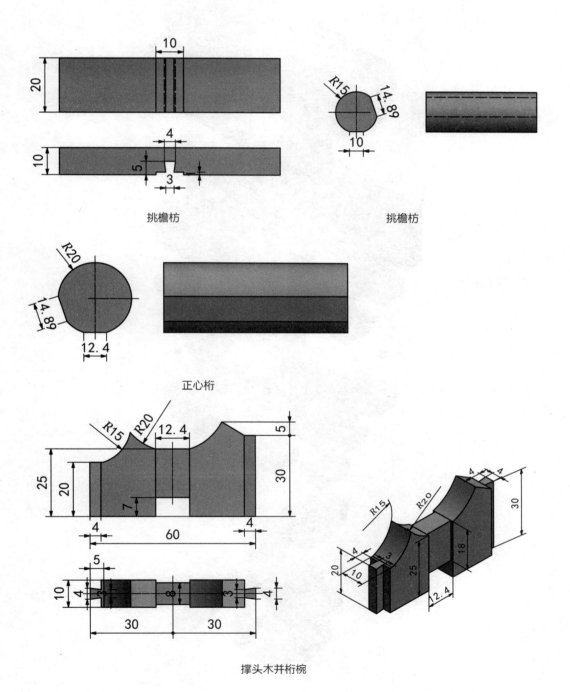

挑檐枋

挑檐枋

正心桁

撑头木并桁椀

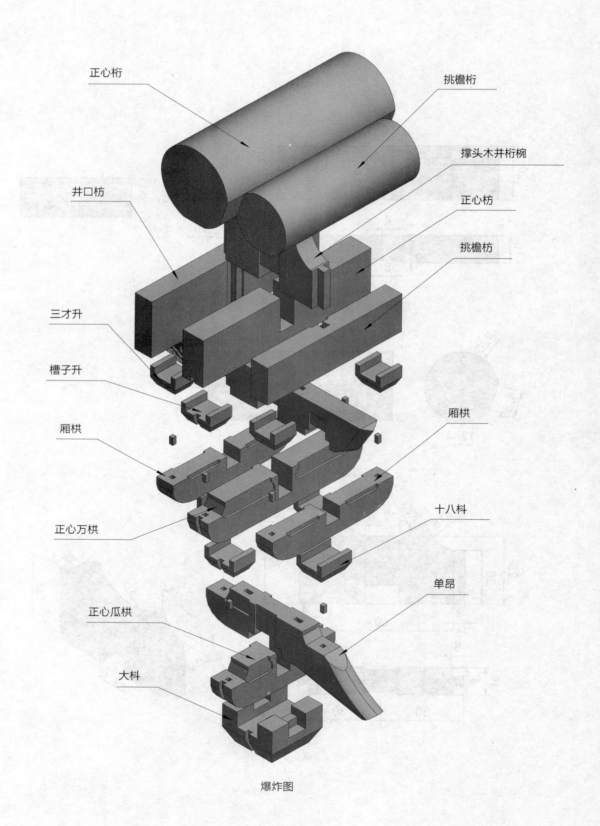

正心桁

挑檐桁

撑头木并桁椀

井口枋

正心枋

挑檐枋

三才升

槽子升

厢栱

厢栱

正心万栱

十八科

单昂

正心瓜栱

大科

爆炸图

斗口单昂柱头科

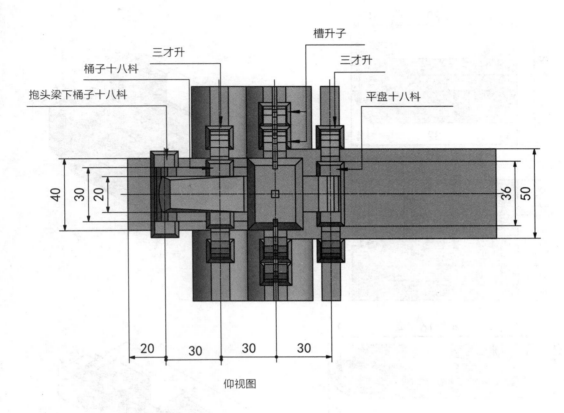

仰视图

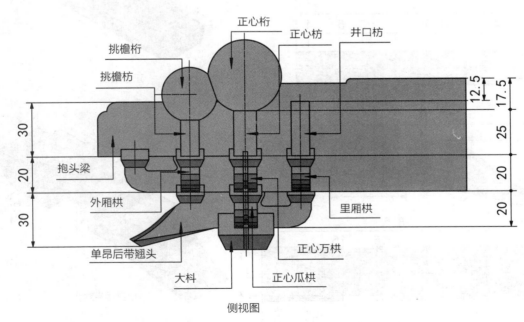

侧视图

分件尺寸图解

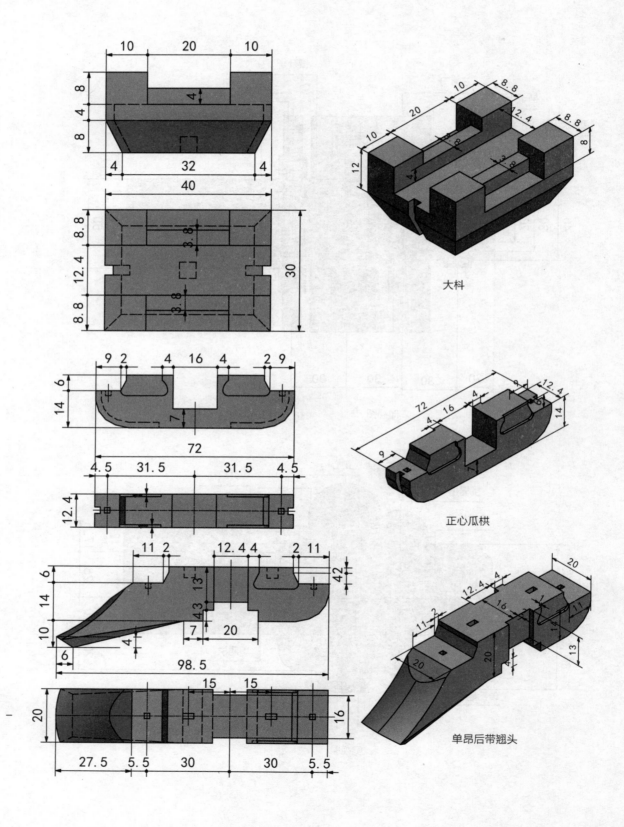

大枓

正心瓜栱

单昂后带翘头

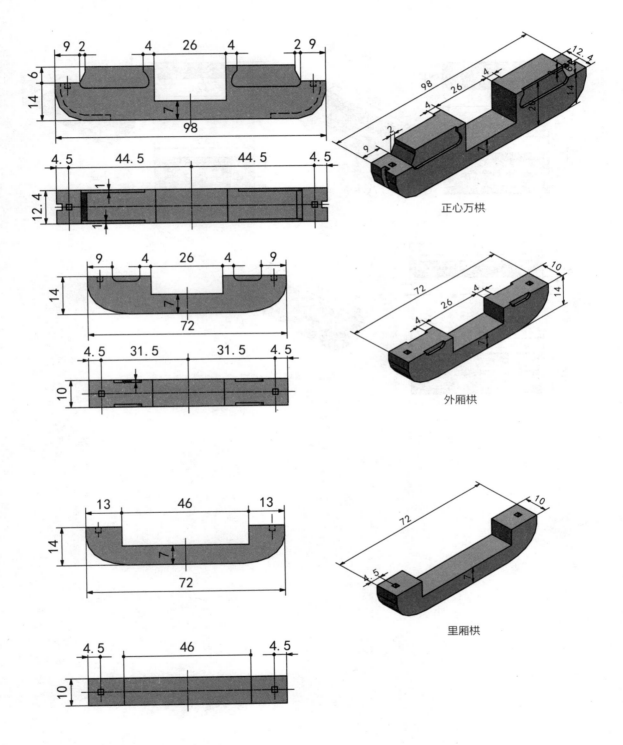

正心万栱

外厢栱

里厢栱

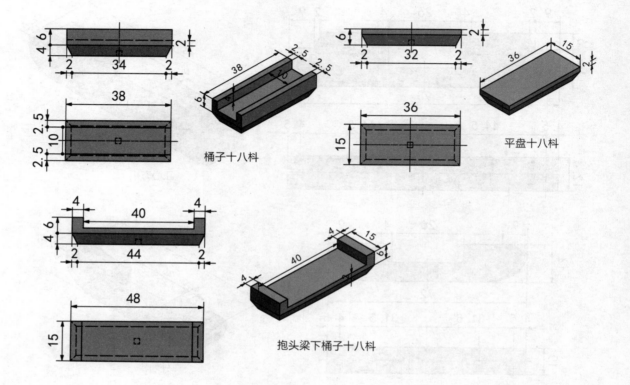

桶子十八枓

平盘十八枓

抱头梁下桶子十八枓

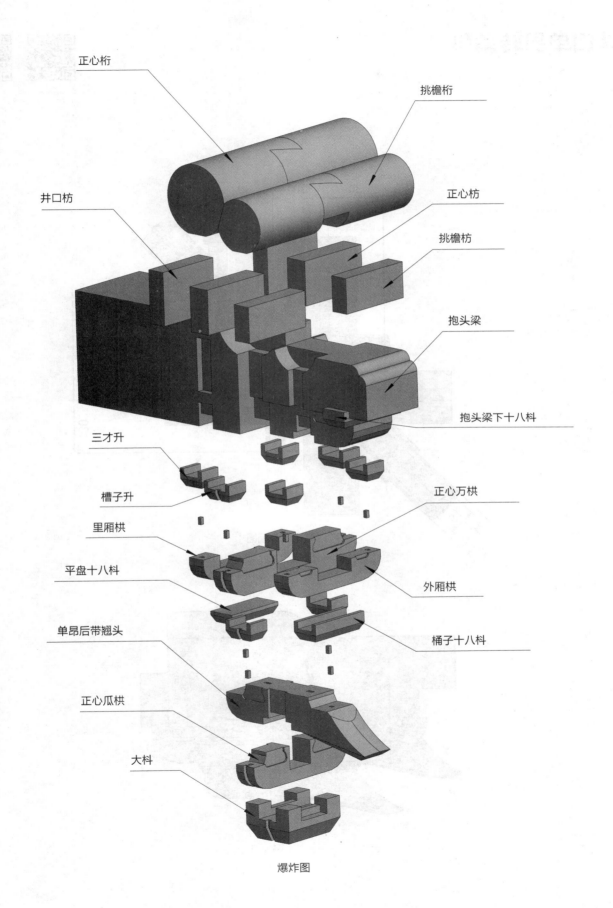

正心桁

挑檐桁

井口枋

正心枋

挑檐枋

抱头梁

抱头梁下十八科

三才升

正心万栱

槽子升

里厢栱

外厢栱

平盘十八科

桶子十八科

单昂后带翘头

正心瓜栱

大科

爆炸图

斗口单昂转角科

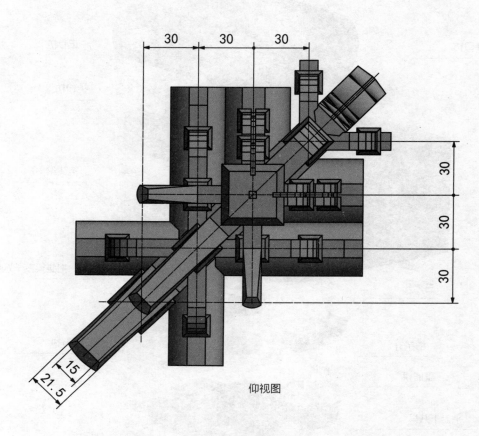

仰视图

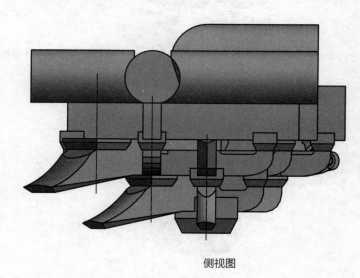

侧视图

第一、二层部件尺寸图解

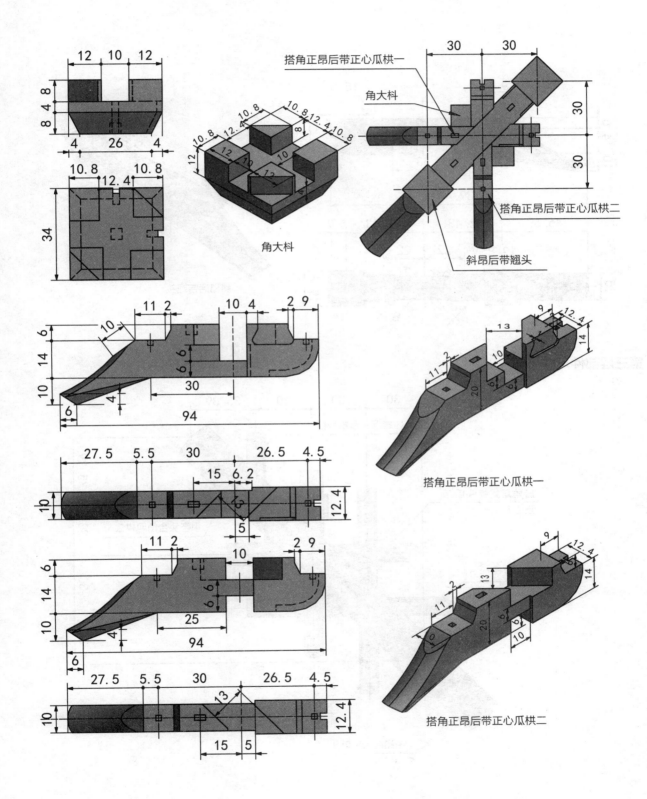

角大科

搭角正昂后带正心瓜栱一

角大科

搭角正昂后带正心瓜栱二

斜昂后带翘头

搭角正昂后带正心瓜栱一

搭角正昂后带正心瓜栱二

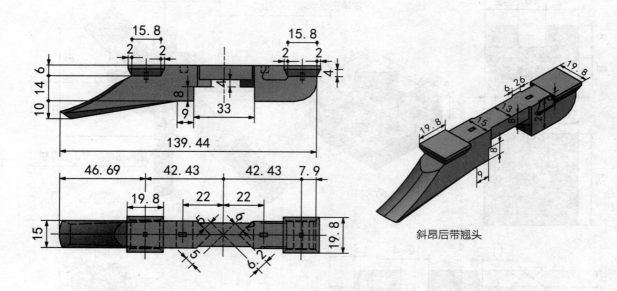

斜昂后带翘头

第三层部件尺寸图解

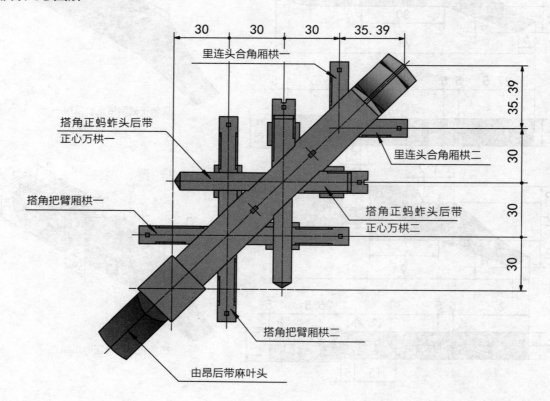

里连头合角厢栱一

搭角正蚂蚱头后带
正心万栱一

搭角把臂厢栱一

里连头合角厢栱二

搭角正蚂蚱头后带
正心万栱二

搭角把臂厢栱二

由昂后带麻叶头

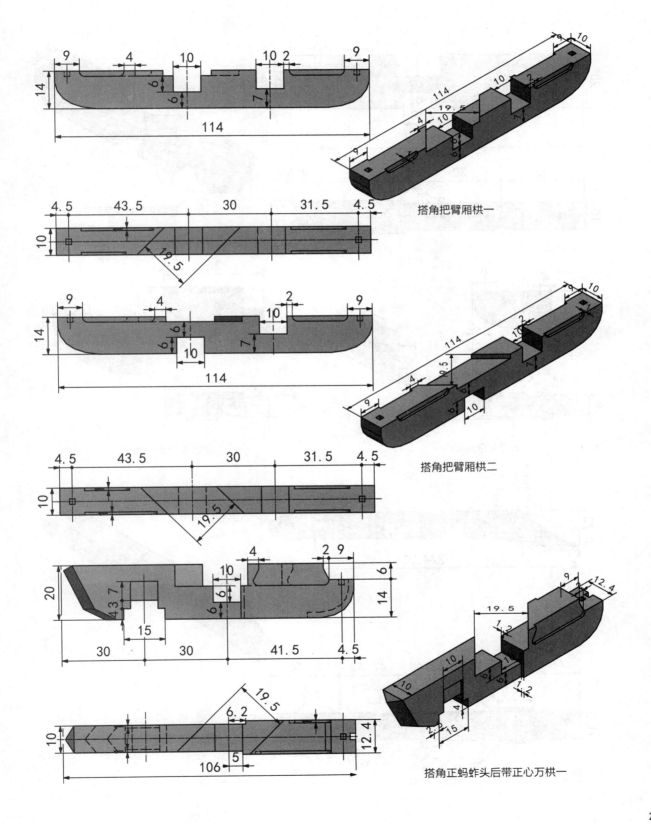

搭角把臂厢栱一

搭角把臂厢栱二

搭角正蚂蚱头后带正心万栱一

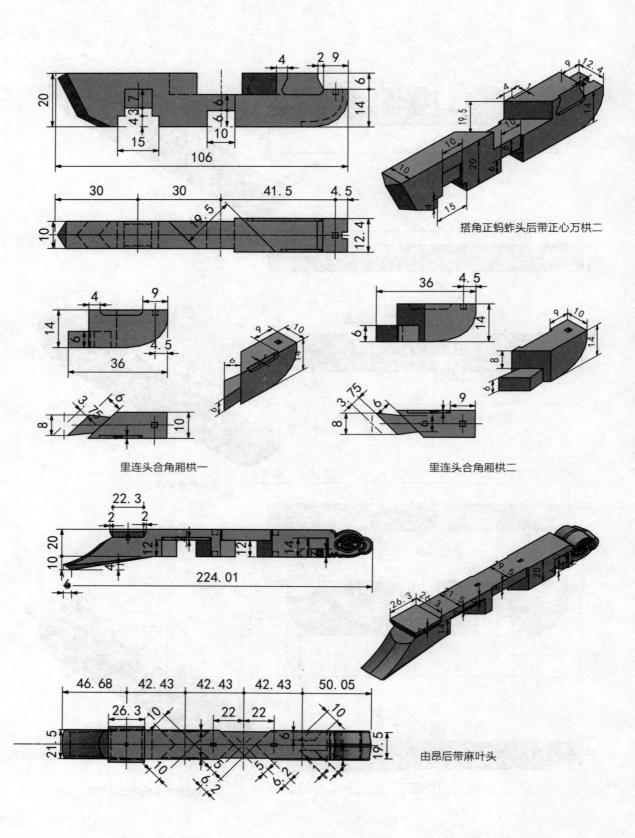

搭角正蚂蚱头后带正心万栱二

里连头合角厢栱一

里连头合角厢栱二

由昂后带麻叶头

第四层部件尺寸图解

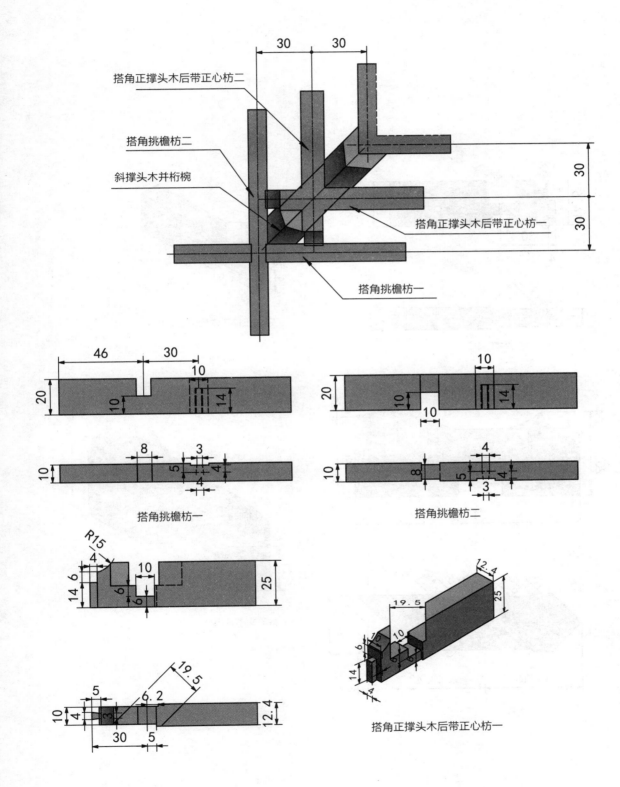

搭角正撑头木后带正心枋二

搭角挑檐枋二

斜撑头木并桁椀

搭角正撑头木后带正心枋一

搭角挑檐枋一

搭角挑檐枋一

搭角挑檐枋二

搭角正撑头木后带正心枋一

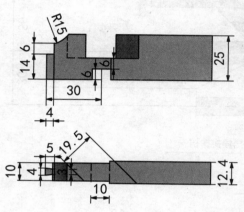

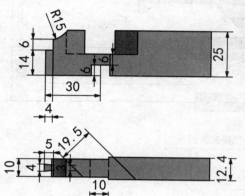

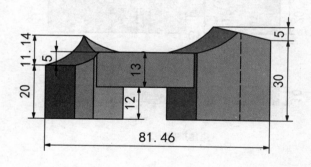

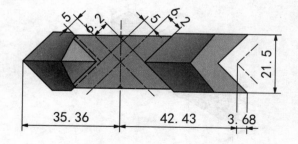

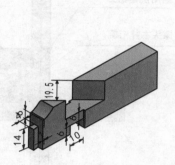

搭角正撑头木后带正心枋二

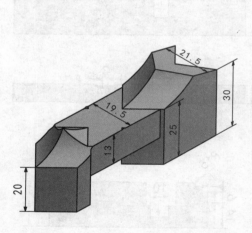

斜撑头木并桁椀

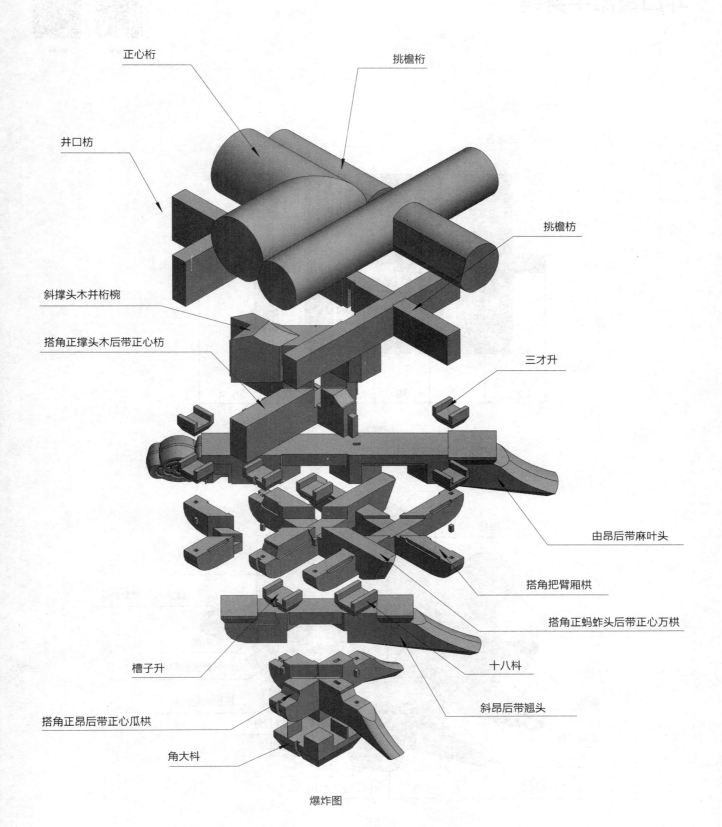

正心桁

挑檐桁

井口枋

挑檐枋

斜撑头木并桁椀

搭角正撑头木后带正心枋

三才升

由昂后带麻叶头

搭角把臂厢栱

搭角正蚂蚱头后带正心万栱

槽子升

十八枓

斜昂后带翘头

搭角正昂后带正心瓜栱

角大枓

爆炸图

斗口重昂平身科

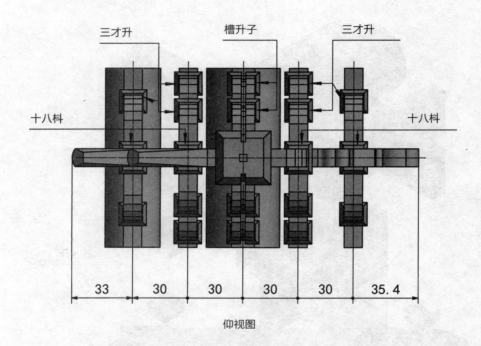

三才升　　　槽升子　　　三才升

十八科　　　　　　　　　　　　十八科

| 33 | 30 | 30 | 30 | 30 | 35.4 |

仰视图

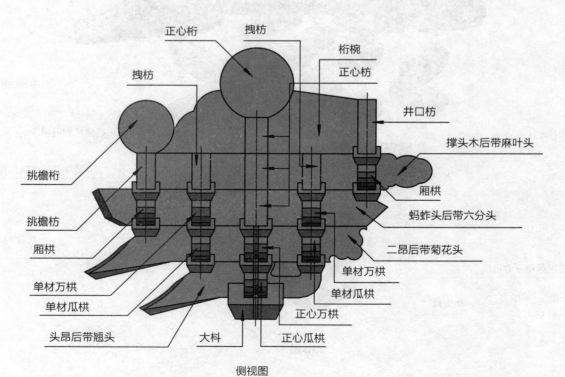

正心桁　　拽枋

桁椀

正心枋

拽枋

井口枋

挑檐桁　　　　　　　　　　　　撑头木后带麻叶头

厢拱

挑檐枋　　　　　　　　　　　　蚂蚱头后带六分头

厢拱　　　　　　　　　　　　二昂后带菊花头

单材万拱

单材万拱　　　　　　　　　　单材瓜拱

单材瓜拱　　　　　　　　　　正心万拱

头昂后带翘头　　大科　　正心瓜拱

侧视图

分件尺寸图解

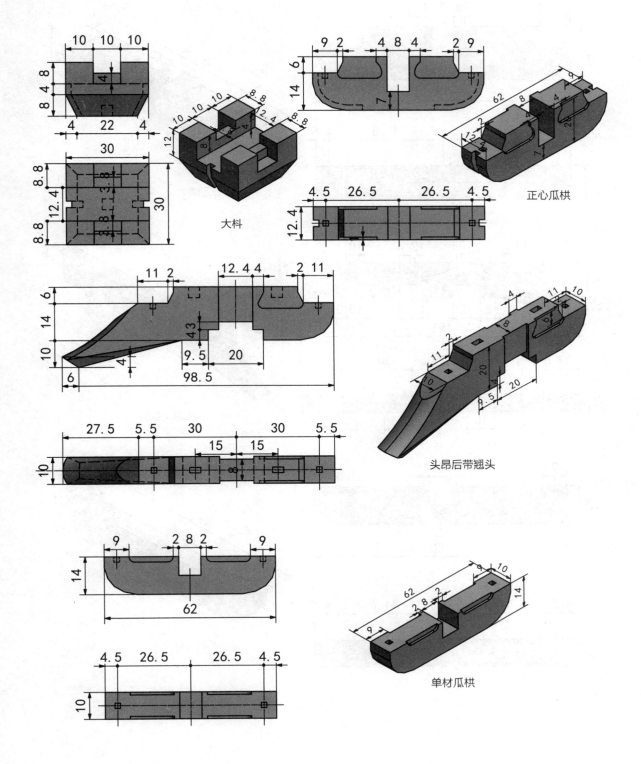

大科

正心瓜栱

头昂后带翘头

单材瓜栱

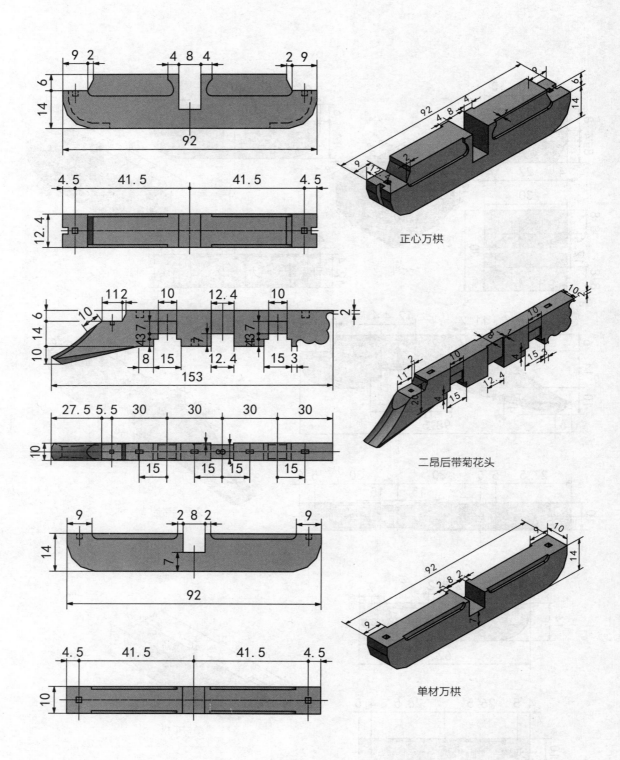

正心万栱

二昂后带菊花头

单材万栱

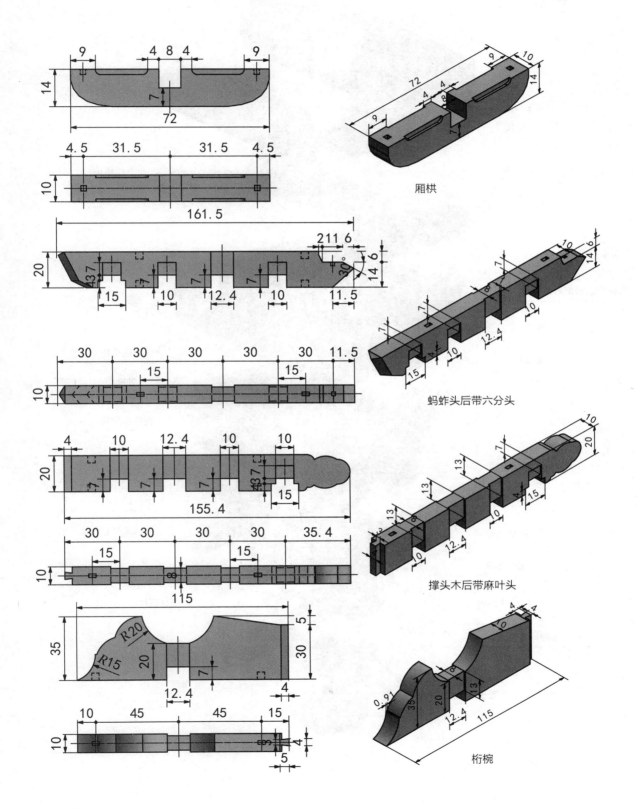

厢栱

蚂蚱头后带六分头

撑头木后带麻叶头

桁椀

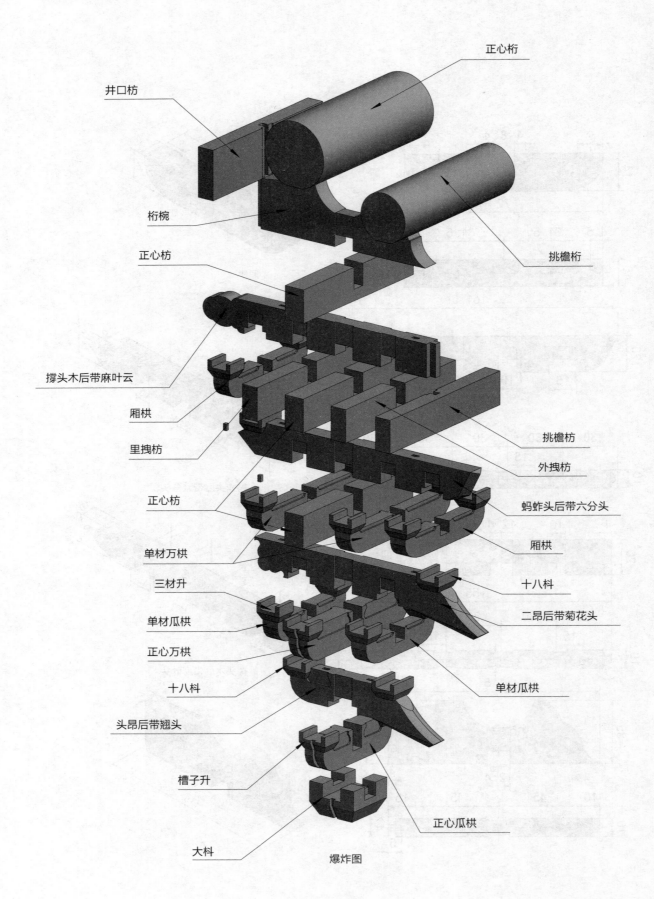

井口枋

正心桁

桁椀

挑檐桁

正心枋

撑头木后带麻叶云

厢栱

里拽枋

挑檐枋

外拽枋

正心枋

蚂蚱头后带六分头

单材万栱

厢栱

三材升

十八斗

单材瓜栱

二昂后带菊花头

正心万栱

十八斗

单材瓜栱

头昂后带翘头

槽子升

大斗

正心瓜栱

爆炸图

斗口重昂柱头科

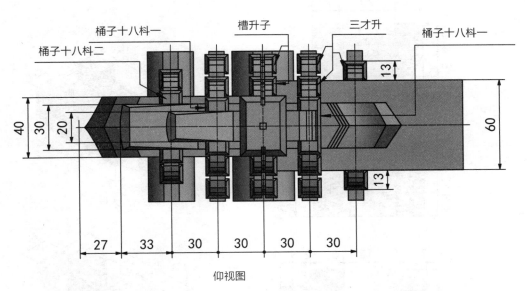

仰视图

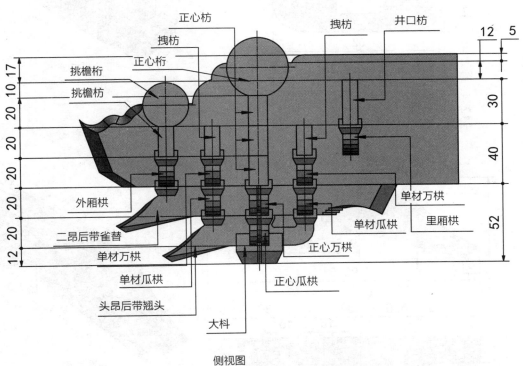

侧视图

分件尺寸图解

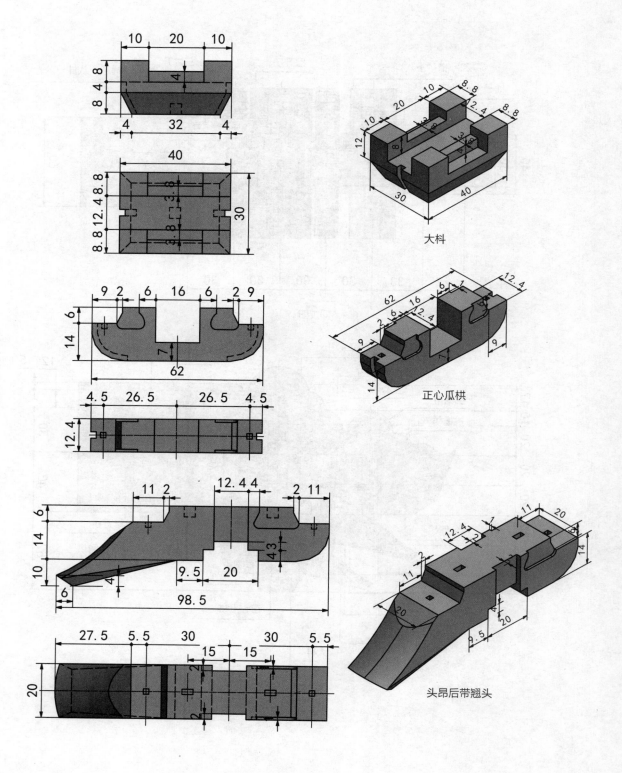

大科

正心瓜栱

头昂后带翘头

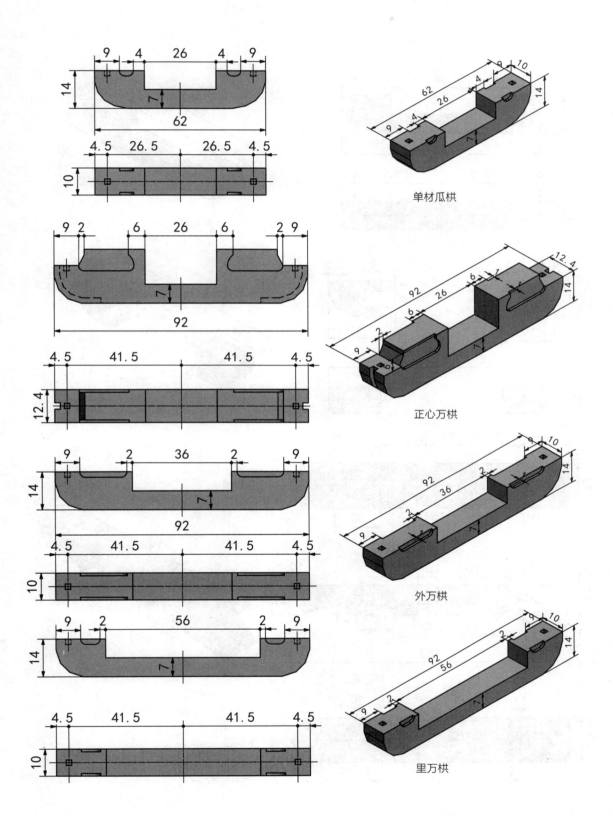

单材瓜栱

正心万栱

外万栱

里万栱

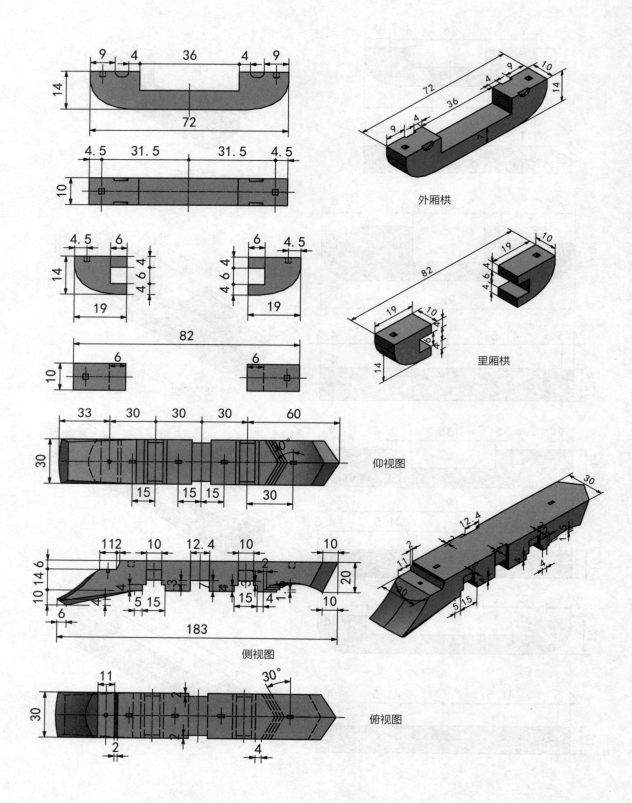

外厢栱

里厢栱

仰视图

侧视图

俯视图

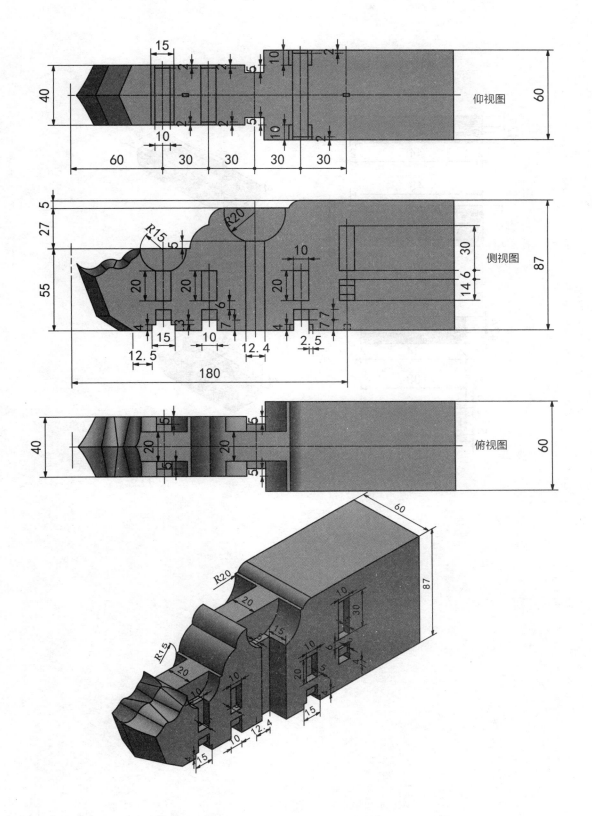

仰视图

侧视图

俯视图

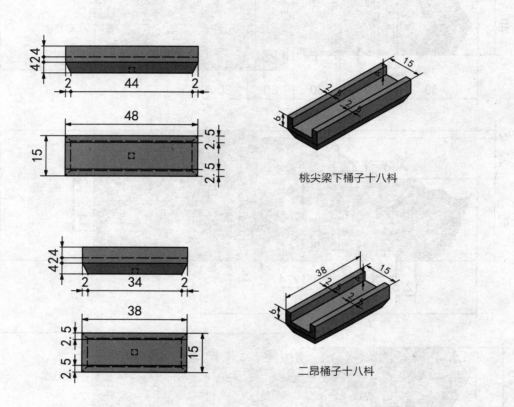

桃尖梁下桶子十八枓

二昂桶子十八枓

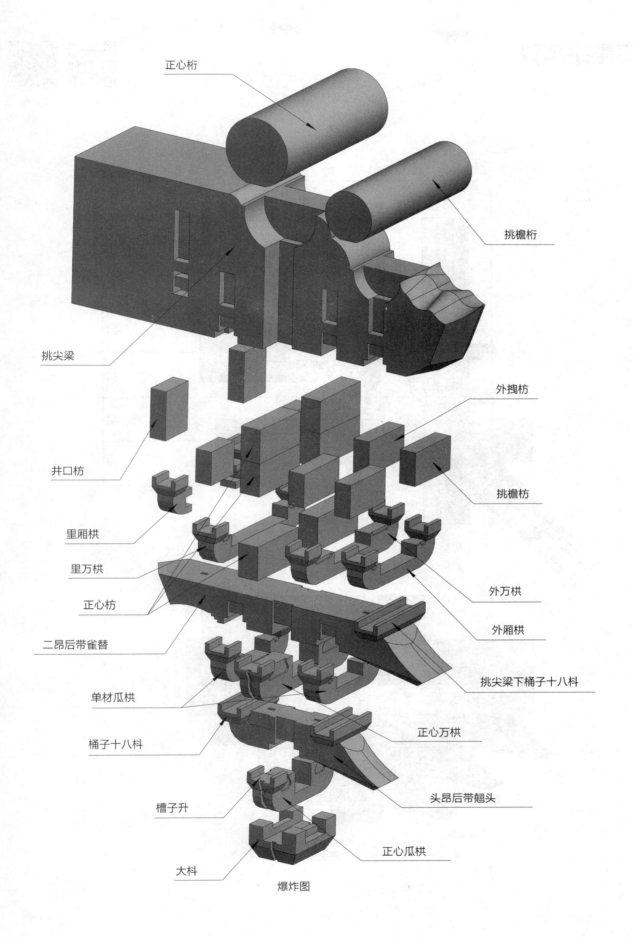

正心桁

挑檐桁

挑尖梁

井口枋

外拽枋

挑檐枋

里厢栱

里万栱

正心枋

二昂后带雀替

单材瓜栱

桶子十八料

槽子升

大科

外万栱

外厢栱

挑尖梁下桶子十八料

正心万栱

头昂后带翘头

正心瓜栱

爆炸图

斗口重昂角科

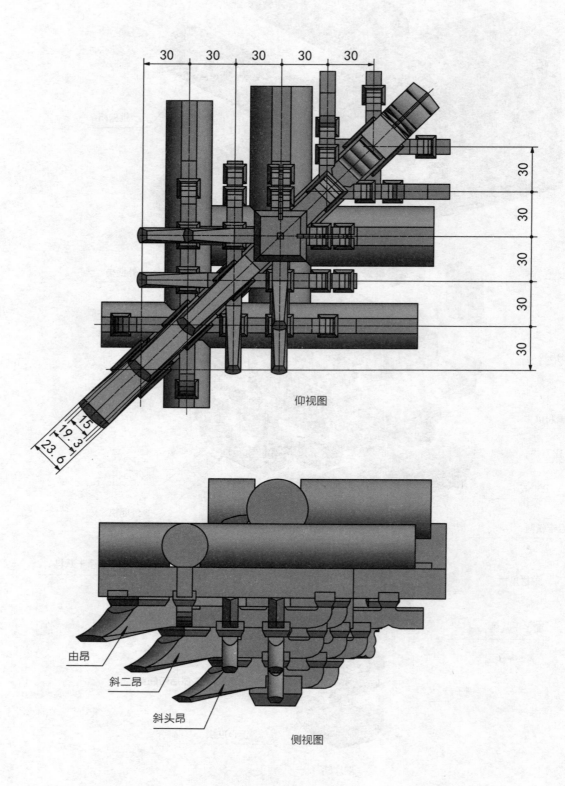

仰视图

由昂

斜二昂

斜头昂

侧视图

第一、二层部件尺寸图解

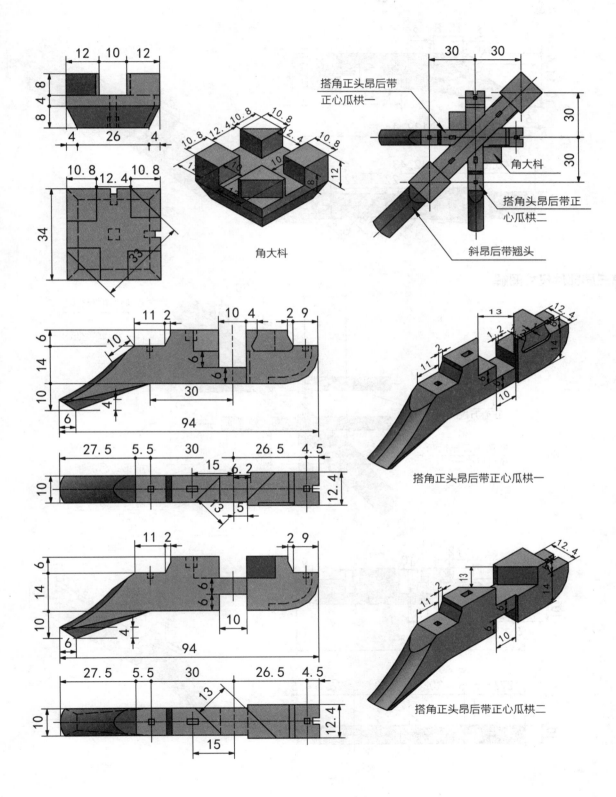

角大科

搭角正头昂后带
正心瓜栱一

角大科

搭角头昂后带正
心瓜栱二

斜昂后带翘头

搭角正头昂后带正心瓜栱一

搭角正头昂后带正心瓜栱二

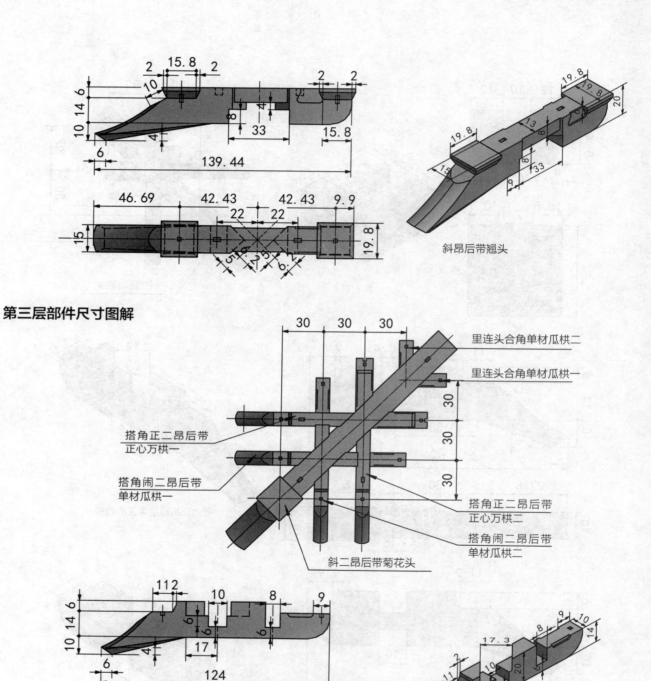

斜昂后带翘头

第三层部件尺寸图解

里连头合角单材瓜栱二

里连头合角单材瓜栱一

搭角正二昂后带
正心万栱一

搭角闹二昂后带
单材瓜栱一

搭角正二昂后带
正心万栱二

搭角闹二昂后带
单材瓜栱二

斜二昂后带菊花头

搭角闹二昂后带单材瓜栱一

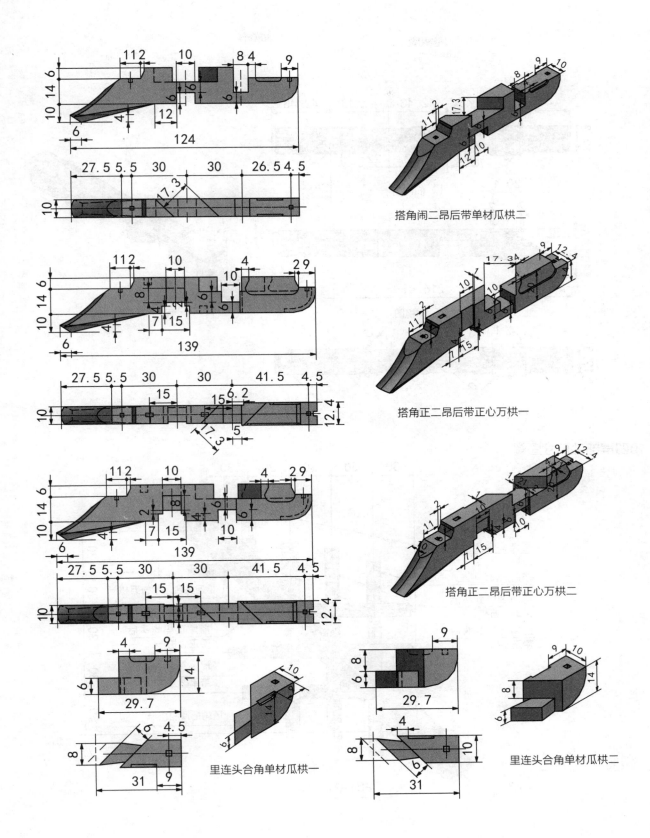

搭角闹二昂后带单材瓜栱二

搭角正二昂后带正心万栱一

搭角正二昂后带正心万栱二

里连头合角单材瓜栱一

里连头合角单材瓜栱二

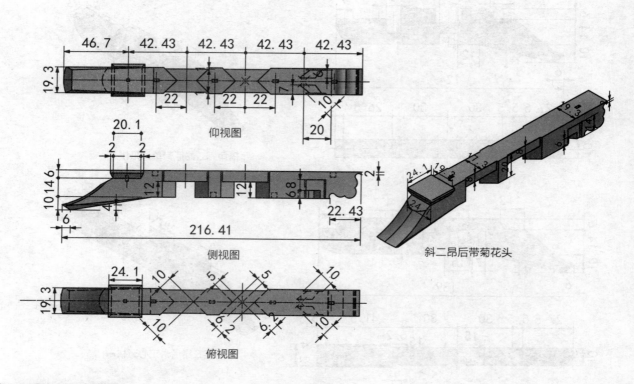

仰视图

侧视图

斜二昂后带菊花头

俯视图

第四层部件尺寸图解

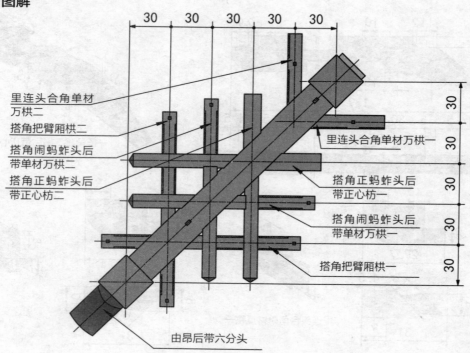

里连头合角单材
万栱二

搭角把臂厢栱二

搭角闹蚂蚱头后
带单材万栱二

搭角正蚂蚱头后
带正心枋二

里连头合角单材万栱一

搭角正蚂蚱头后
带正心枋一

搭角闹蚂蚱头后
带单材万栱一

搭角把臂厢栱一

由昂后带六分头

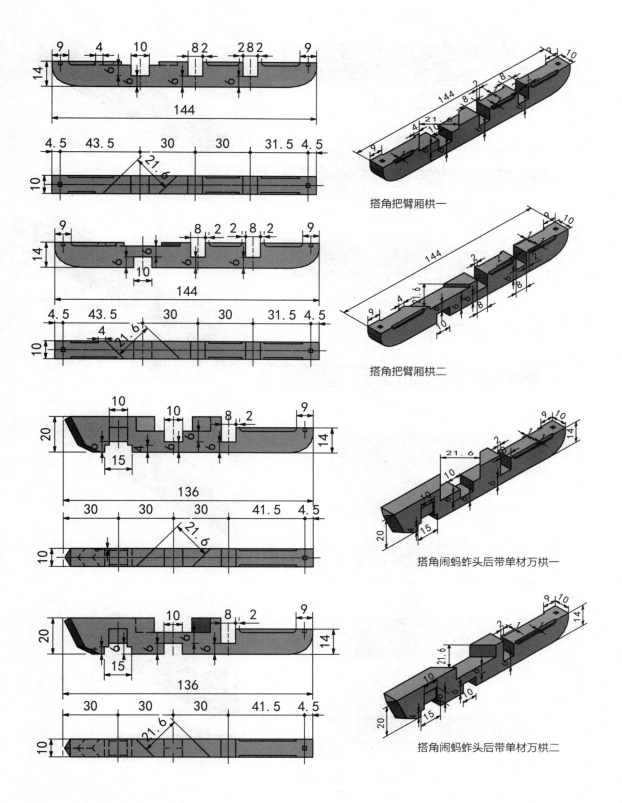

搭角把臂厢栱一

搭角把臂厢栱二

搭角闹蚂蚱头后带单材万栱一

搭角闹蚂蚱头后带单材万栱二

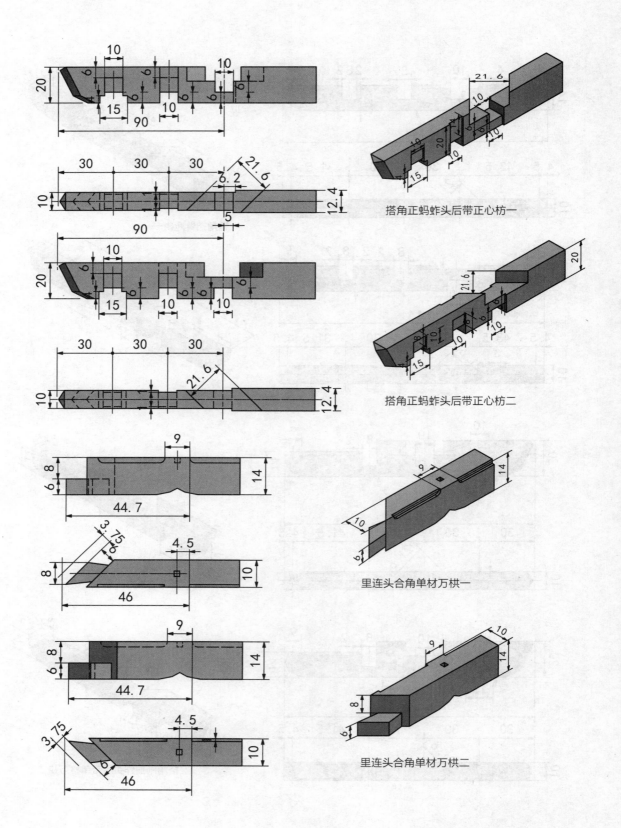

搭角正蚂蚱头后带正心枋一

搭角正蚂蚱头后带正心枋二

里连头合角单材万栱一

里连头合角单材万栱二

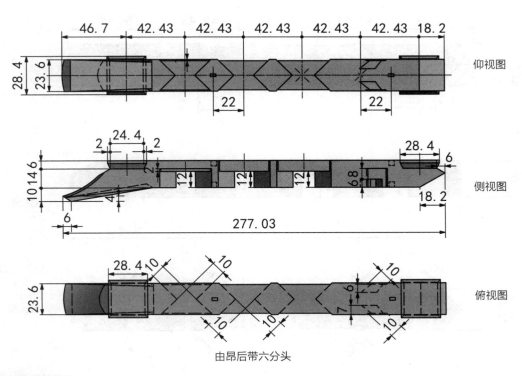

仰视图

侧视图

俯视图

由昂后带六分头

第五层部件尺寸图解

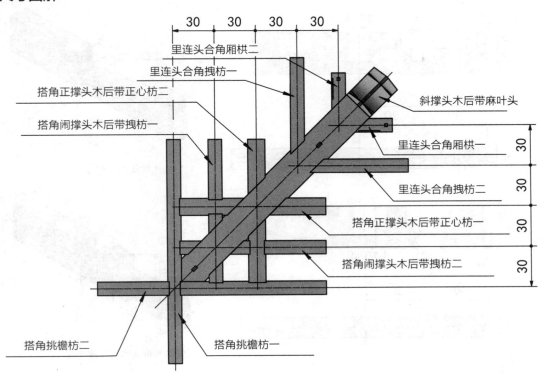

里连头合角厢栱二

里连头合角拽枋一

搭角正撑头木后带正心枋二

搭角闹撑头木后带拽枋一

斜撑头木后带麻叶头

里连头合角厢栱一

里连头合角拽枋二

搭角正撑头木后带正心枋一

搭角闹撑头木后带拽枋二

搭角挑檐枋二

搭角挑檐枋一

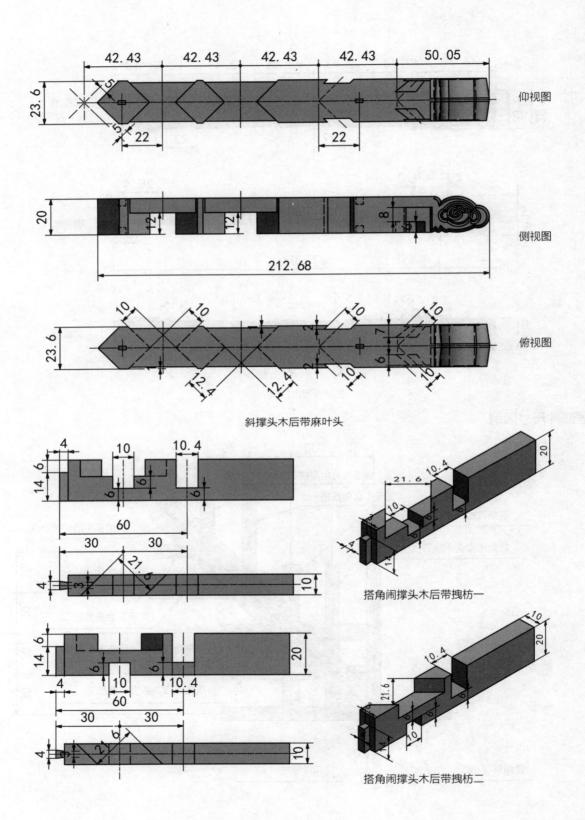

仰视图

侧视图

俯视图

斜撑头木后带麻叶头

搭角闹撑头木后带拽枋一

搭角闹撑头木后带拽枋二

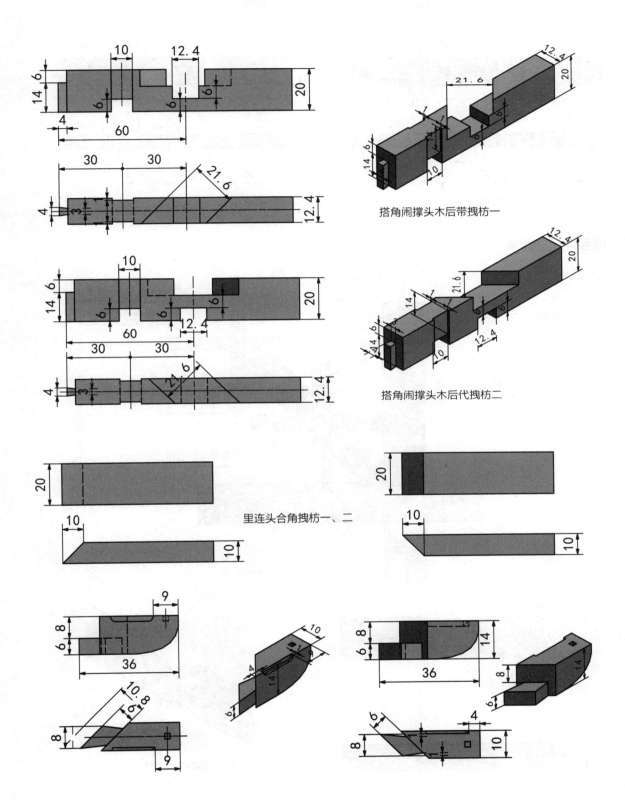

搭角闹撑头木后带拽枋一

搭角闹撑头木后代拽枋二

里连头合角拽枋一、二

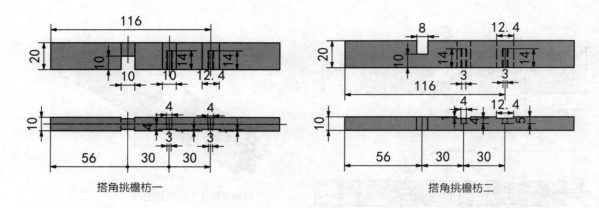

搭角挑檐枋一

搭角挑檐枋二

第六层部件尺寸图解

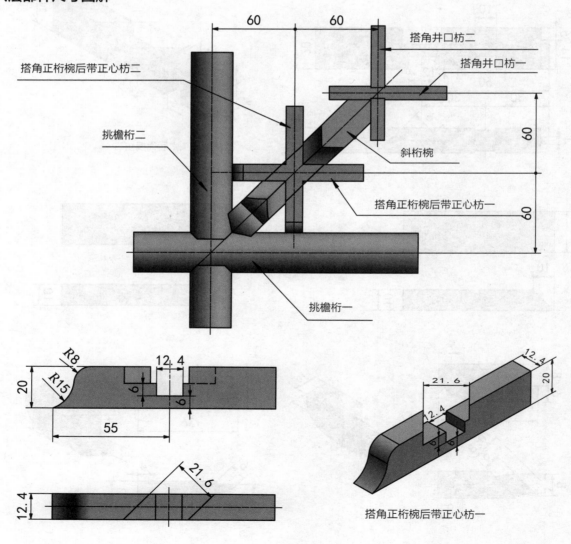

搭角正桁椀后带正心枋一

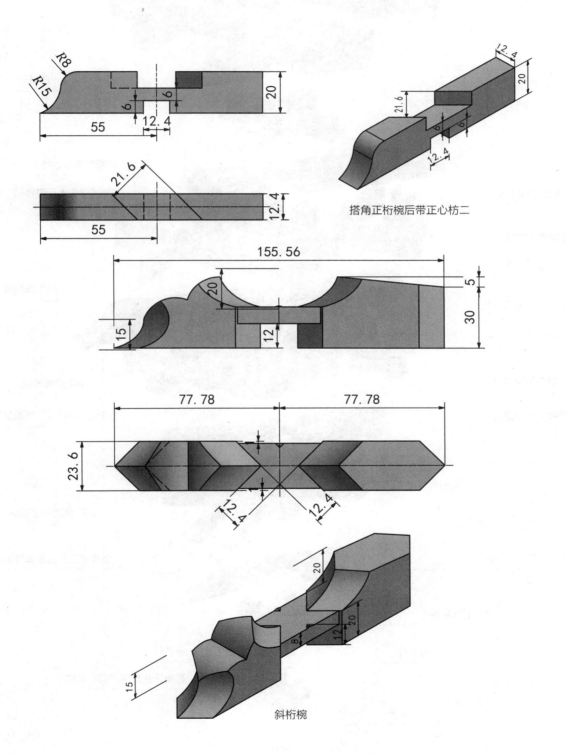

搭角正桁椀后带正心枋二

斜桁椀

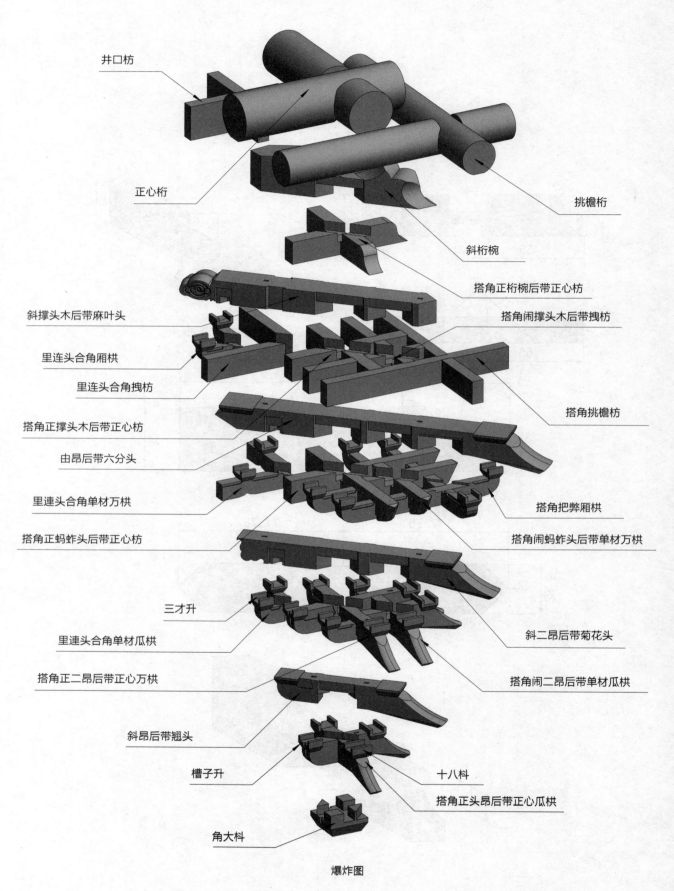

井口枋

正心桁

挑檐桁

斜桁椀

搭角正桁椀后带正心枋

斜撑头木后带麻叶头

搭角闹撑头木后带拽枋

里连头合角厢栱

里连头合角拽枋

搭角挑檐枋

搭角正撑头木后带正心枋

由昂后带六分头

里连头合角单材万栱

搭角把弊厢栱

搭角正蚂蚱头后带正心枋

搭角闹蚂蚱头后带单材万栱

三才升

里连头合角单材瓜栱

斜二昂后带菊花头

搭角正二昂后带正心万栱

搭角闹二昂后带单材瓜栱

斜昂后带翘头

槽子升

十八枓

搭角正头昂后带正心瓜栱

角大枓

爆炸图

单翘单昂平身科

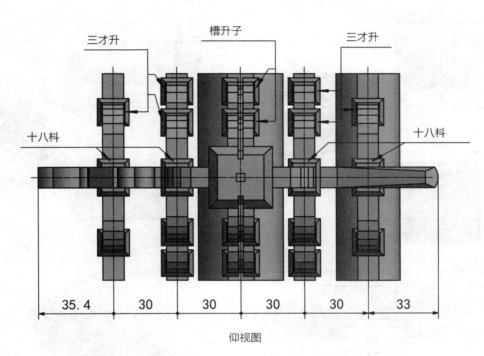

三才升　　　　槽升子　　　　三才升

十八枓　　　　　　　　　　　　　十八枓

| 35.4 | 30 | 30 | 30 | 30 | 33 |

仰视图

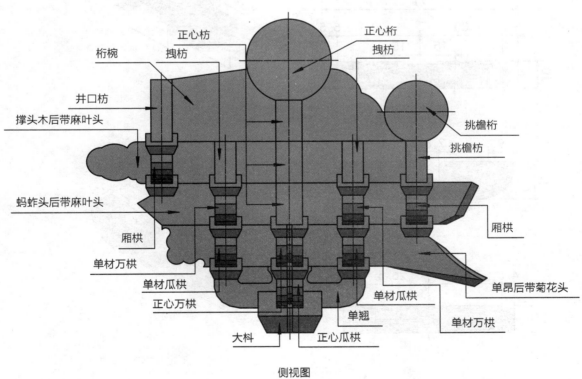

正心枋　　　　　正心桁
桁椀　　拽枋　　　　　拽枋
井口枋
撑头木后带麻叶头　　　　　　　　　　挑檐桁
　　　　　　　　　　　　　　　　挑檐枋
蚂蚱头后带麻叶头
厢栱　　　　　　　　　　　　　　　厢栱
单材万栱
单材瓜栱　　　　　　　单材瓜栱
正心万栱　　　　　　　　　单翘　　单昂后带菊花头
大枓　　正心瓜栱　　　　　　单材万栱

侧视图

分件尺寸图解

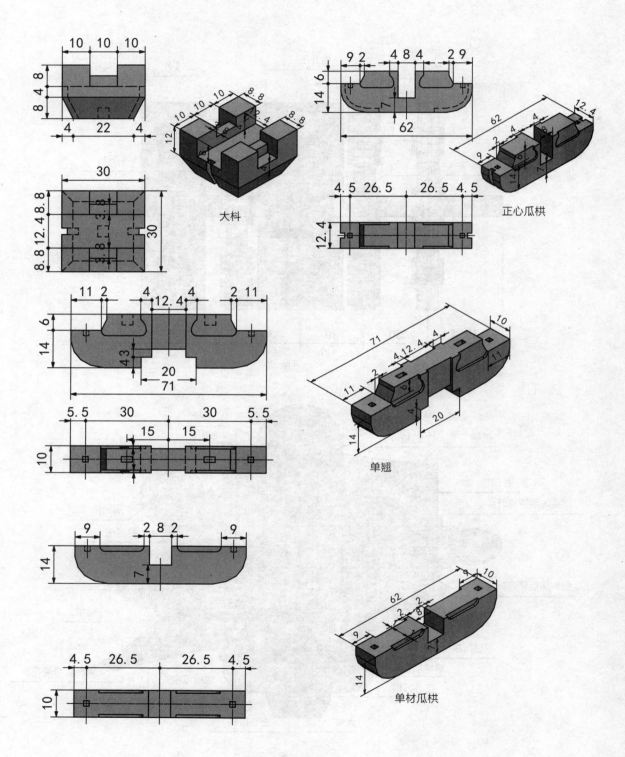

大枓

正心瓜栱

单翘

单材瓜栱

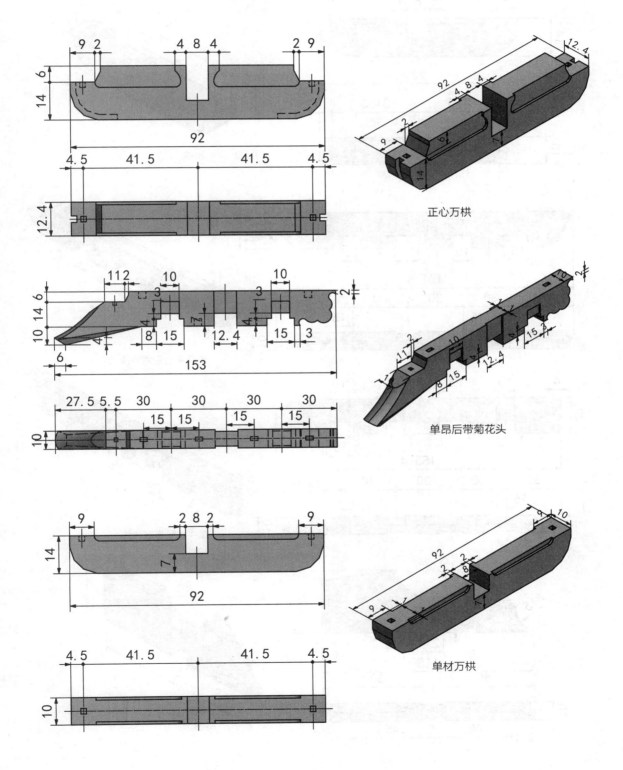

正心万栱

单昂后带菊花头

单材万栱

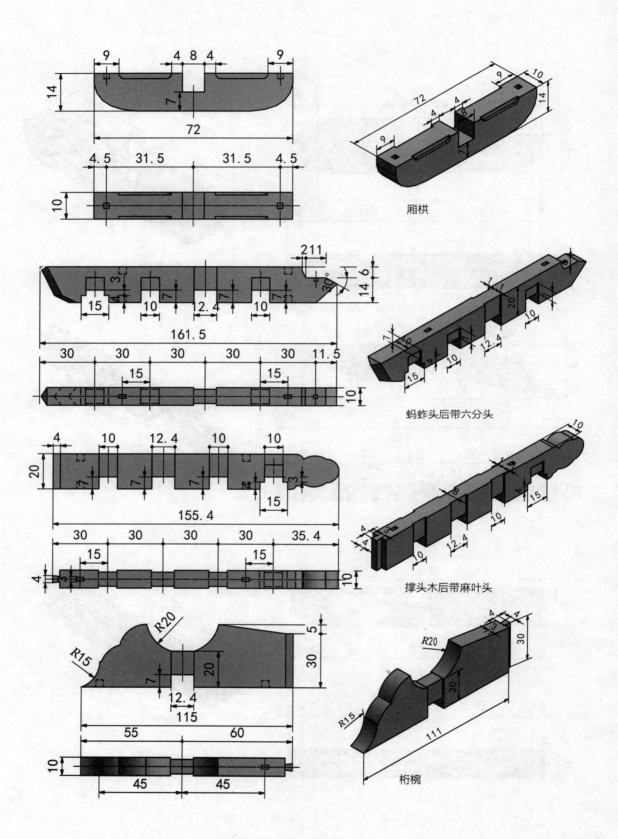

厢栱

蚂蚱头后带六分头

撑头木后带麻叶头

桁椀

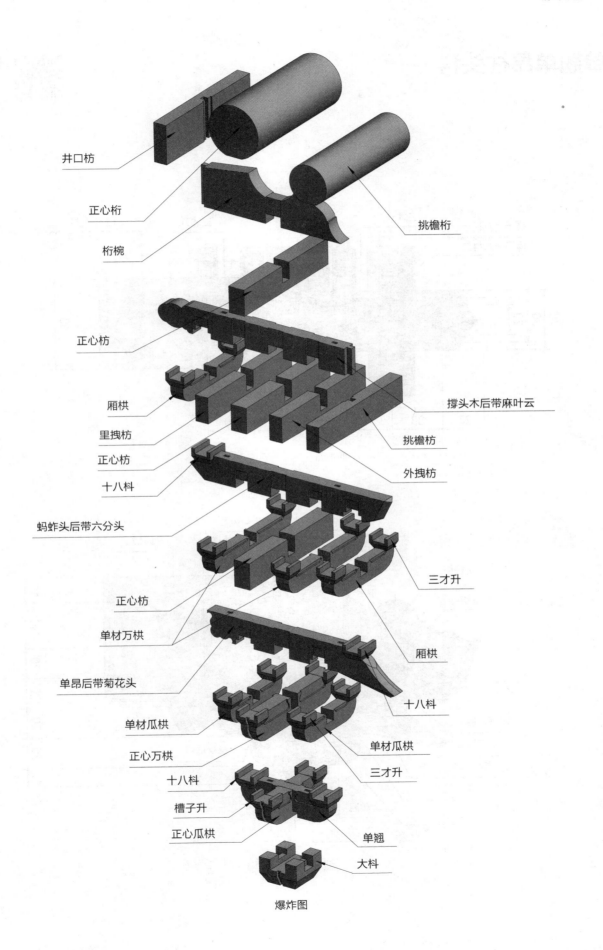

井口枋

正心桁

桁椀

挑檐桁

正心枋

厢栱

撑头木后带麻叶云

里拽枋

挑檐枋

正心枋

外拽枋

十八斗

蚂蚱头后带六分头

三才升

正心枋

单材万栱

厢栱

单昂后带菊花头

十八斗

单材瓜栱

单材瓜栱

正心万栱

三才升

十八斗

槽子升

正心瓜栱

单翘

大斗

爆炸图

单翘单昂柱头科

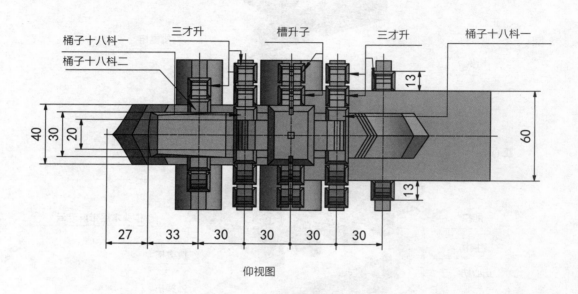

桶子十八科一
桶子十八科二
三才升
槽升子
三才升
桶子十八科一

40　30　20

13

60

13

27　33　30　30　30　30

仰视图

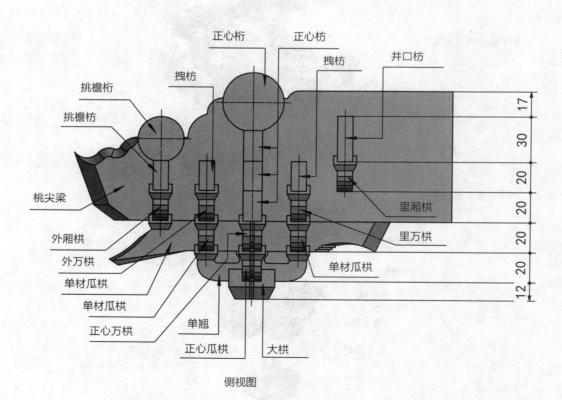

正心桁　正心枋
挑檐桁
挑檐枋
拽枋
拽枋
井口枋
桃尖梁
外厢拱
外万拱
单材瓜拱
单材瓜拱
正心万拱
正心瓜拱
大拱
单翘
单材瓜拱
里厢拱
里万拱

17　30　20　20　20　20　12

侧视图

分件尺寸图解

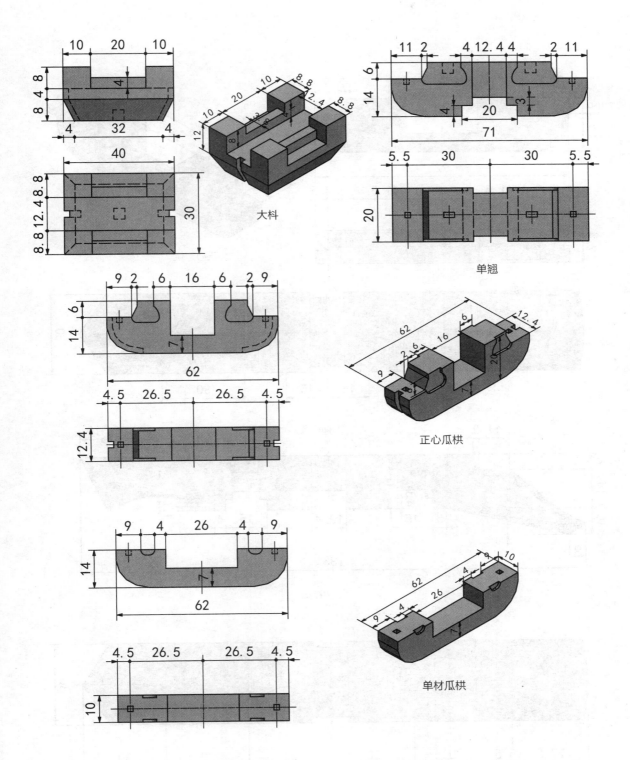

大枓

单翘

正心瓜栱

单材瓜栱

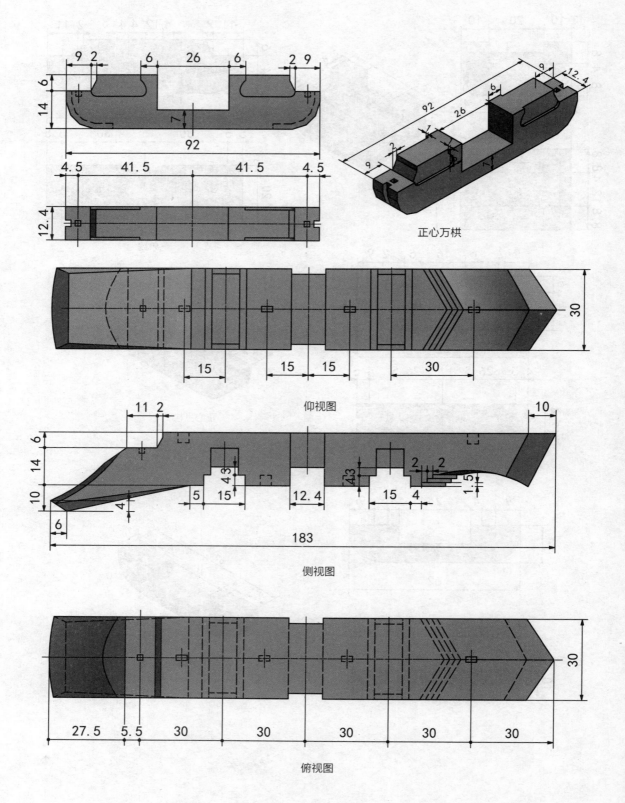

正心万栱

仰视图

侧视图

俯视图

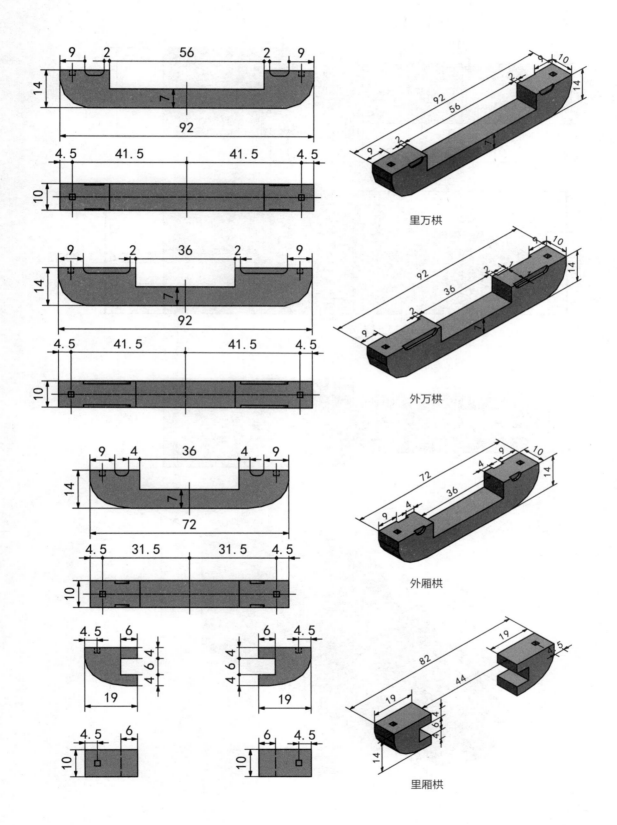

里万栱

外万栱

外厢栱

里厢栱

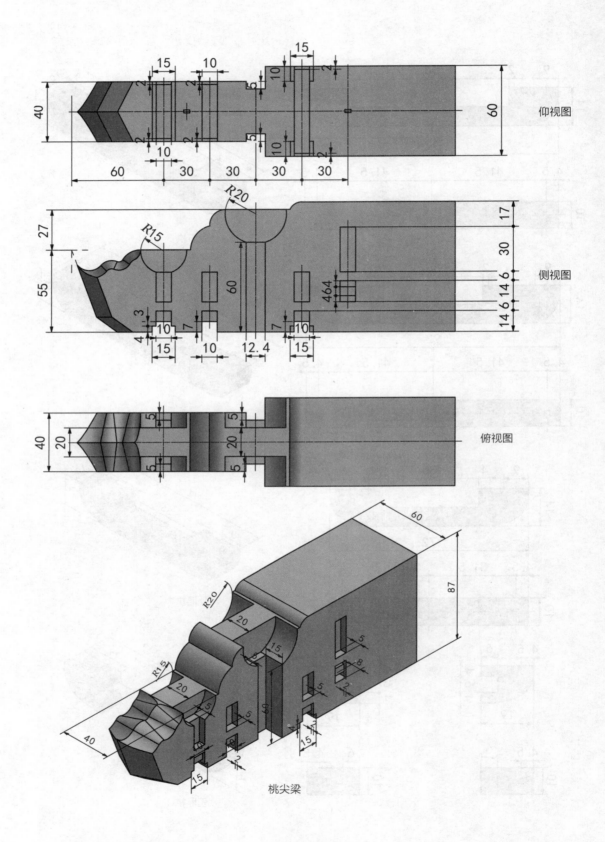

仰视图

侧视图

俯视图

桃尖梁

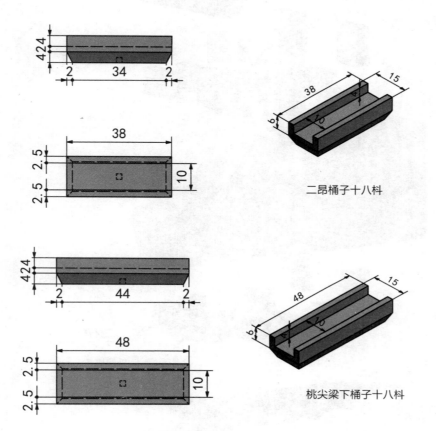

二昂桶子十八科

桃尖梁下桶子十八科

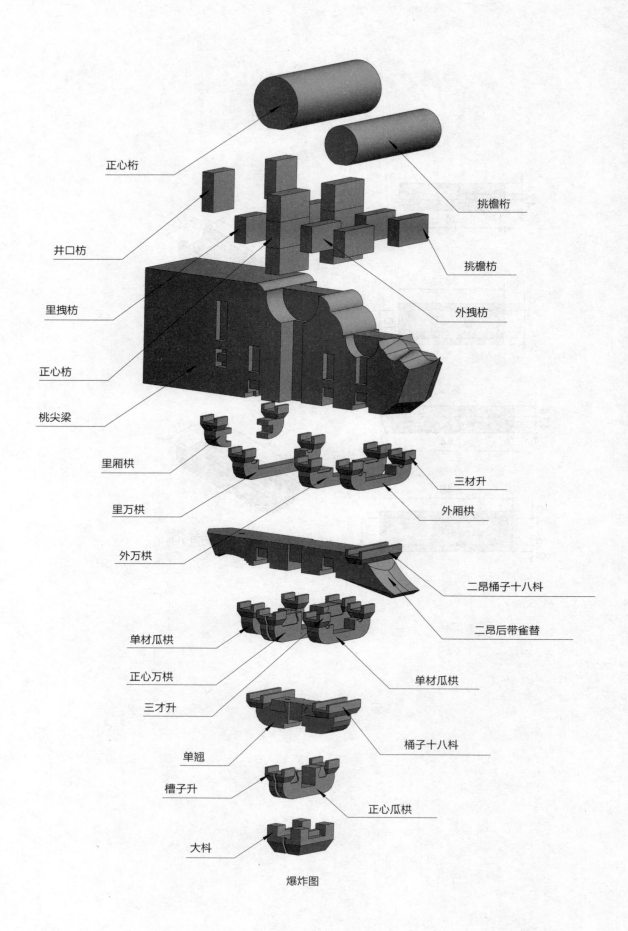

正心桁

挑檐桁

井口枋

挑檐枋

里拽枋

外拽枋

正心枋

桃尖梁

里厢栱

三材升

里万栱

外厢栱

外万栱

二昂桶子十八枓

二昂后带雀替

单材瓜栱

正心万栱

单材瓜栱

三才升

单翘

桶子十八枓

槽子升

正心瓜栱

大枓

爆炸图

单翘单昂角科

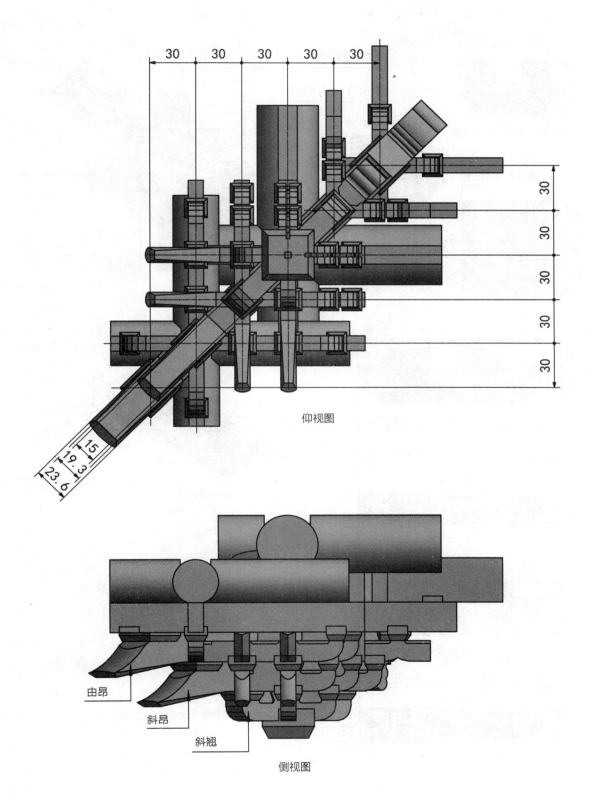

仰视图

侧视图

第一、二层部件尺寸图解

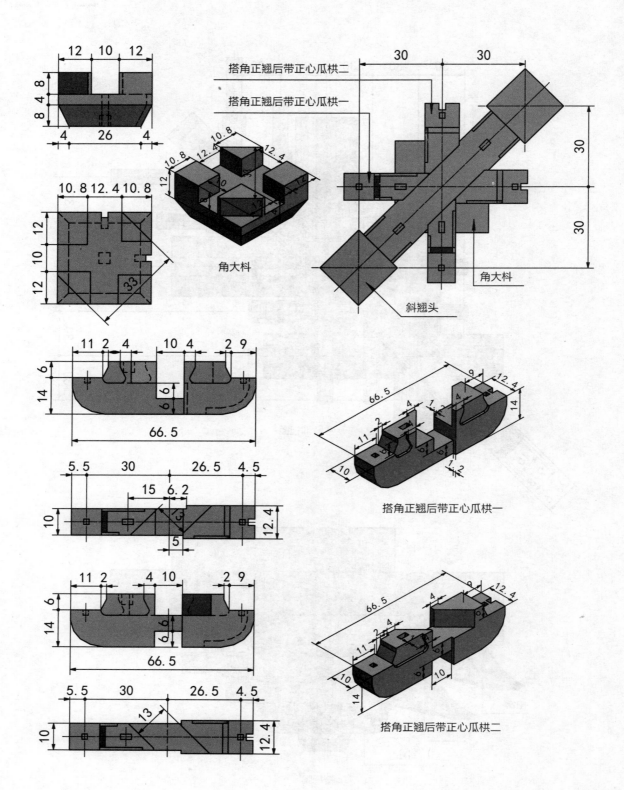

搭角正翘后带正心瓜栱二

搭角正翘后带正心瓜栱一

角大科

角大科

斜翘头

搭角正翘后带正心瓜栱一

搭角正翘后带正心瓜栱二

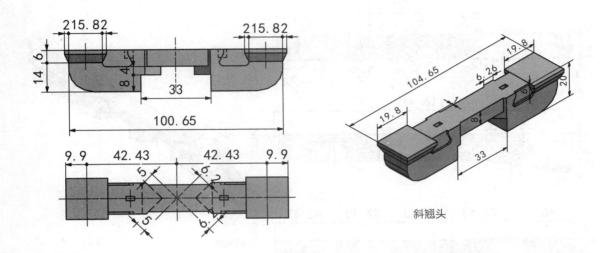

斜翘头

第三层部件尺寸图解

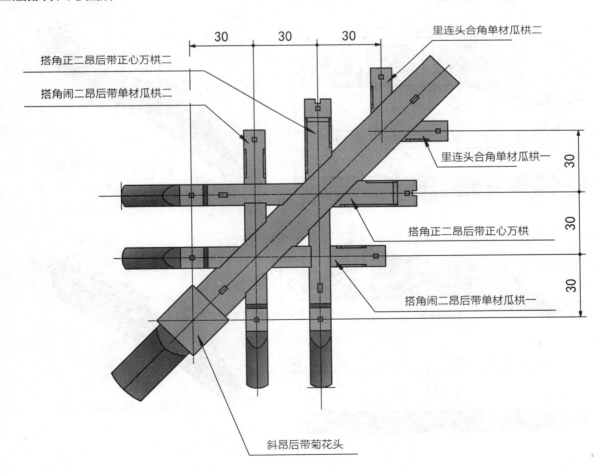

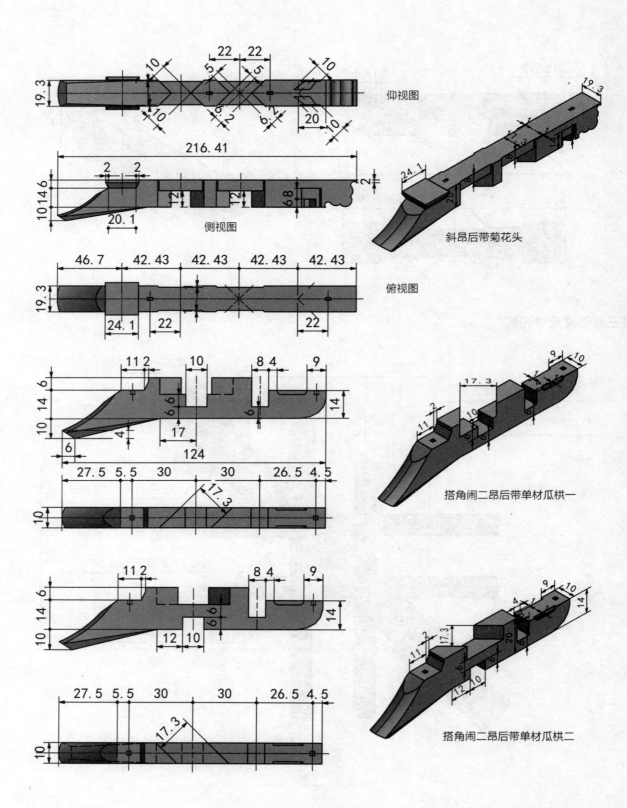

仰视图

216.41

侧视图

俯视图

斜昂后带菊花头

搭角闹二昂后带单材瓜栱一

搭角闹二昂后带单材瓜栱二

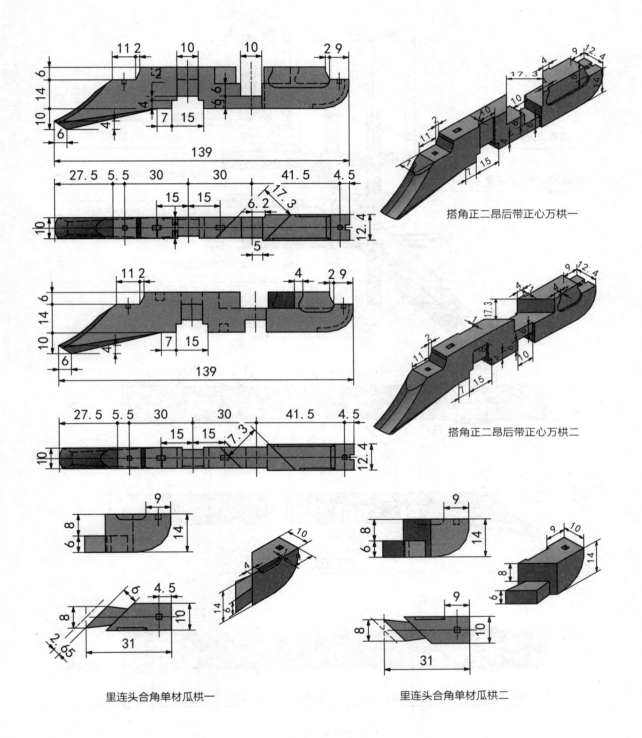

搭角正二昂后带正心万栱一

搭角正二昂后带正心万栱二

里连头合角单材瓜栱一

里连头合角单材瓜栱二

第四层部件尺寸图解

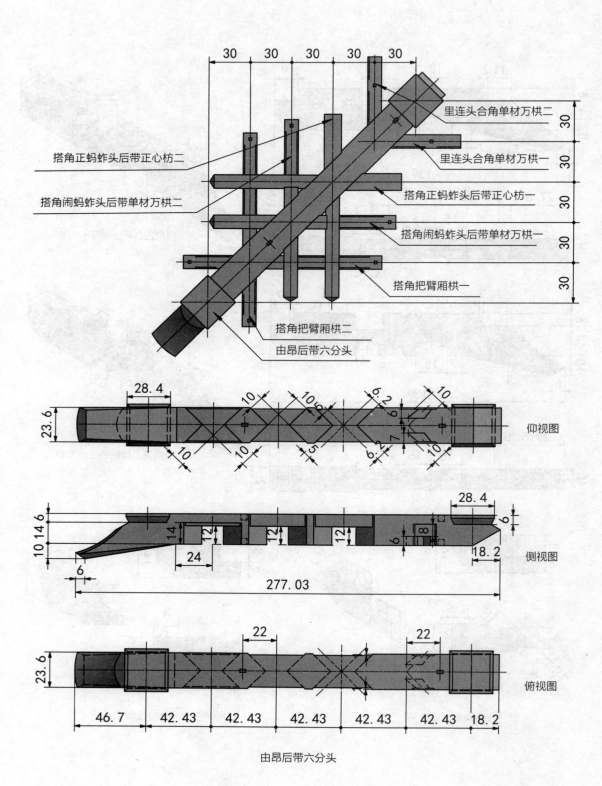

里连头合角单材万栱二

里连头合角单材万栱一

搭角正蚂蚱头后带正心枋二

搭角正蚂蚱头后带正心枋一

搭角闹蚂蚱头后带单材万栱二

搭角闹蚂蚱头后带单材万栱一

搭角把臂厢栱一

搭角把臂厢栱二

由昂后带六分头

仰视图

侧视图

俯视图

由昂后带六分头

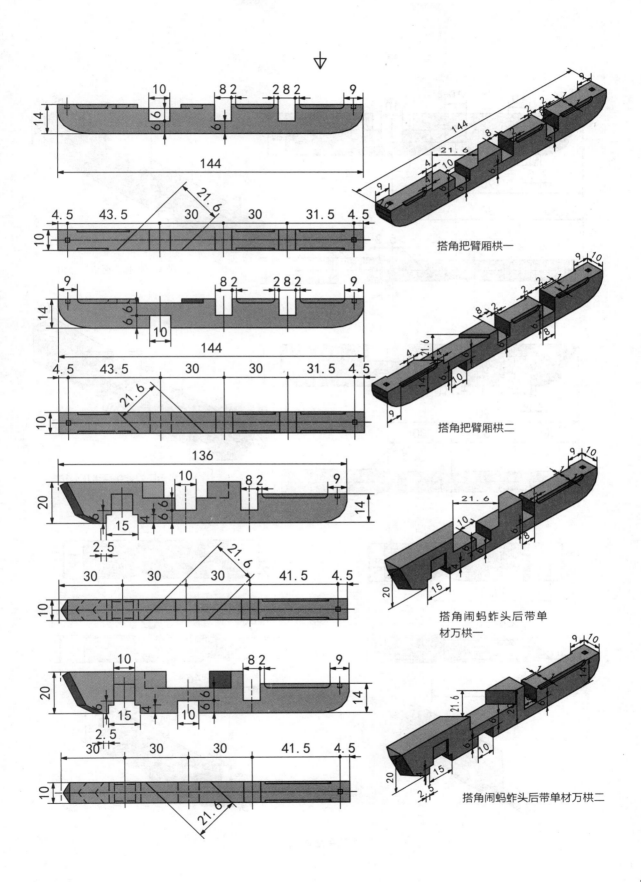

搭角把臂厢栱一

搭角把臂厢栱二

搭角闹蚂蚱头后带单
材万栱一

搭角闹蚂蚱头后带单材万栱二

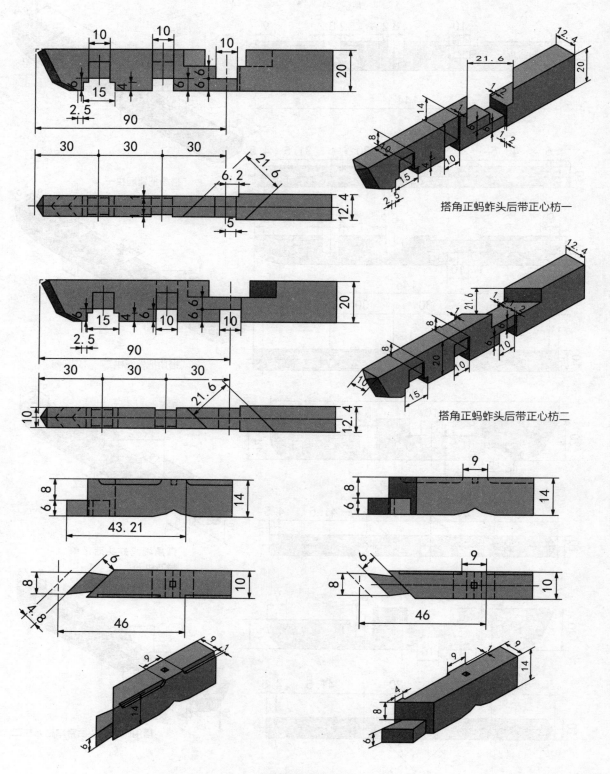

搭角正蚂蚱头后带正心枋一

搭角正蚂蚱头后带正心枋二

里连头合角单材万栱

第五层部件尺寸图解

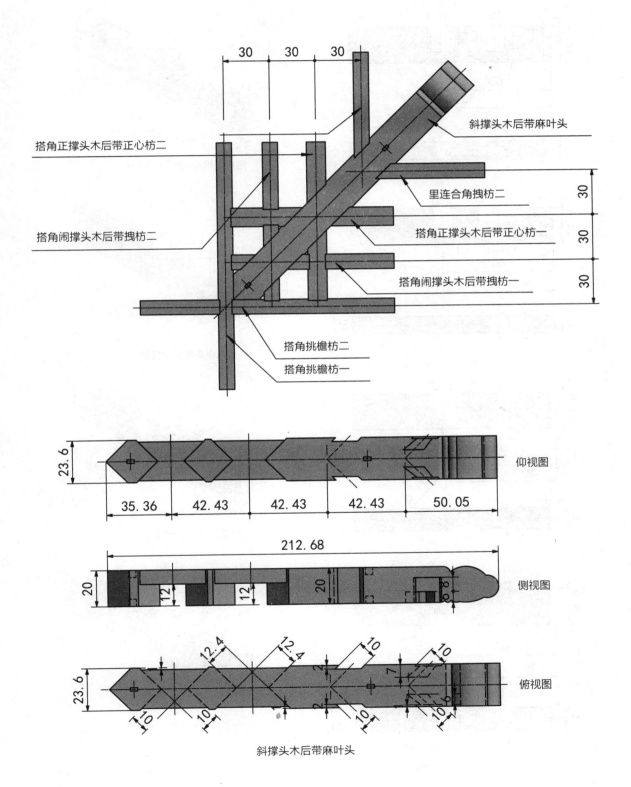

搭角正撑头木后带正心枋二

搭角闹撑头木后带拽枋二

斜撑头木后带麻叶头

里连合角拽枋二

搭角正撑头木后带正心枋一

搭角闹撑头木后带拽枋一

搭角挑檐枋二

搭角挑檐枋一

斜撑头木后带麻叶头

仰视图

侧视图

俯视图

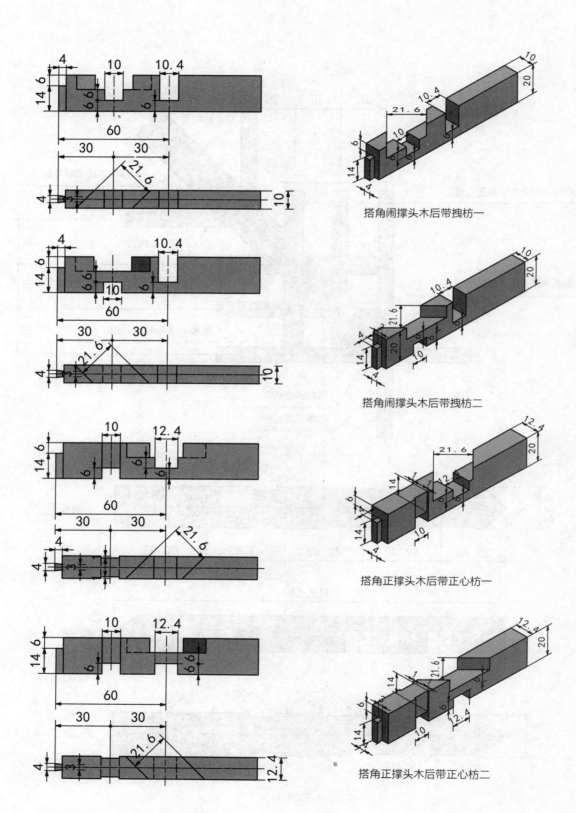

搭角闹撑头木后带拽枋一

搭角闹撑头木后带拽枋二

搭角正撑头木后带正心枋一

搭角正撑头木后带正心枋二

里连合角拽枋一

里连合角拽枋二

搭角挑檐枋一

搭角挑檐枋二

第六层部件尺寸图解

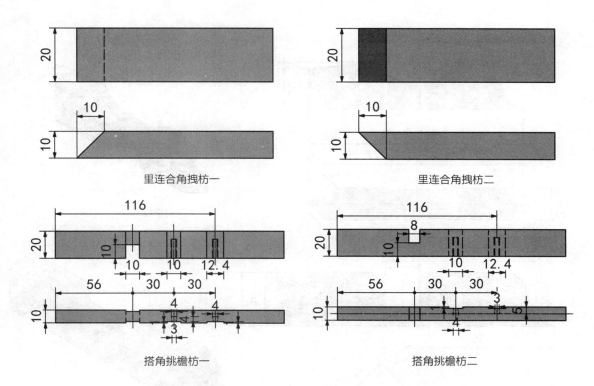

搭角正桁椀后带正心枋二

挑檐桁一

井口枋一

井口枋二

斜桁椀

搭角正桁椀后带正心枋一

挑檐桁二

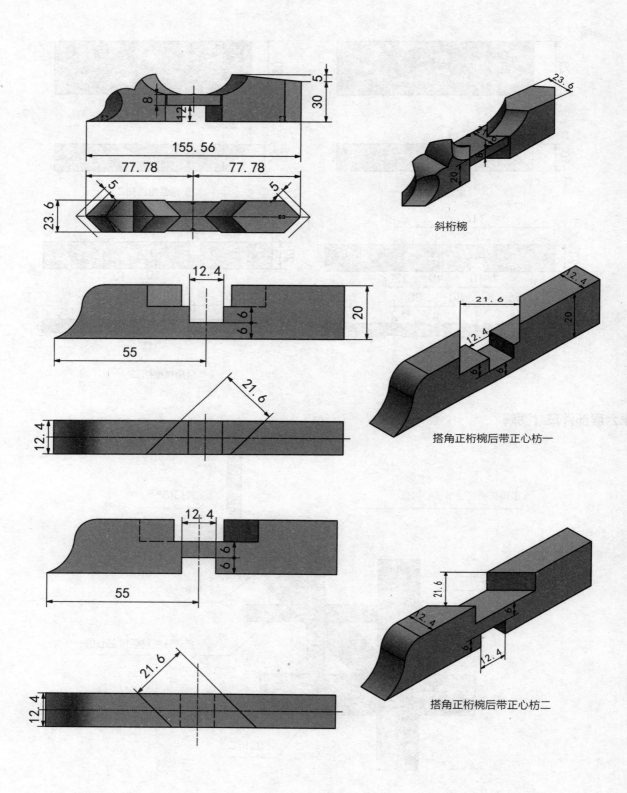

斜桁椀

搭角正桁椀后带正心枋一

搭角正桁椀后带正心枋二

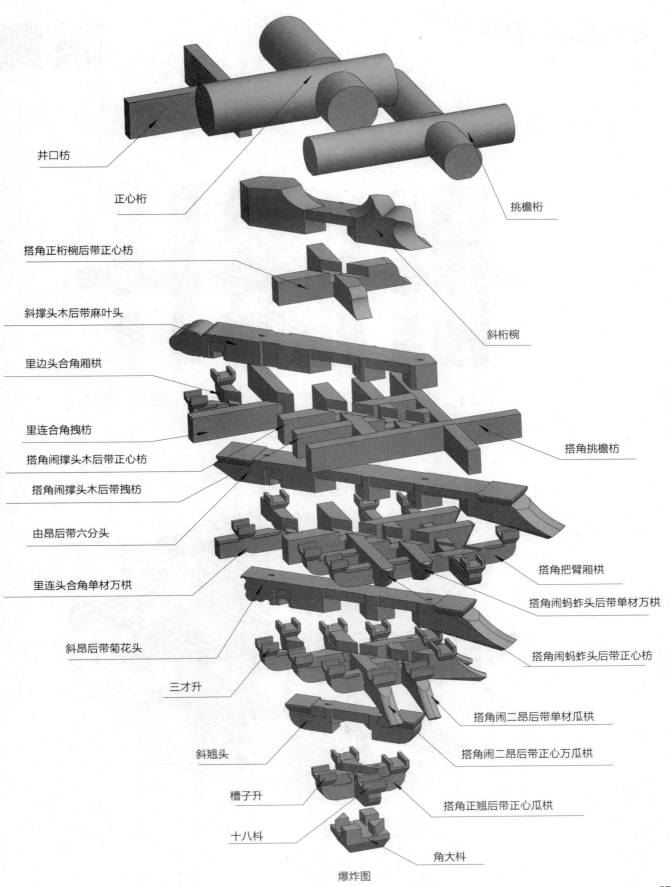

井口枋

正心桁

挑檐桁

搭角正桁椀后带正心枋

斜桁椀

斜撑头木后带麻叶头

里边头合角厢栱

里连合角抹枋

搭角挑檐枋

搭角闹撑头木后带正心枋

搭角闹撑头木后带抹枋

由昂后带六分头

搭角把臂厢栱

里连头合角单材万栱

搭角闹蚂蚱头后带单材万栱

斜昂后带菊花头

搭角闹蚂蚱头后带正心枋

三才升

搭角闹二昂后带单材瓜栱

斜翘头

搭角闹二昂后带正心万瓜栱

槽子升

搭角正翘后带正心瓜栱

十八枓

角大枓

爆炸图

单翘重昂平身科

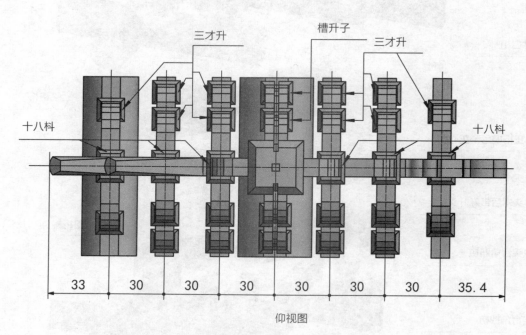

仰视图

| 33 | 30 | 30 | 30 | 30 | 30 | 30 | 35.4 |

三才升　槽升子　三才升
十八斗　十八斗

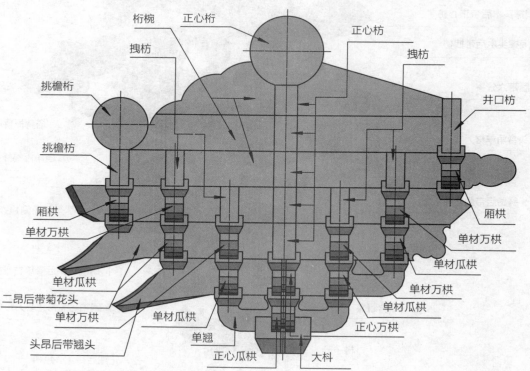

侧视图

挑檐桁　桁椀　正心桁　正心枋　拽枋　井口枋
挑檐枋
厢栱　厢栱
单材万栱　单材万栱
单材瓜栱　单材瓜栱
二昂后带菊花头　单材万栱
单材万栱　单材瓜栱
头昂后带翘头　单材瓜栱　正心万栱
单翘　正心瓜栱　大斗

分件尺寸图解

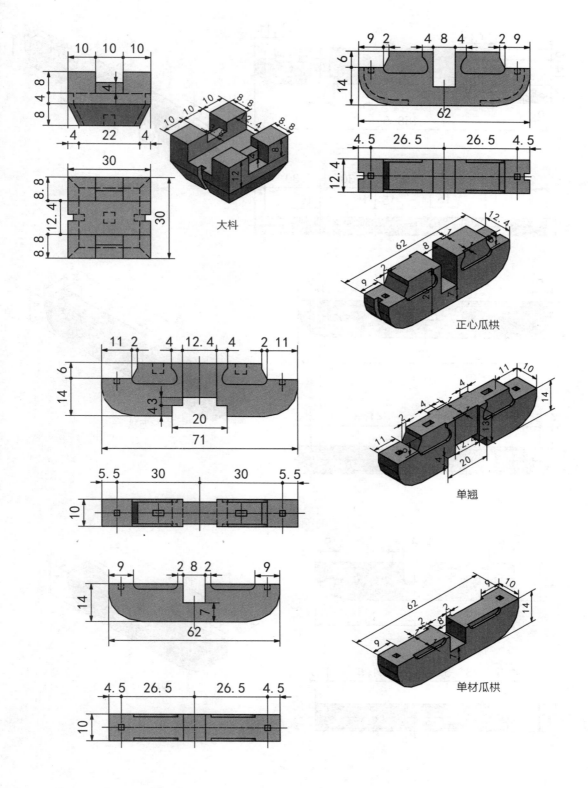

大枓

正心瓜栱

单翘

单材瓜栱

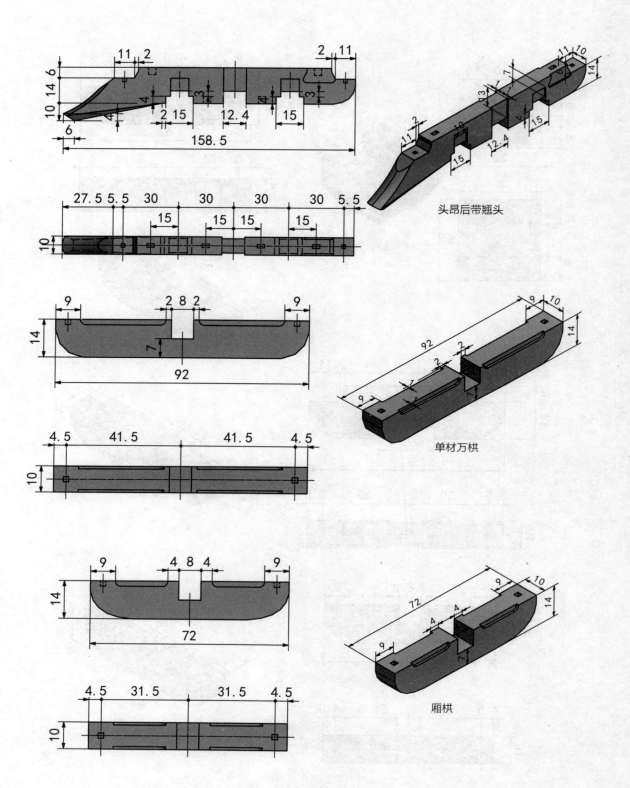

头昂后带翘头

单材万栱

厢栱

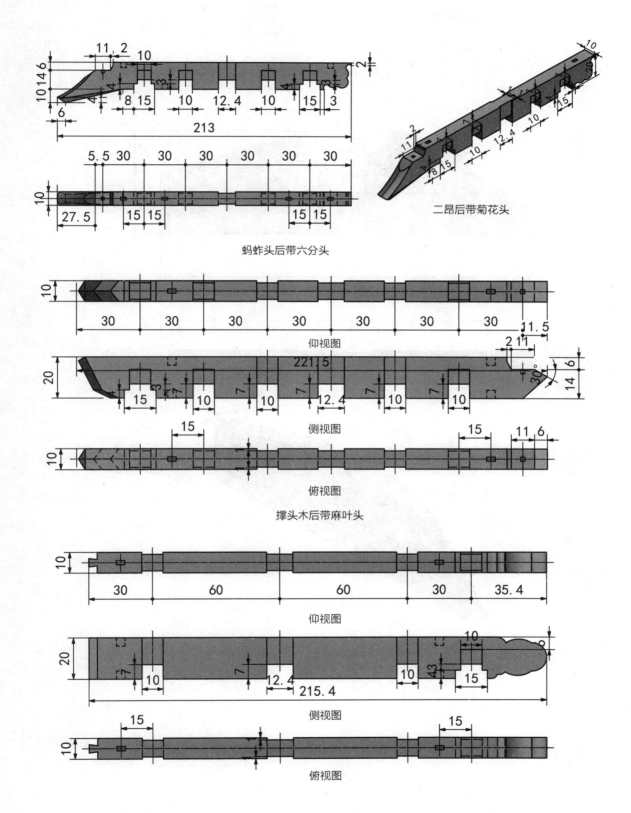

二昂后带菊花头

蚂蚱头后带六分头

仰视图

侧视图

俯视图

撑头木后带麻叶头

仰视图

侧视图

俯视图

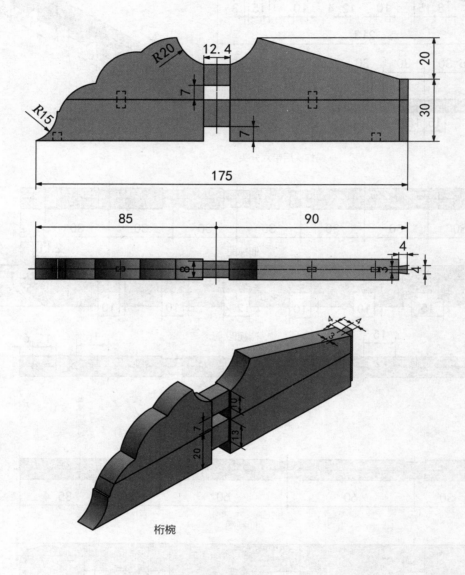

桁椀

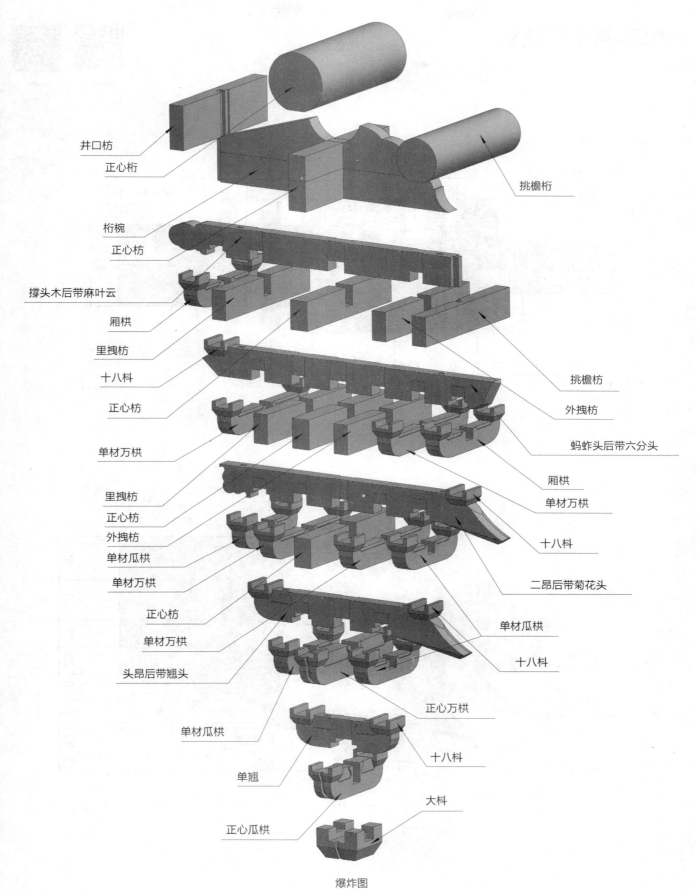

井口枋

正心桁

挑檐桁

桁椀

正心枋

撑头木后带麻叶云

厢栱

里拽枋

十八枓

挑檐枋

正心枋

外拽枋

单材万栱

蚂蚱头后带六分头

里拽枋

厢栱

正心枋

单材万栱

外拽枋

十八枓

单材瓜栱

二昂后带菊花头

单材万栱

正心枋

单材瓜栱

单材万栱

十八枓

头昂后带翘头

正心万栱

单材瓜栱

十八枓

单翘

正心瓜栱

大枓

爆炸图

单翘重昂柱头科

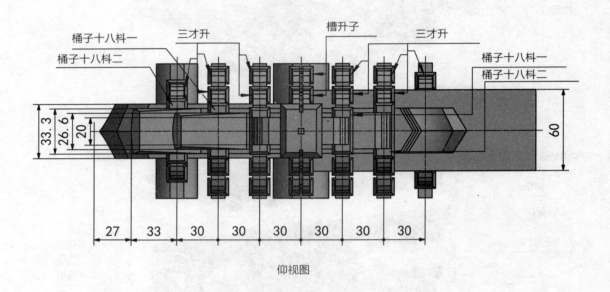

仰视图

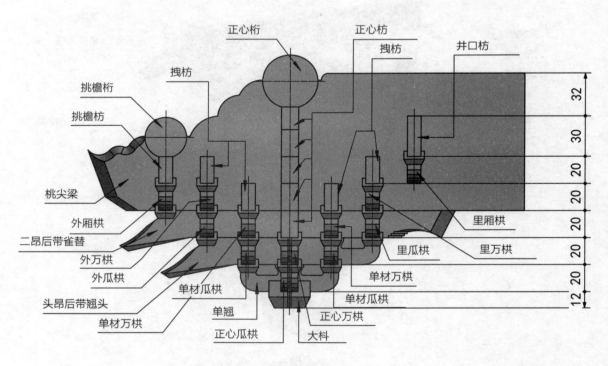

侧视图

分件尺寸图解

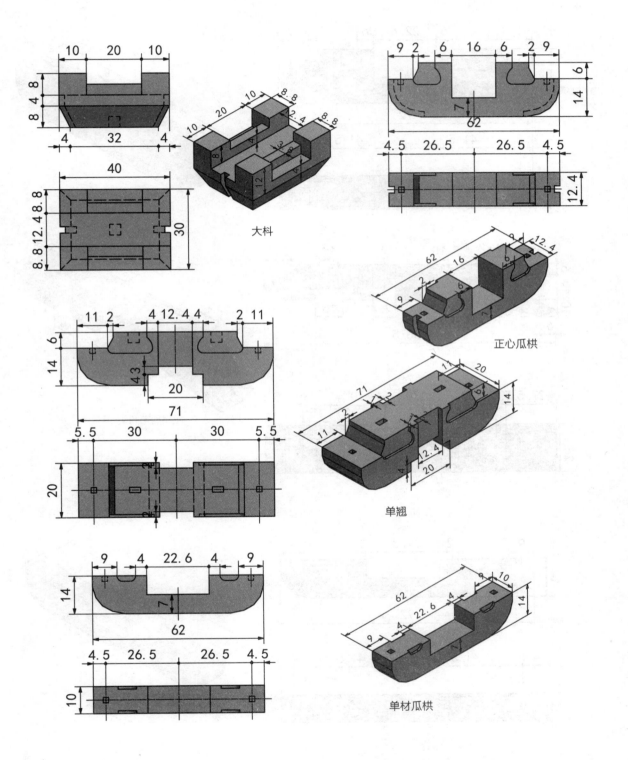

大枓

正心瓜栱

单翘

单材瓜栱

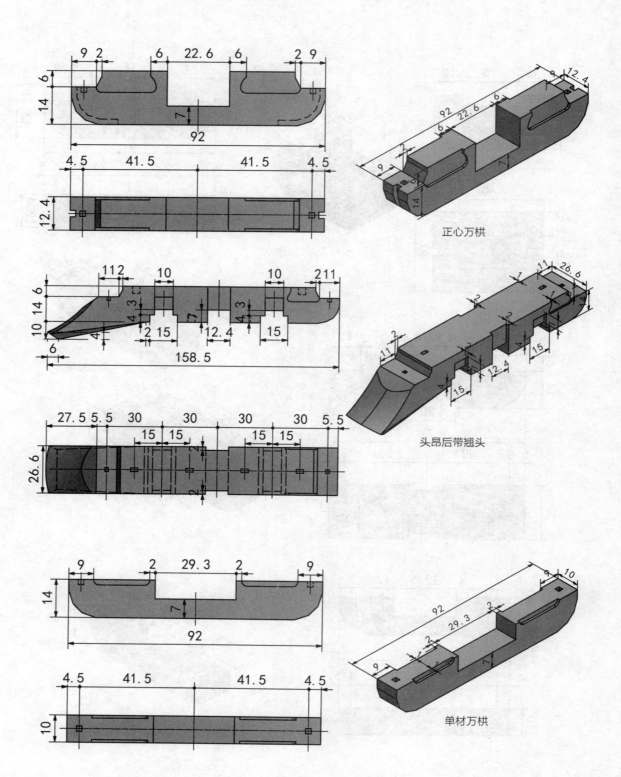

正心万栱

头昂后带翘头

单材万栱

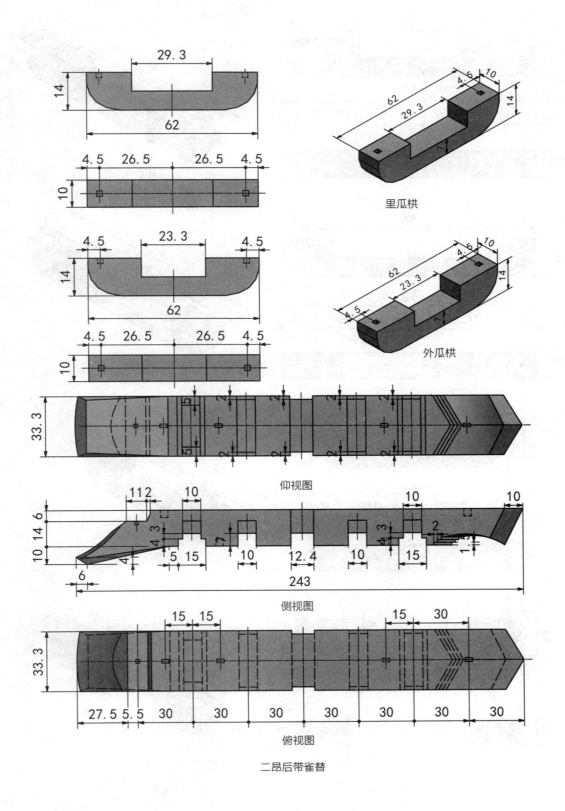

里瓜栱

外瓜栱

仰视图

侧视图

俯视图

二昂后带雀替

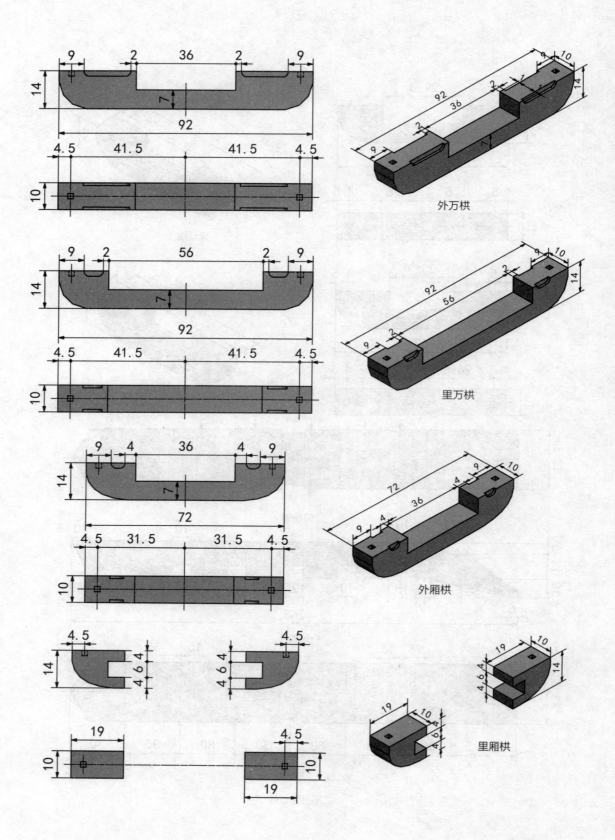

外万栱

里万栱

外厢栱

里厢栱

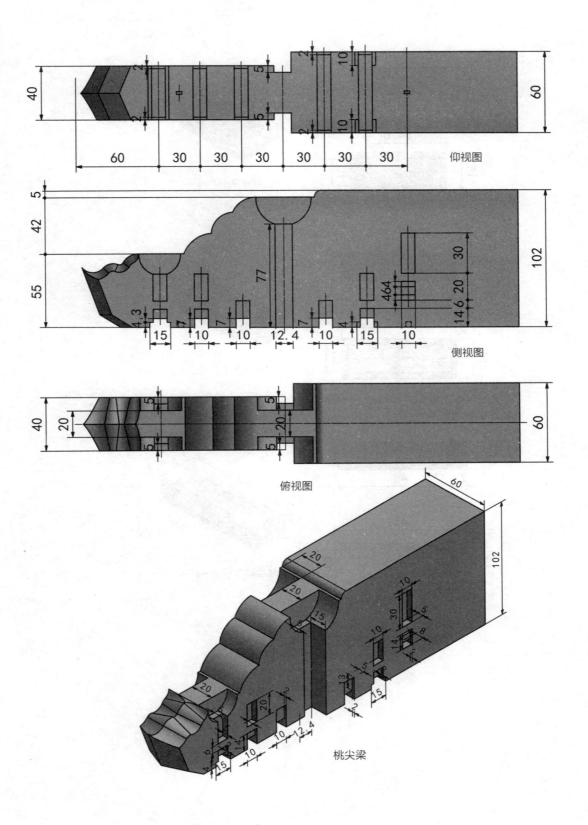

仰视图

侧视图

俯视图

桃尖梁

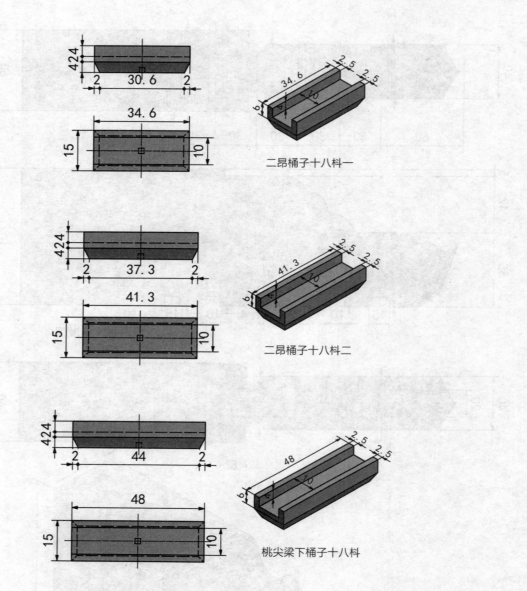

二昂桶子十八枓一

二昂桶子十八枓二

桃尖梁下桶子十八枓

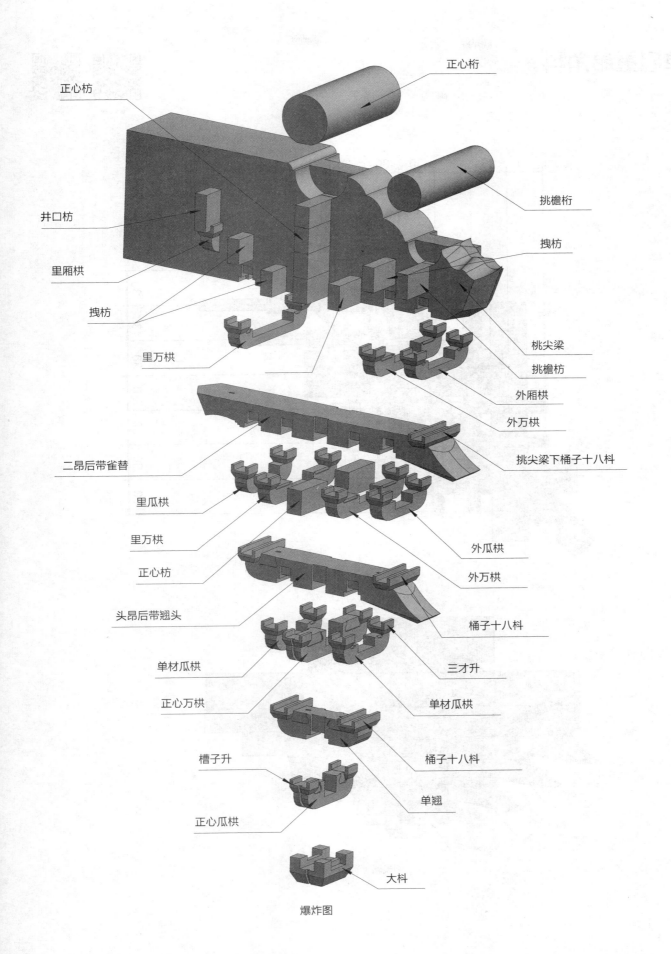

正心桁

正心枋

挑檐桁

井口枋

拽枋

里厢栱

拽枋

桃尖梁

挑檐枋

里万栱

外厢栱

外万栱

挑尖梁下桶子十八斗

二昂后带雀替

里瓜栱

里万栱

外瓜栱

正心枋

外万栱

头昂后带翘头

桶子十八斗

单材瓜栱

三才升

正心万栱

单材瓜栱

槽子升

桶子十八斗

正心瓜栱

单翘

大斗

爆炸图

单翘重昂角科

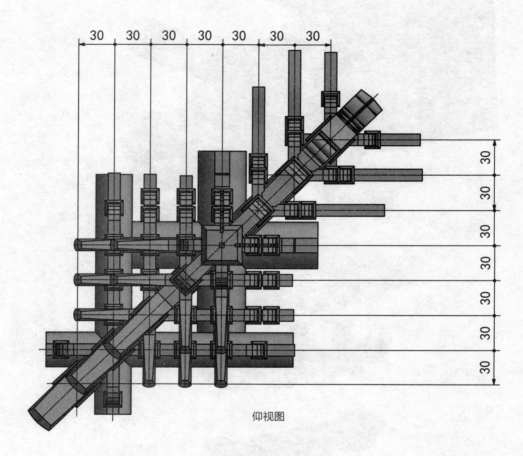

仰视图

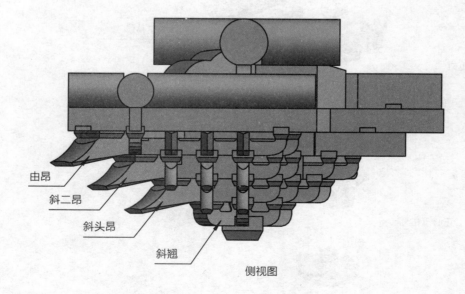

由昂

斜二昂

斜头昂

斜翘

侧视图

第一、二层部件尺寸图解

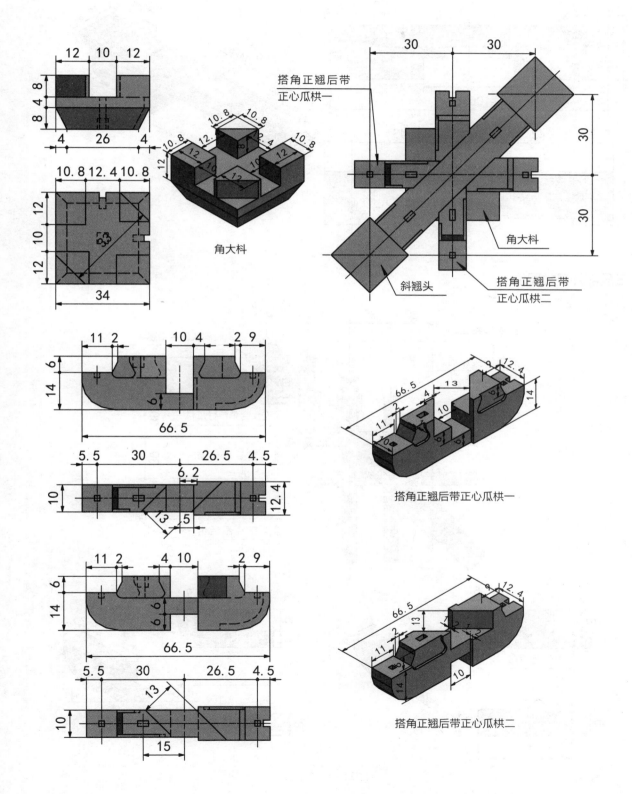

角大科

搭角正翘后带
正心瓜栱一

角大科

斜翘头

搭角正翘后带
正心瓜栱二

搭角正翘后带正心瓜栱一

搭角正翘后带正心瓜栱二

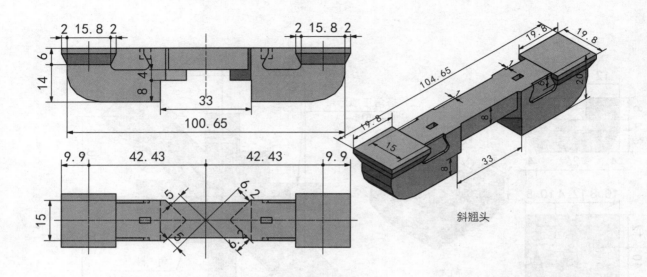

斜翘头

第三层部件尺寸图解

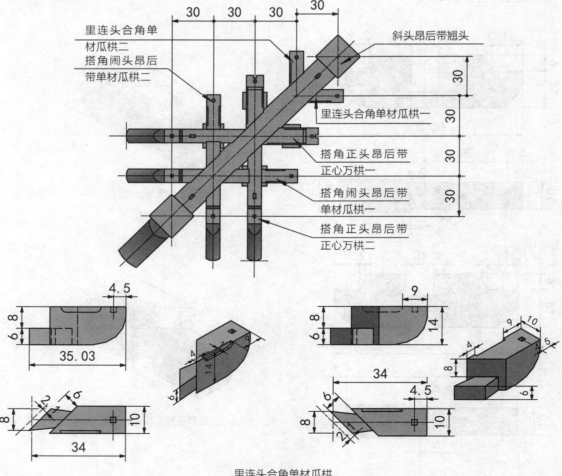

里连头合角单材瓜栱

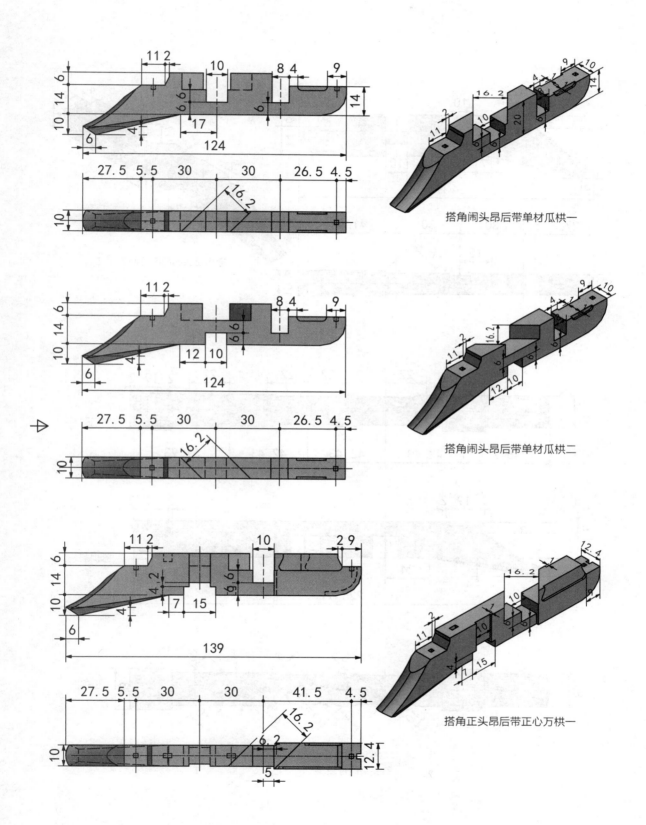

搭角闹头昂后带单材瓜栱一

搭角闹头昂后带单材瓜栱二

搭角正头昂后带正心万栱一

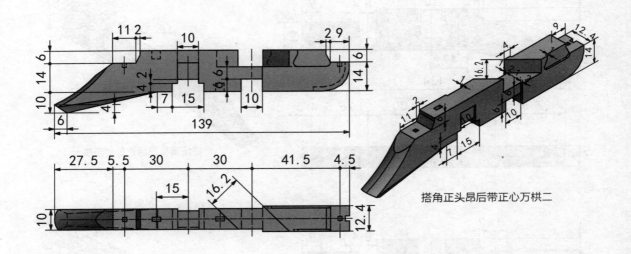

搭角正头昂后带正心万栱二

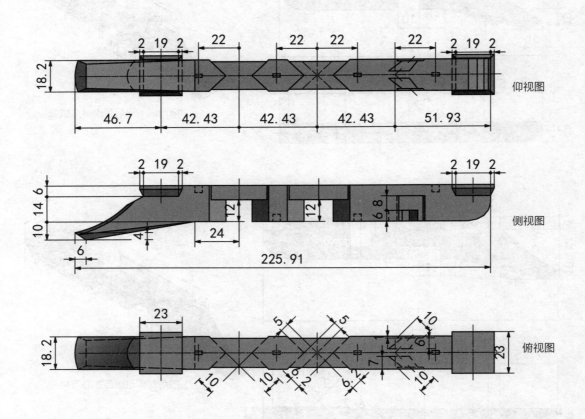

仰视图

侧视图

俯视图

斜头昂后带翘头

第四层部件尺寸图解

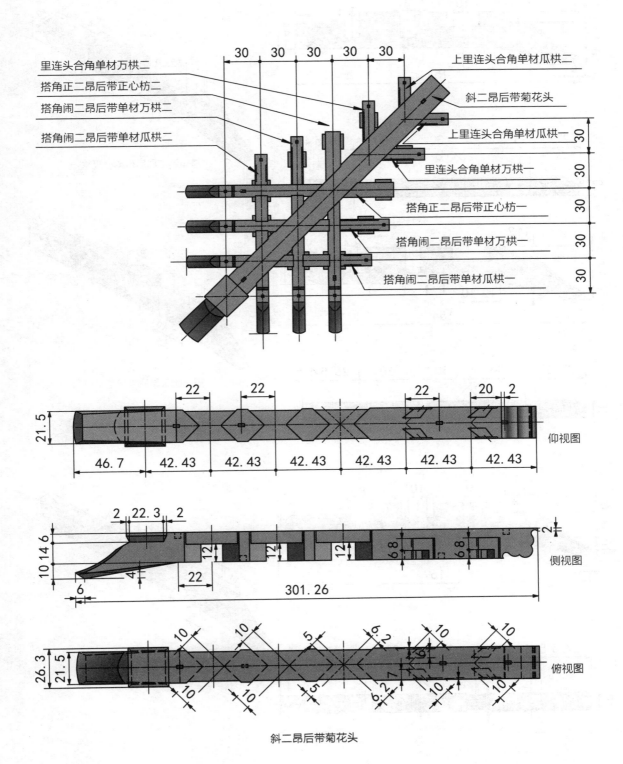

里连头合角单材万栱二
搭角正二昂后带正心枋二
搭角闹二昂后带单材万栱二
搭角闹二昂后带单材瓜栱二

上里连头合角单材瓜栱二
斜二昂后带菊花头
上里连头合角单材瓜栱一
里连头合角单材万栱一
搭角正二昂后带正心枋一
搭角闹二昂后带单材万栱一
搭角闹二昂后带单材瓜栱一

仰视图

侧视图

俯视图

斜二昂后带菊花头

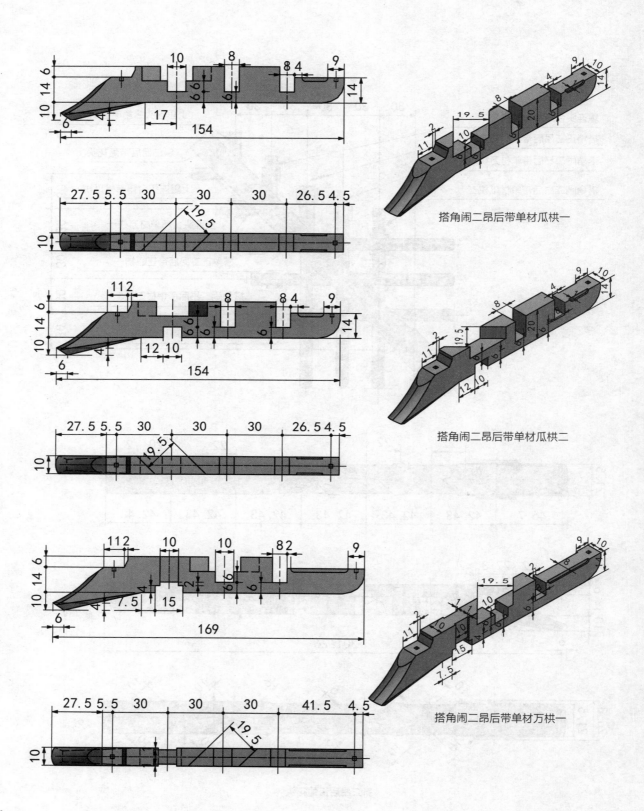

搭角闹二昂后带单材瓜栱一

搭角闹二昂后带单材瓜栱二

搭角闹二昂后带单材万栱一

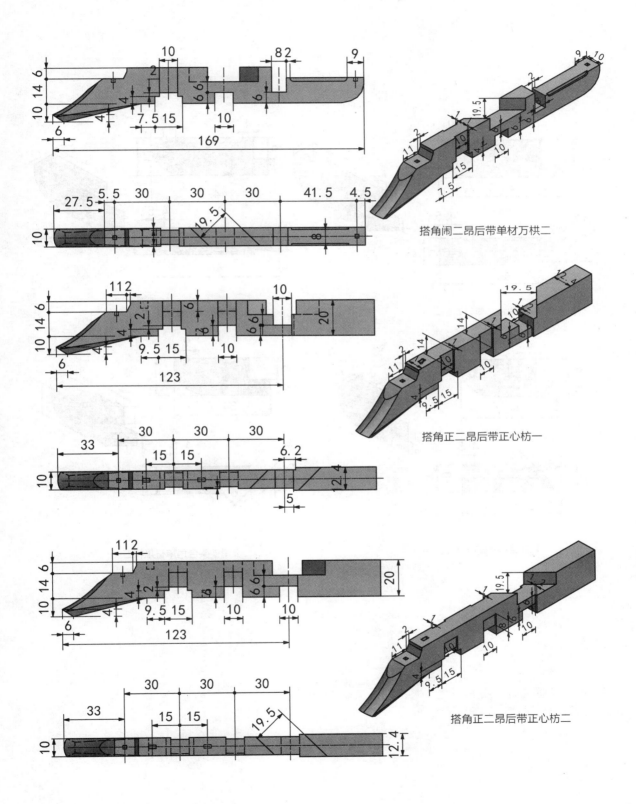

搭角闹二昂后带单材万栱二

搭角正二昂后带正心枋一

搭角正二昂后带正心枋二

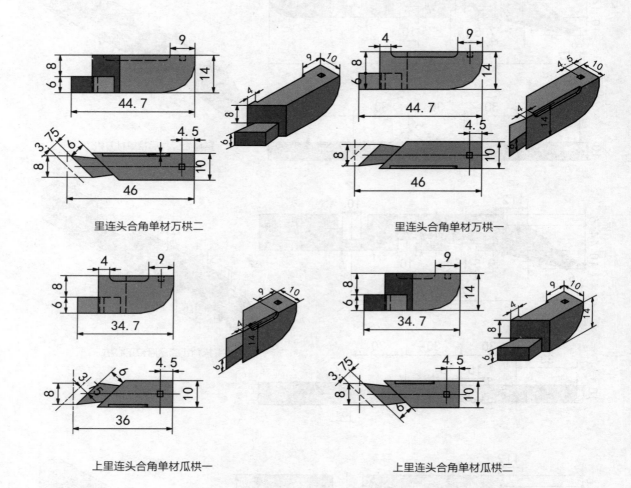

里连头合角单材万栱二

里连头合角单材万栱一

上里连头合角单材瓜栱一

上里连头合角单材瓜栱二

第五层部件尺寸图解

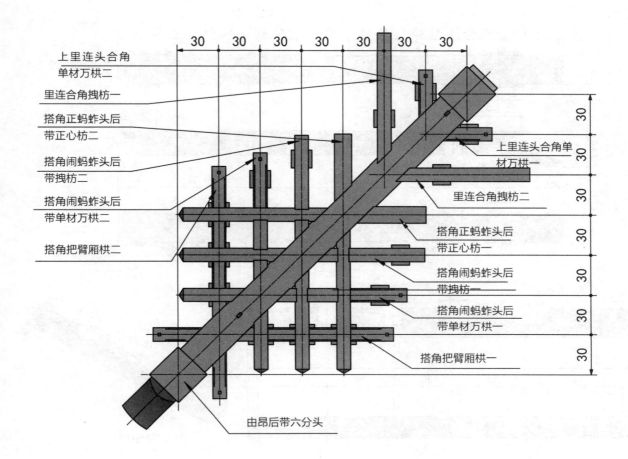

上里连头合角
单材万栱二

里连合角拽枋一

搭角正蚂蚱头后
带正心枋二

搭角闹蚂蚱头后
带拽枋二

搭角闹蚂蚱头后
带单材万栱二

搭角把臂厢栱二

上里连头合角单
材万栱一

里连合角拽枋二

搭角正蚂蚱头后
带正心枋一

搭角闹蚂蚱头后
带拽枋一

搭角闹蚂蚱头后
带单材万栱一

搭角把臂厢栱一

由昂后带六分头

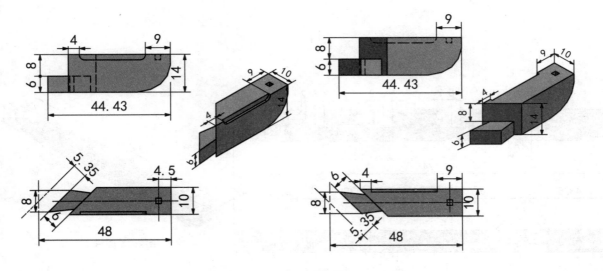

上里连头合角单材万栱一、二

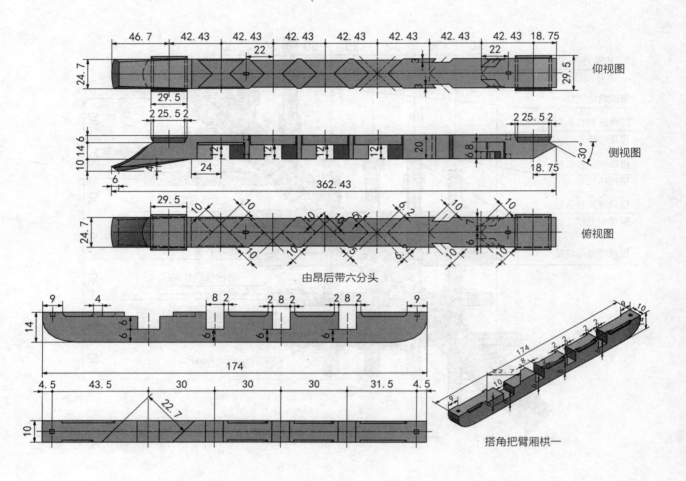

由昂后带六分头

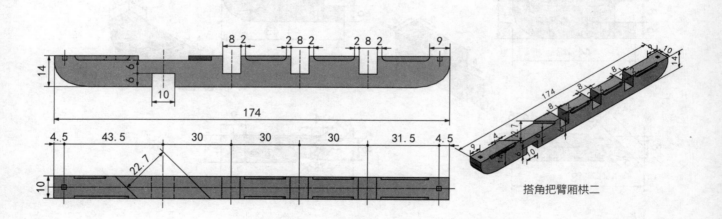

搭角把臂厢栱一

搭角把臂厢栱二

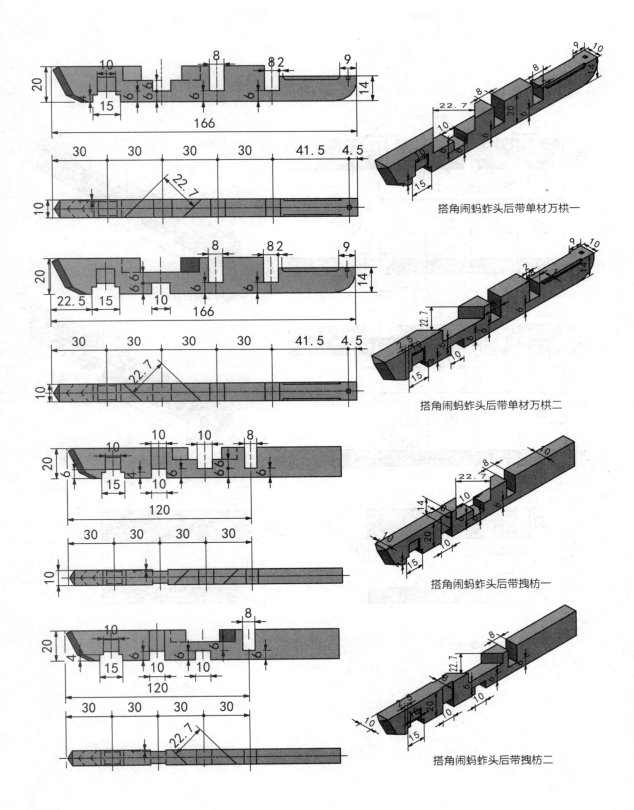

搭角闹蚂蚱头后带单材万栱一

搭角闹蚂蚱头后带单材万栱二

搭角闹蚂蚱头后带拽枋一

搭角闹蚂蚱头后带拽枋二

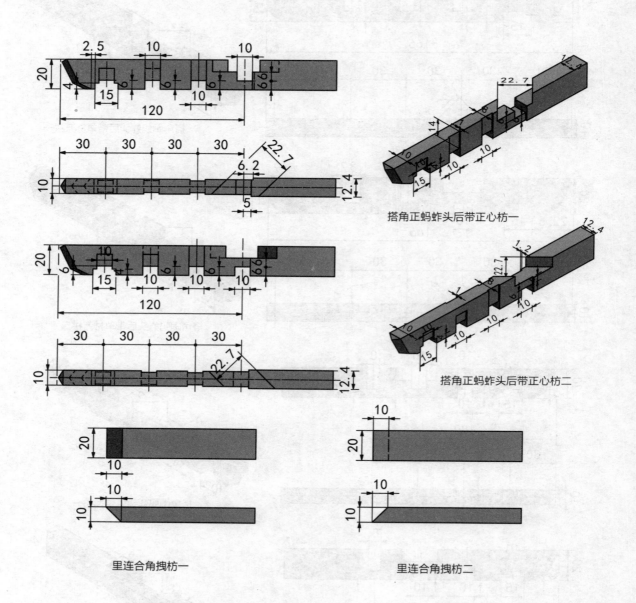

搭角正蚂蚱头后带正心枋一

搭角正蚂蚱头后带正心枋二

里连合角拽枋一

里连合角拽枋二

第六层部件尺寸图解

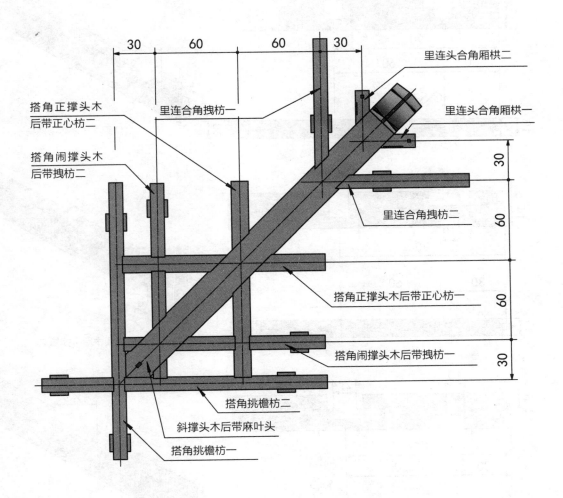

里连头合角厢栱二

搭角正撑头木
后带正心枋二

里连合角拽枋一

搭角闹撑头木
后带拽枋二

里连头合角厢栱一

里连合角拽枋二

搭角正撑头木后带正心枋一

搭角闹撑头木后带拽枋一

搭角挑檐枋二

斜撑头木后带麻叶头

搭角挑檐枋一

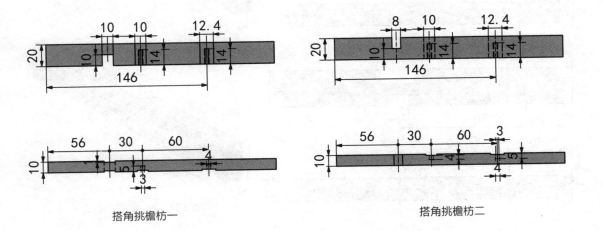

搭角挑檐枋一

搭角挑檐枋二

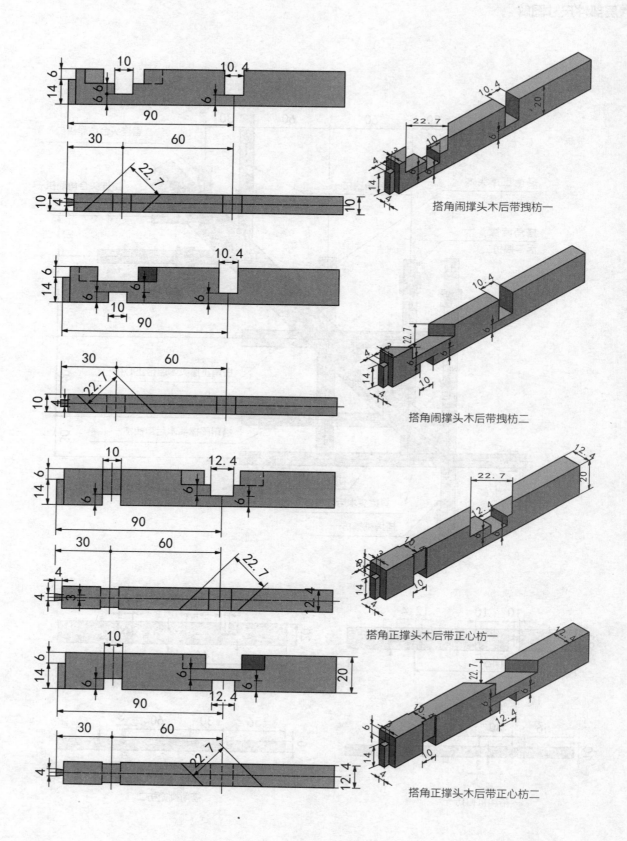

搭角闹撑头木后带拽枋一

搭角闹撑头木后带拽枋二

搭角正撑头木后带正心枋一

搭角正撑头木后带正心枋二

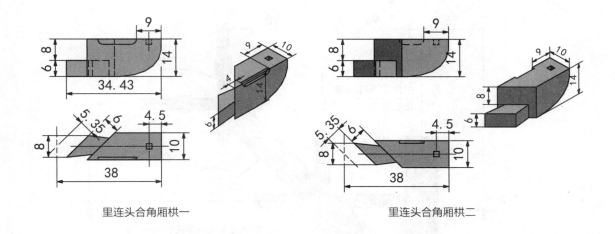

里连头合角厢栱一   里连头合角厢栱二

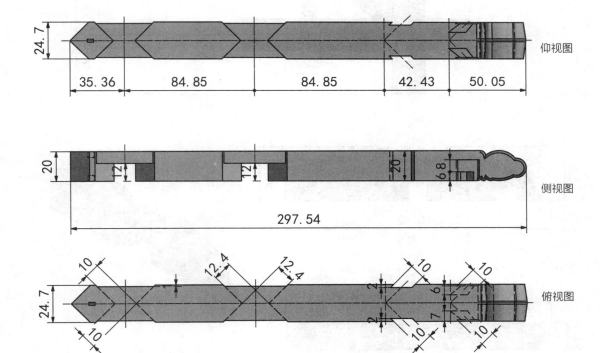

斜撑头木后带麻叶头

第七层部件尺寸图解

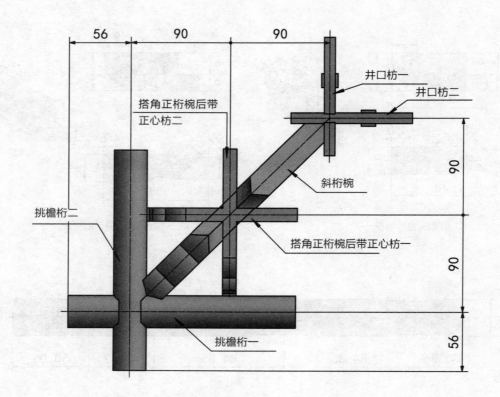

井口枋一

井口枋二

搭角正桁椀后带
正心枋二

斜桁椀

挑檐桁二

搭角正桁椀后带正心枋一

挑檐桁一

56   90   90

90

90

56

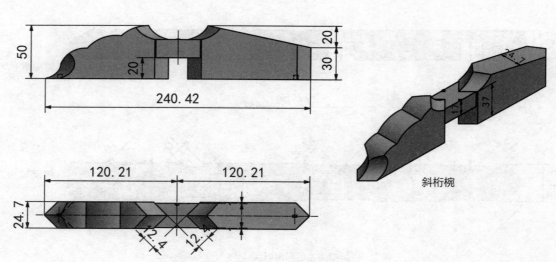

50   20

20   30   20

240.42

120.21   120.21

24.7

12.4   12.4

24.7

17   37

斜桁椀

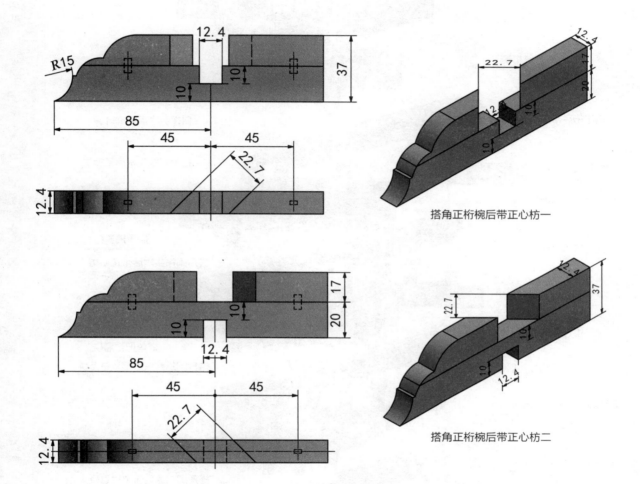

搭角正桁椀后带正心枋一

搭角正桁椀后带正心枋二

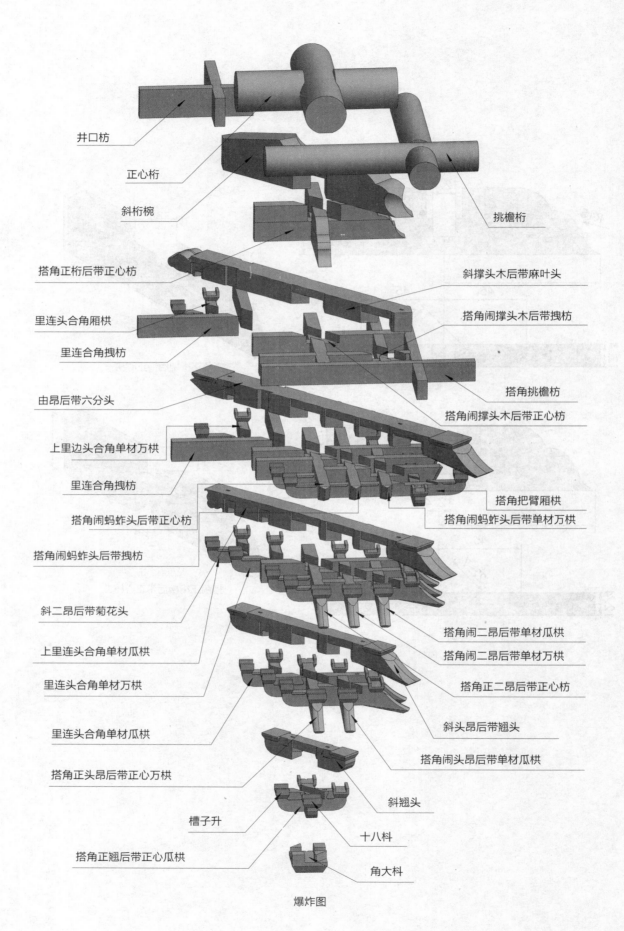

井口枋

正心桁

斜桁椀

挑檐桁

搭角正桁后带正心枋

斜撑头木后带麻叶头

里连头合角厢栱

搭角闹撑头木后带拽枋

里连合角拽枋

由昂后带六分头

搭角挑檐枋

搭角闹撑头木后带正心枋

上里边头合角单材万栱

里连合角拽枋

搭角把臂厢栱

搭角闹蚂蚱头后带正心枋

搭角闹蚂蚱头后带单材万栱

搭角闹蚂蚱头后带拽枋

斜二昂后带菊花头

搭角闹二昂后带单材瓜栱

上里连头合角单材瓜栱

搭角闹二昂后带单材万栱

里连头合角单材万栱

搭角正二昂后带正心枋

里连头合角单材瓜栱

斜头昂后带翘头

搭角正头昂后带正心万栱

搭角闹头昂后带单材瓜栱

斜翘头

槽子升

十八枓

搭角正翘后带正心瓜栱

角大枓

爆炸图

重翘重昂平身科

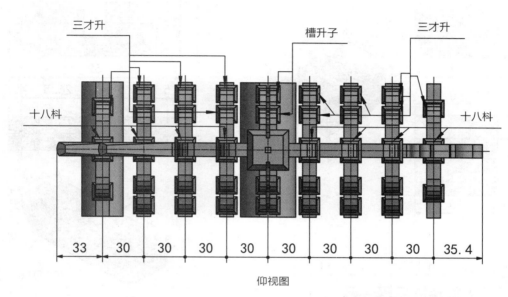

三才升　　　　　槽升子　　　　三才升

十八枓　　　　　　　　　　　　　　　　　十八枓

| 33 | 30 | 30 | 30 | 30 | 30 | 30 | 30 | 30 | 35.4 |

仰视图

正心桁

正心枋

挑檐桁　　　外拽枋　　　　　　　里拽枋

井口枋

挑檐枋

蚂蚱头后
带六分头
厢枋

二昂后带菊花头

头昂后带翘头

单材瓜栱

单材万栱

单材瓜栱

正心万栱

正心瓜栱

厢栱

单材瓜栱

单材万栱

单材瓜栱

二翘

单翘

大枓

| 30 |
| 20 |
| 20 |
| 20 |
| 20 |
| 20 |
| 20 |
| 12 |

侧视图

分件尺寸图解

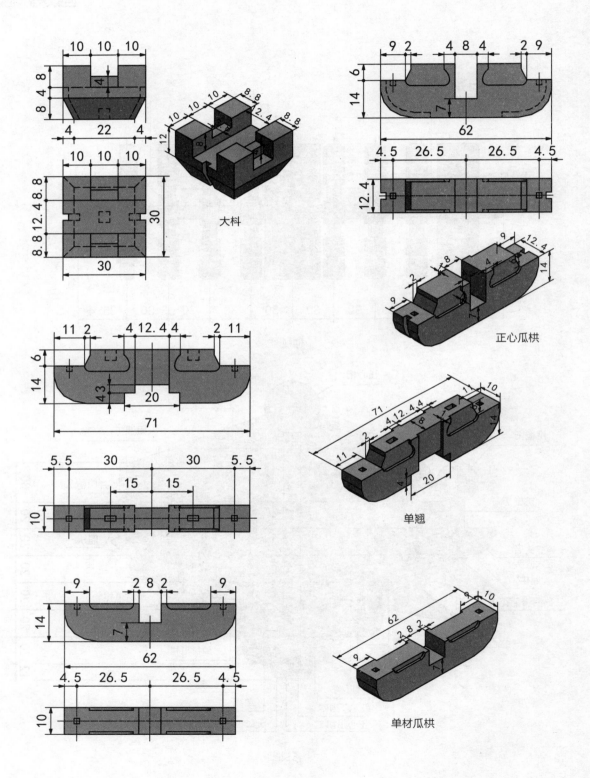

大科

正心瓜栱

单翘

单材瓜栱

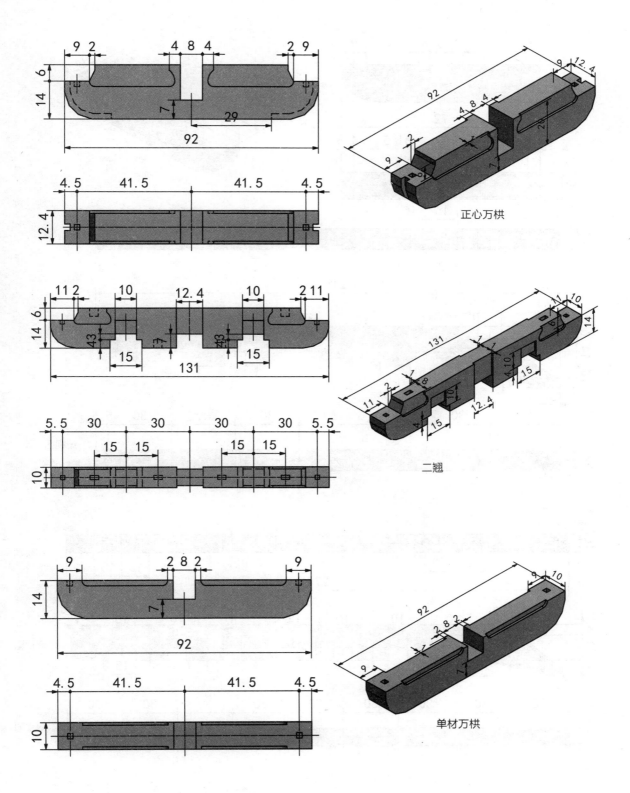

正心万栱

二翘

单材万栱

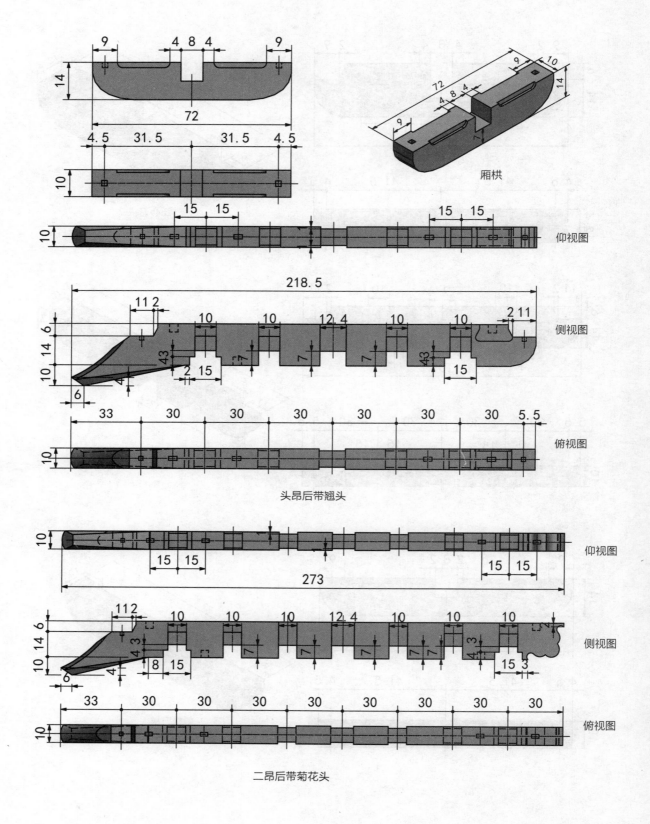

厢栱

仰视图

头昂后带翘头

仰视图

侧视图

俯视图

二昂后带菊花头

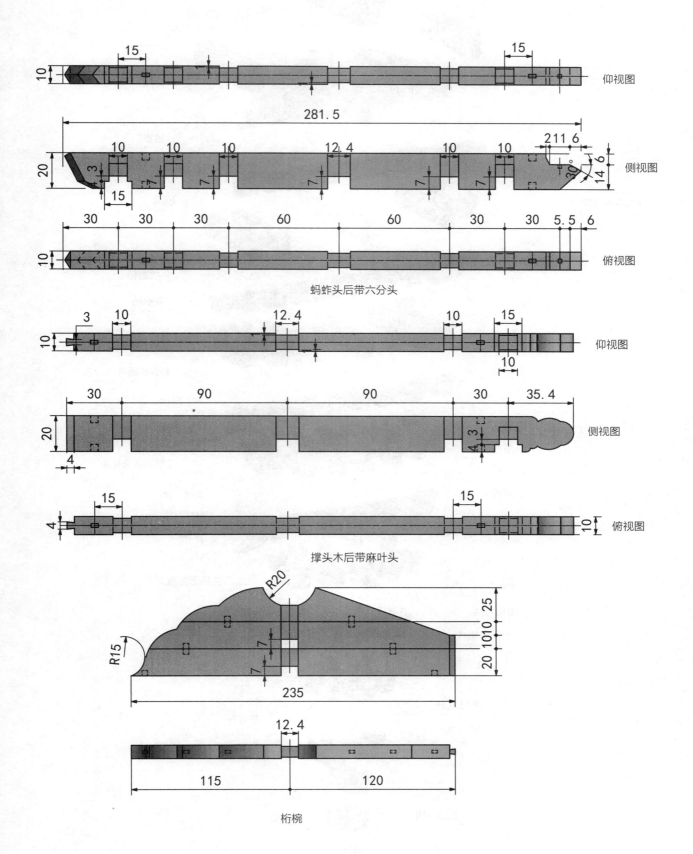

15　　　　　　　　　　　　　15　　　　仰视图

10

281.5

10　　10　　10　　　12.4　　　10　　10　　2 11 6

20　　3　　　　　　　　　　　　　　　　　　30°　　14 6

15　7　7　7　7　7　　　　　　　　　　　　　侧视图

30　30　30　　60　　　60　　30　30　5.5　6

10　　　　　　　　　　　　　　　　　　　　俯视图

蚂蚱头后带六分头

3　10　　　12.4　　　10　15　　仰视图

10　　　　　　　　　　　　10

30　　90　　　90　　30　35.4

20　　　　　　　　　　　4 3　　侧视图

4

15　　　　　　15　　　俯视图

4　　　　　　　　　　10

撑头木后带麻叶头

R20　　25

R15　7　20 1010

7　　20

7　　235

12.4

115　　120

桁椀

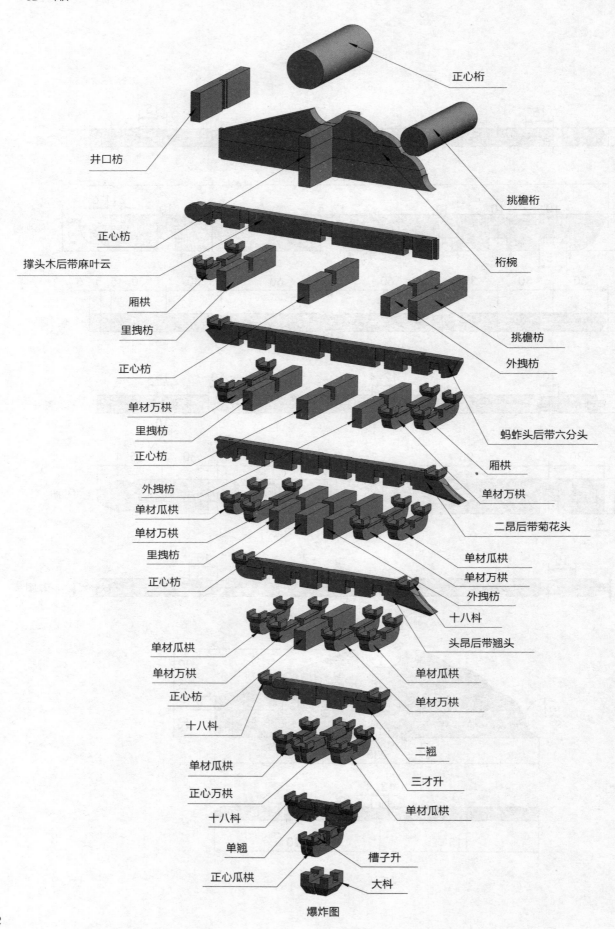

正心桁

井口枋

挑檐桁

正心枋

撑头木后带麻叶云

桁椀

厢栱

里拽枋

挑檐枋

正心枋

外拽枋

单材万栱

里拽枋

蚂蚱头后带六分头

正心枋

厢栱

外拽枋

单材万栱

单材瓜栱

二昂后带菊花头

单材万栱

里拽枋

单材瓜栱

正心枋

单材万栱

外拽枋

单材瓜栱

十八科

单材万栱

头昂后带翘头

正心枋

单材瓜栱

十八科

单材万栱

二翘

单材瓜栱

三才升

正心万栱

单材瓜栱

十八科

单翘

槽子升

正心瓜栱

大科

爆炸图

重翘重昂柱头科

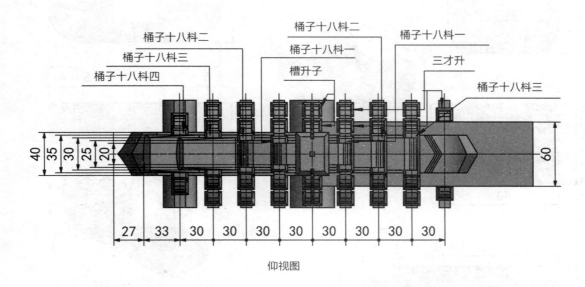

桶子十八枓二

桶子十八枓三

桶子十八枓四

桶子十八枓二

桶子十八枓一

槽升子

桶子十八枓一

三才升

桶子十八枓三

40　35　30　25　20

60

27　33　30　30　30　30　30　30　30　30

仰视图

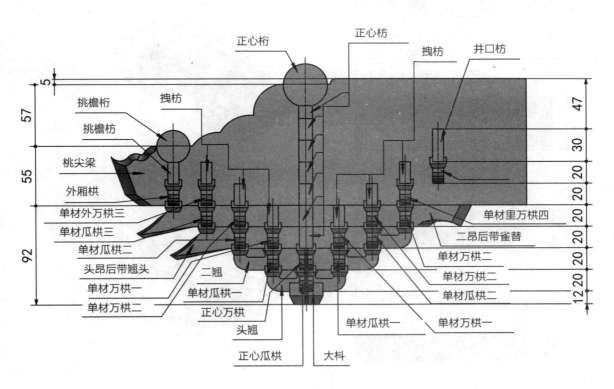

正心桁

正心枋

拽枋

井口枋

挑檐桁

拽枋

挑檐枋

桃尖梁

外厢栱

单材外万栱三

单材瓜栱三

单材瓜栱二

头昂后带翘头

单材万栱一

单材万栱二

二翘

单材瓜栱一

正心万栱

头翘

正心瓜栱

大枓

单材里万栱四

二昂后带雀替

单材万栱二

单材万栱二

单材瓜栱二

单材瓜栱一

单材万栱一

5　57　55　92

47　30　20　20　20　20　20　12　20

侧视图

分件尺寸图解

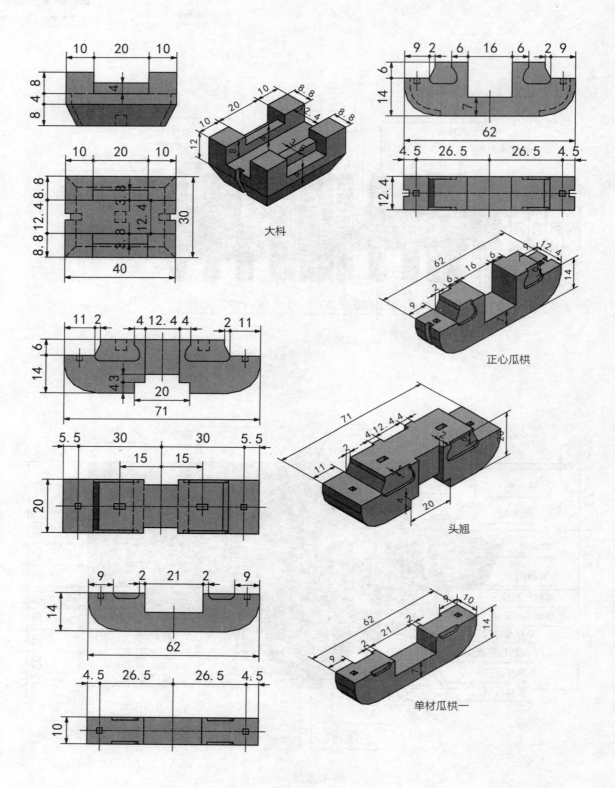

大料

正心瓜栱

头翘

单材瓜栱一

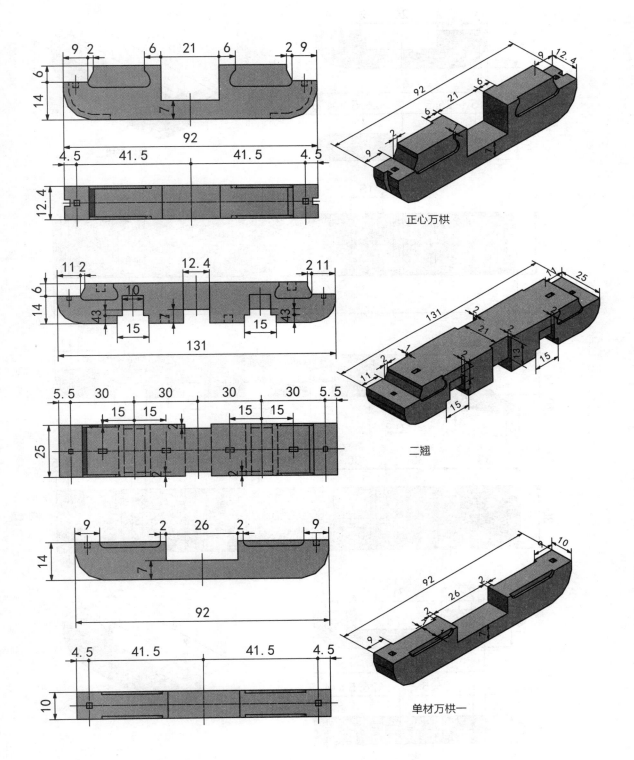

正心万栱

二翘

单材万栱一

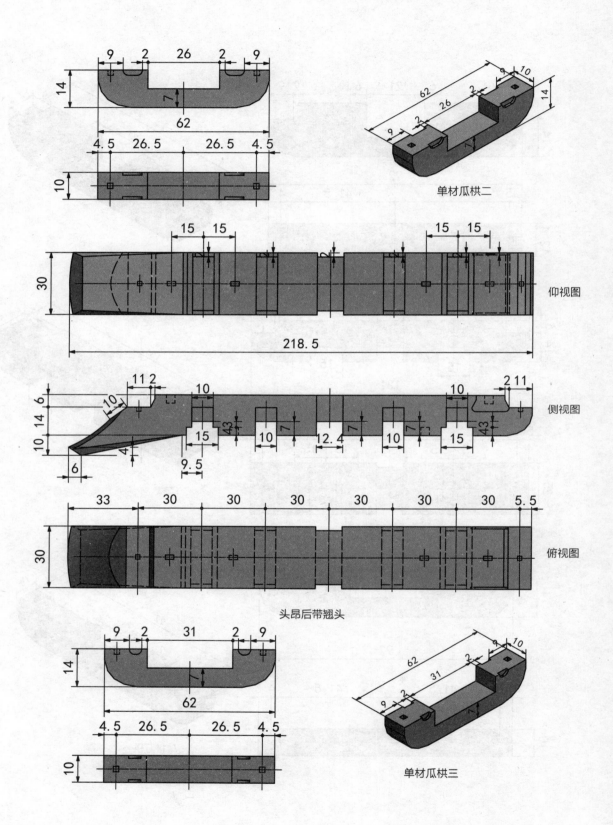

单材瓜栱二

仰视图

侧视图

俯视图

头昂后带翘头

单材瓜栱三

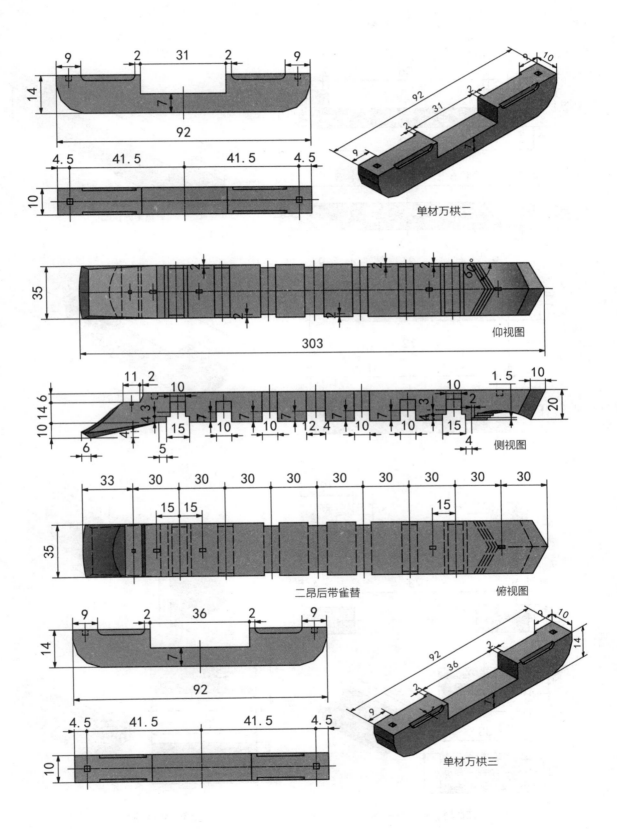

单材万栱二

仰视图

侧视图

二昂后带雀替

俯视图

单材万栱三

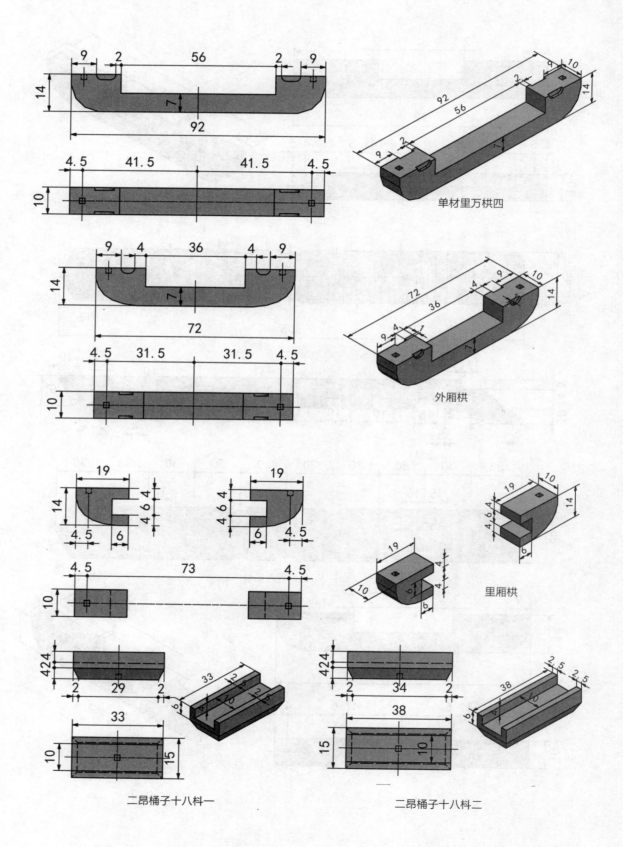

单材里万栱四

外厢栱

里厢栱

二昂桶子十八料一

二昂桶子十八料二

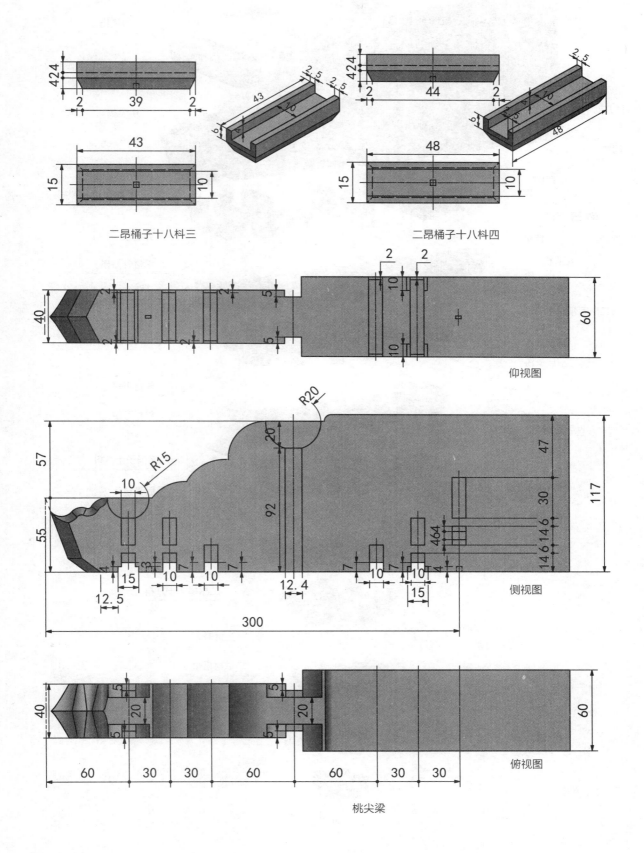

二昂桶子十八科三

二昂桶子十八科四

仰视图

侧视图

俯视图

桃尖梁

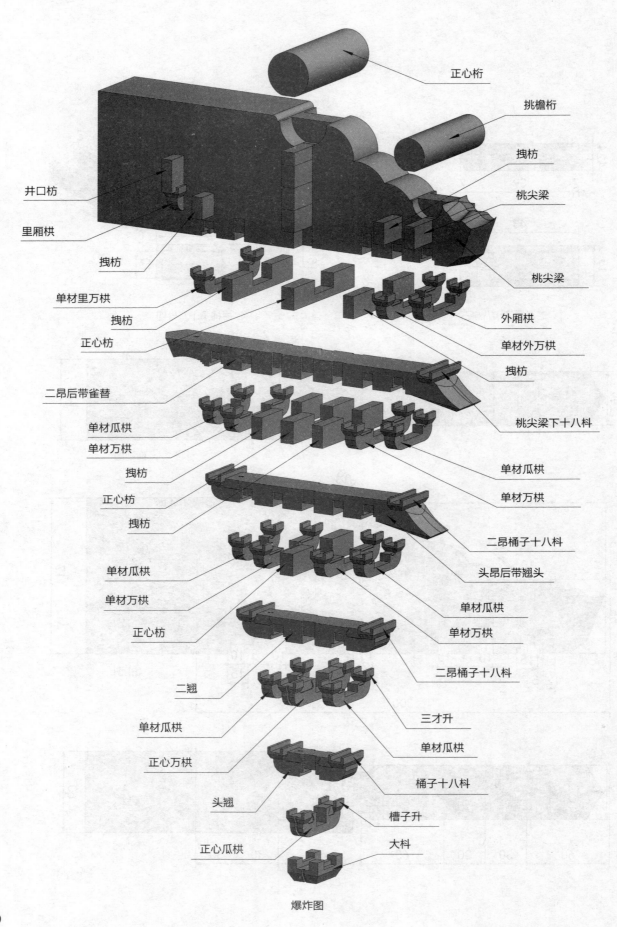

正心桁

挑檐桁

拽枋

桃尖梁

井口枋

里厢栱

拽枋

桃尖梁

单材里万栱

拽枋

正心枋

外厢栱

单材外万栱

拽枋

二昂后带雀替

桃尖梁下十八科

单材瓜栱

单材万栱

拽枋

正心枋

拽枋

单材瓜栱

单材万栱

二昂桶子十八科

头昂后带翘头

单材瓜栱

单材万栱

正心枋

单材瓜栱

单材万栱

二翘

二昂桶子十八科

三才升

单材瓜栱

单材瓜栱

正心万栱

桶子十八科

头翘

槽子升

正心瓜栱

大科

爆炸图

重翘重昂角科

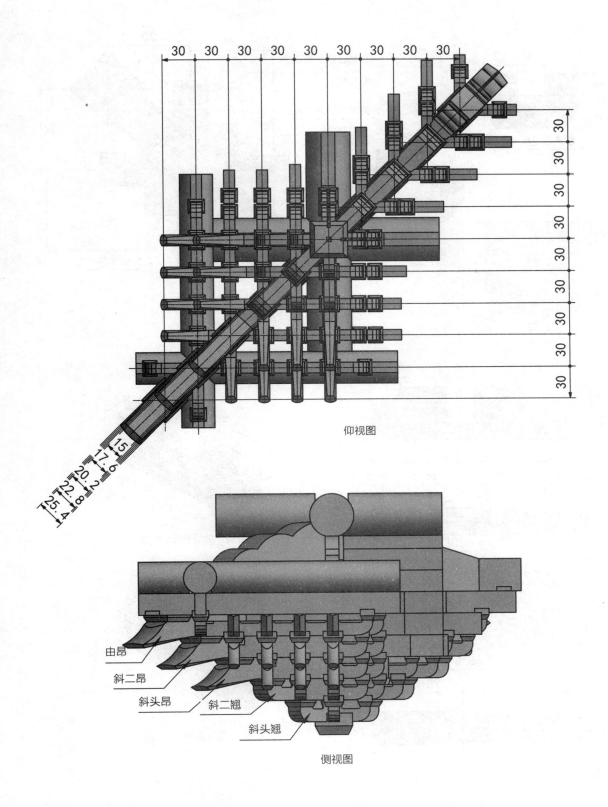

30   30   30   30   30   30   30   30   30

30 30 30 30 30 30 30 30 30

15
17.6
20.2
22.8
25.4

仰视图

由昂
斜二昂
斜头昂
斜二翘
斜头翘

侧视图

第一、二层部件尺寸图解

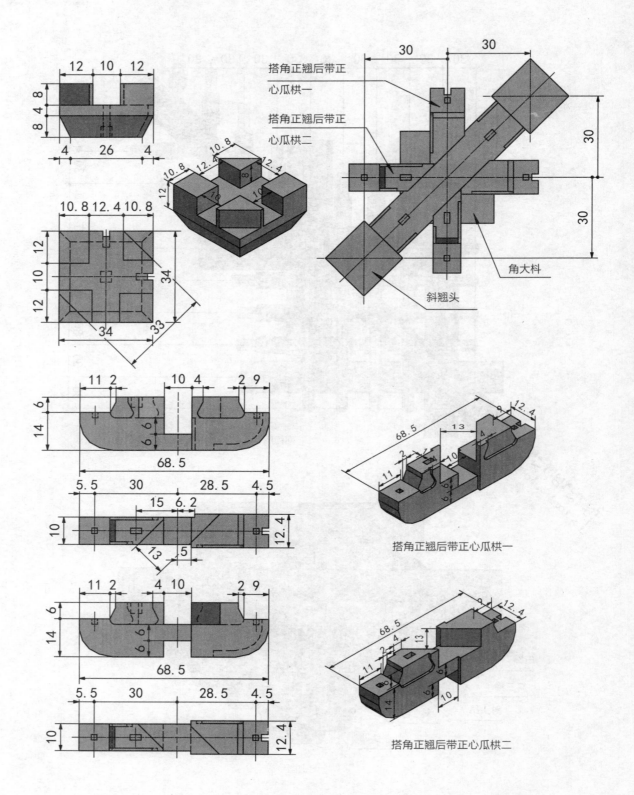

搭角正翘后带正心瓜栱一

搭角正翘后带正心瓜栱二

角大科

斜翘头

搭角正翘后带正心瓜栱一

搭角正翘后带正心瓜栱二

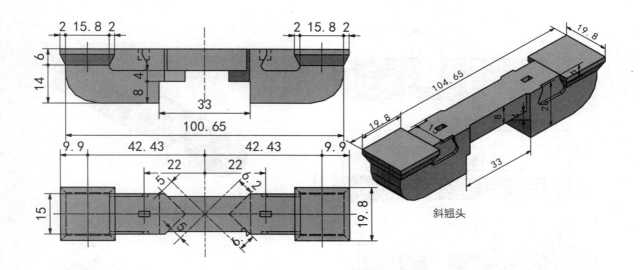

斜翘头

第三层部件尺寸图解

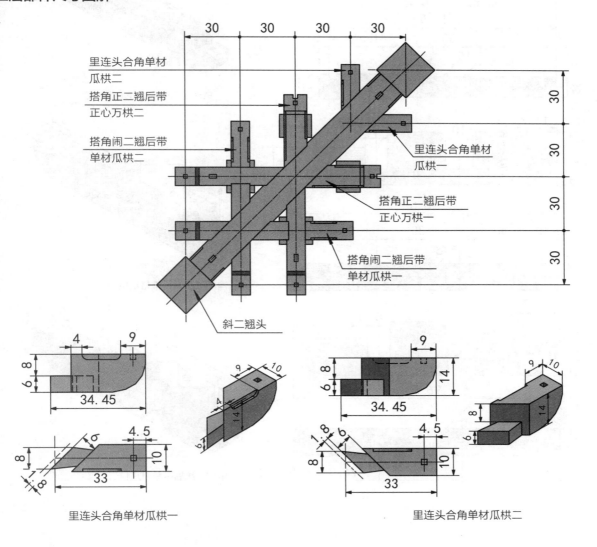

里连头合角单材瓜栱二

瓜栱二

搭角正二翘后带

正心万栱二

搭角闹二翘后带

单材瓜栱二

里连头合角单材

瓜栱一

搭角正二翘后带

正心万栱一

搭角闹二翘后带

单材瓜栱一

斜二翘头

里连头合角单材瓜栱一

里连头合角单材瓜栱二

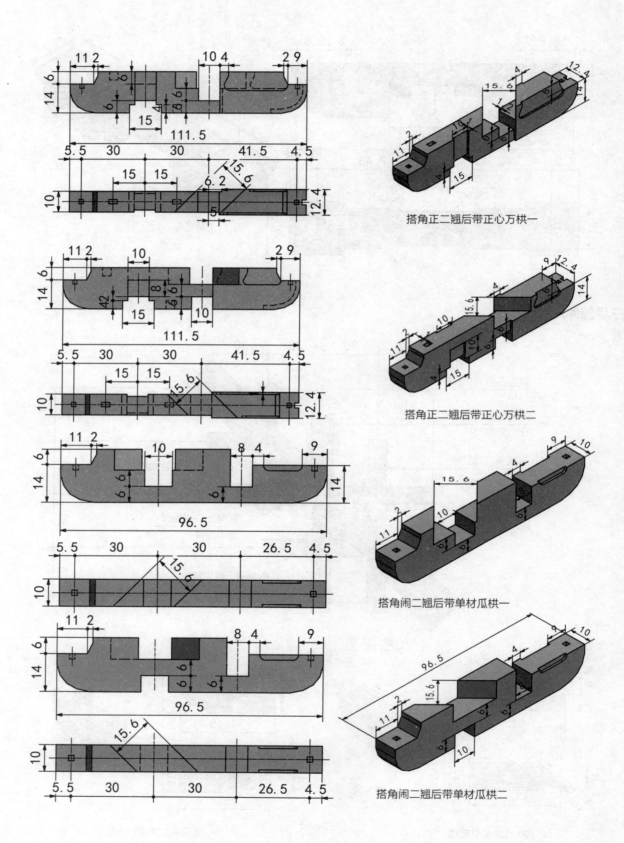

搭角正二翘后带正心万栱一

搭角正二翘后带正心万栱二

搭角闹二翘后带单材瓜栱一

搭角闹二翘后带单材瓜栱二

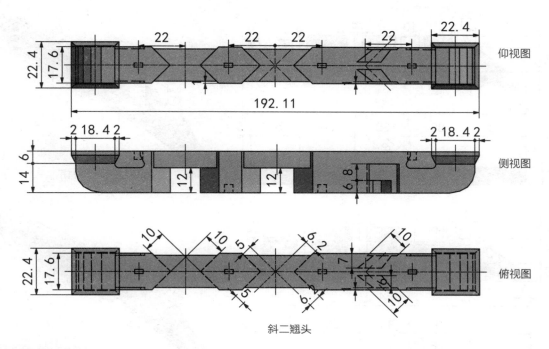

斜二翘头

第四层部件尺寸图解

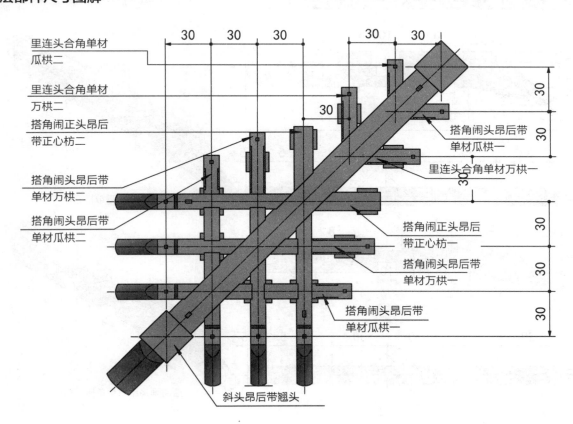

里连头合角单材
瓜栱二

里连头合角单材
万栱二

搭角闹正头昂后
带正心枋二

搭角闹头昂后带
单材万栱二

搭角闹头昂后带
单材瓜栱二

搭角闹头昂后带
单材瓜栱一

里连头合角单材万栱一

搭角闹正头昂后
带正心枋一

搭角闹头昂后带
单材万栱一

搭角闹头昂后带
单材瓜栱一

斜头昂后带翘头

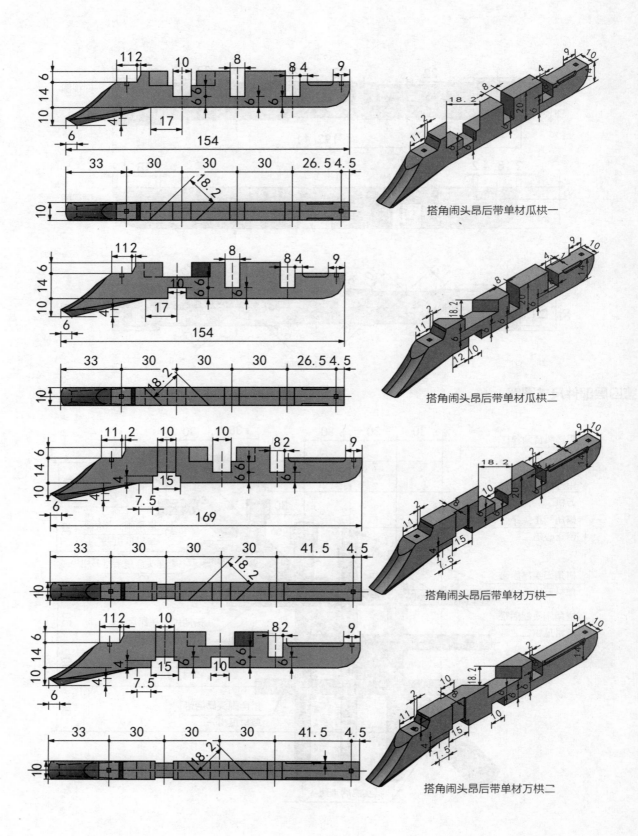

搭角闹头昂后带单材瓜栱一

搭角闹头昂后带单材瓜栱二

搭角闹头昂后带单材万栱一

搭角闹头昂后带单材万栱二

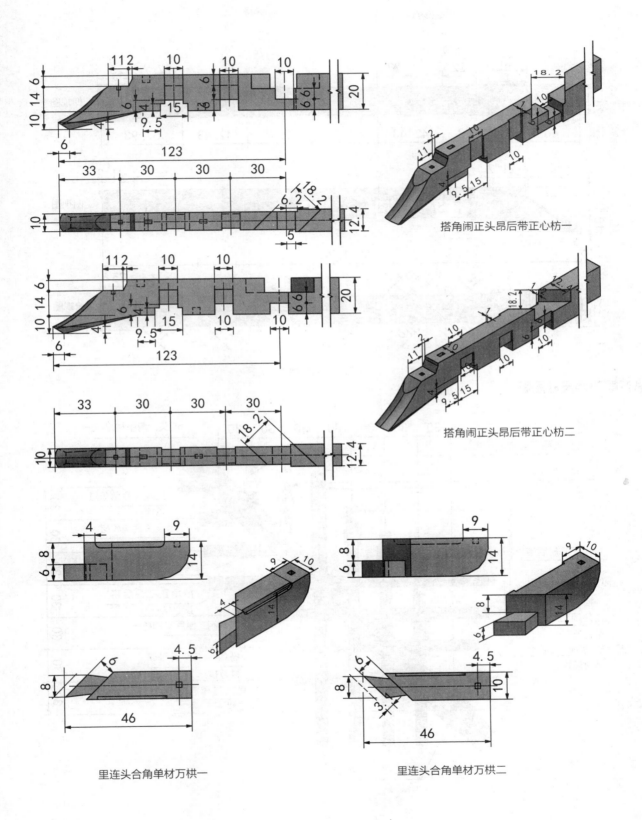

搭角闹正头昂后带正心枋一

搭角闹正头昂后带正心枋二

里连头合角单材万栱一

里连头合角单材万栱二

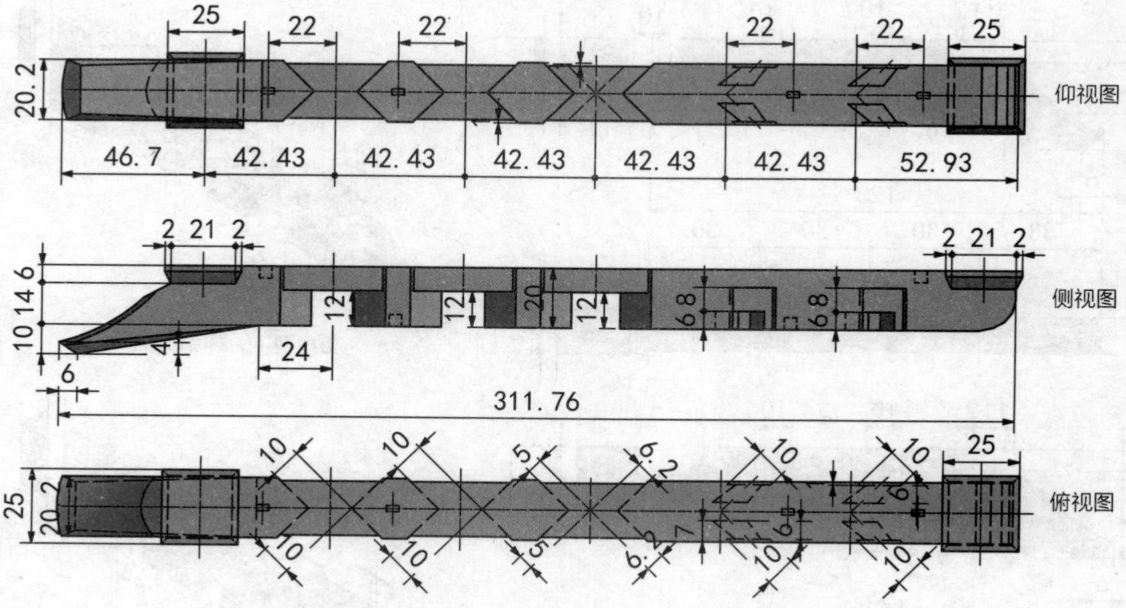
25
22
22
22
22
25
20.2
46.7
42.43
42.43
42.43
42.43
42.43
52.93
仰视图
2 21 2
2 21 2
6
14
10
12
12
20
12
6.8
6.8
4
24
6
311.76
侧视图
25
20.2
10
10
5
6.2
10
10
10
10
5
6.2
10
10
俯视图

斜头昂后带翘头

第五层部件尺寸图解

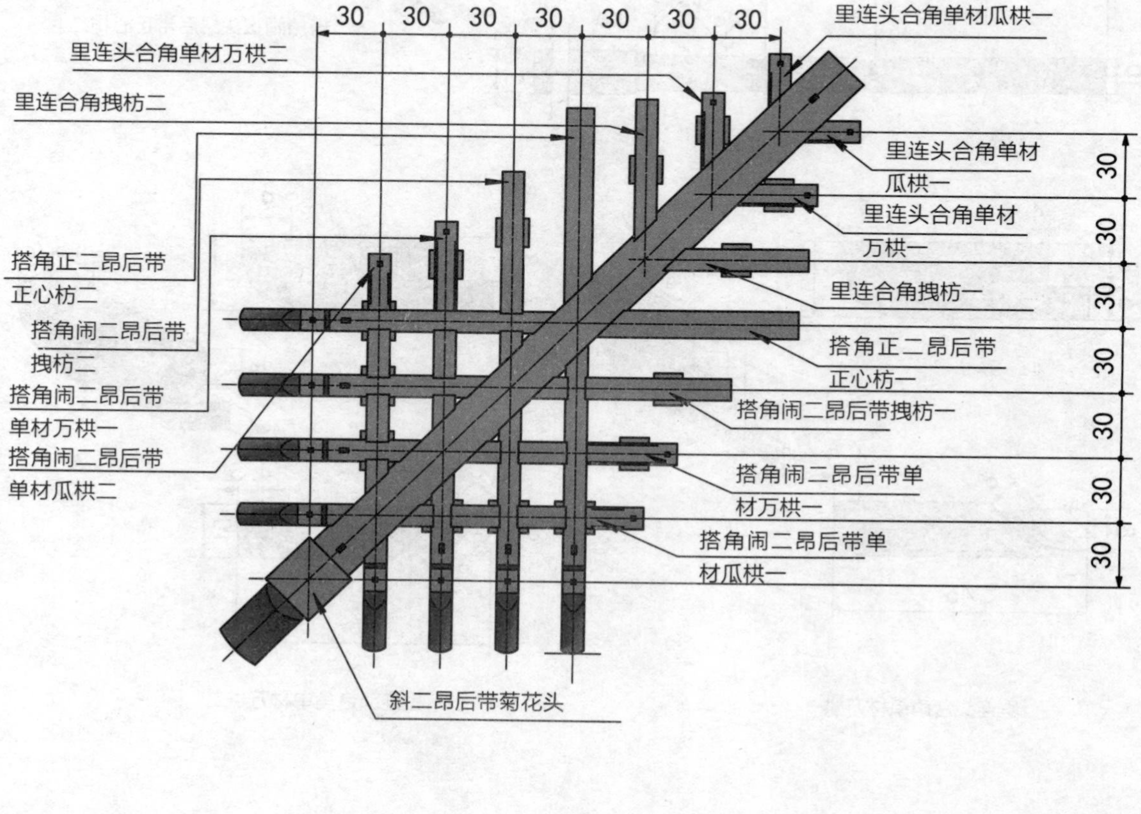
30
30
30
30
30
30
30
里连头合角单材瓜栱一
里连头合角单材万栱二
里连合角拽枋二
里连头合角单材
瓜栱一
里连头合角单材
万栱一
搭角正二昂后带
正心枋二
里连合角拽枋一
搭角闹二昂后带
拽枋二
搭角正二昂后带
正心枋一
搭角闹二昂后带
单材万栱一
搭角闹二昂后带拽枋一
搭角闹二昂后带
单材瓜栱二
搭角闹二昂后带单
材万栱一
搭角闹二昂后带单
材瓜栱一
斜二昂后带菊花头
30
30
30
30
30
30
30

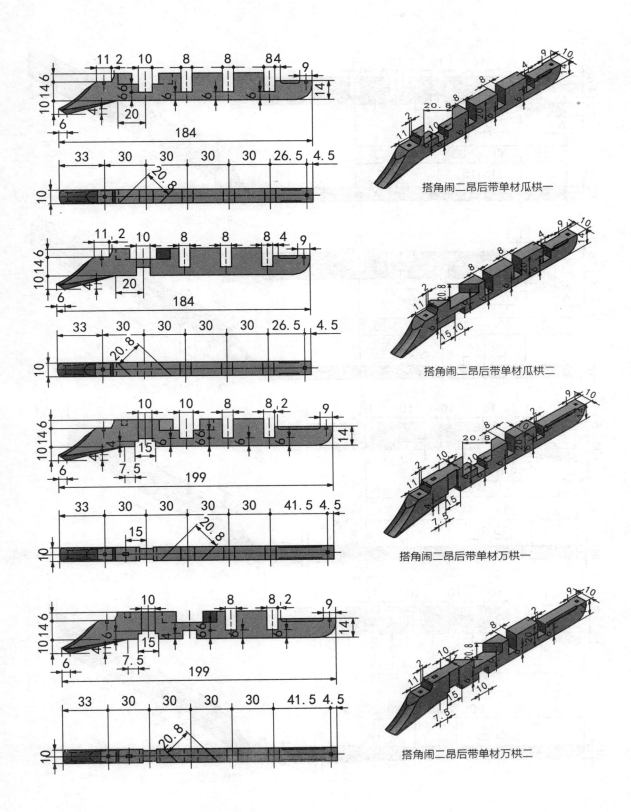

搭角闹二昂后带单材瓜栱一

搭角闹二昂后带单材瓜栱二

搭角闹二昂后带单材万栱一

搭角闹二昂后带单材万栱二

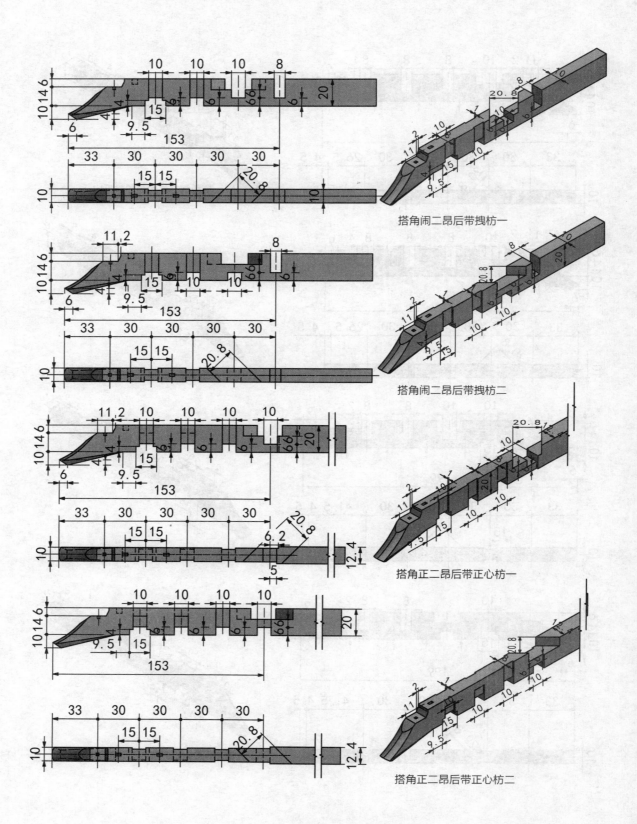

搭角闹二昂后带拽枋一

搭角闹二昂后带拽枋二

搭角正二昂后带正心枋一

搭角正二昂后带正心枋二

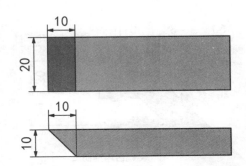
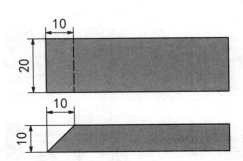

里连合角拽枋

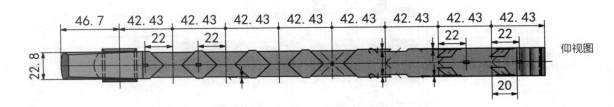

仰视图

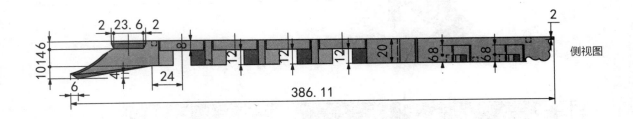

侧视图

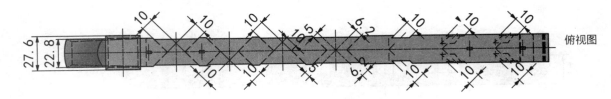

俯视图

斜二昂后带菊花头

第六层部件尺寸图解

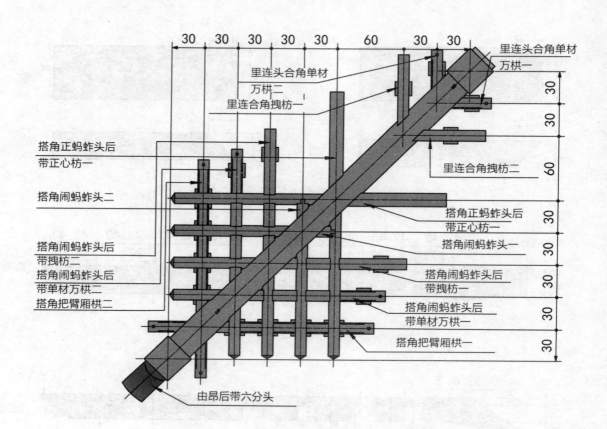

里连头合角单材
万栱二
里连合角拽枋一

搭角正蚂蚱头后
带正心枋一

搭角闹蚂蚱头二

搭角闹蚂蚱头后
带拽枋二
搭角闹蚂蚱头后
带单材万栱二
搭角把臂厢栱二

里连头合角单材
万栱一

里连合角拽枋二

搭角正蚂蚱头后
带正心枋一

搭角闹蚂蚱头一

搭角闹蚂蚱头后
带拽枋一

搭角闹蚂蚱头后
带单材万栱一

搭角把臂厢栱一

由昂后带六分头

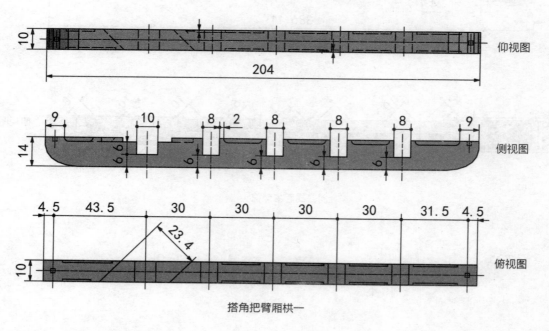

仰视图

侧视图

俯视图

搭角把臂厢栱一

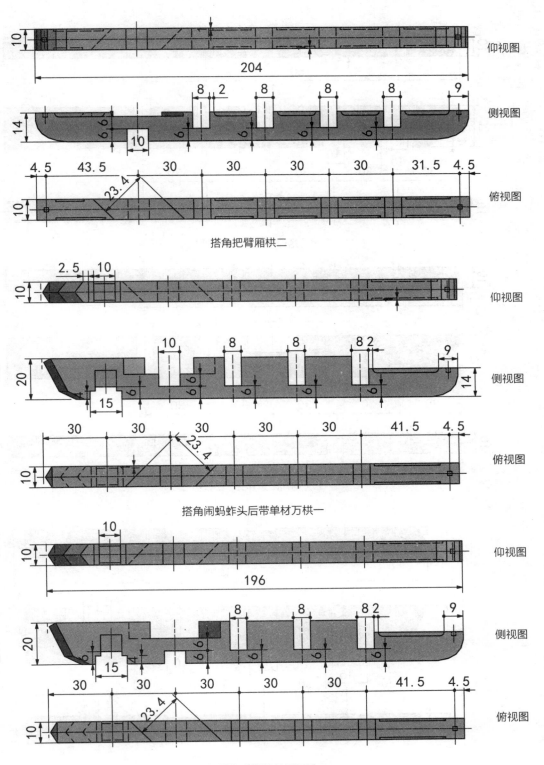

搭角把臂厢栱二

搭角闹蚂蚱头后带单材万栱一

搭角闹蚂蚱头后带单材万栱二

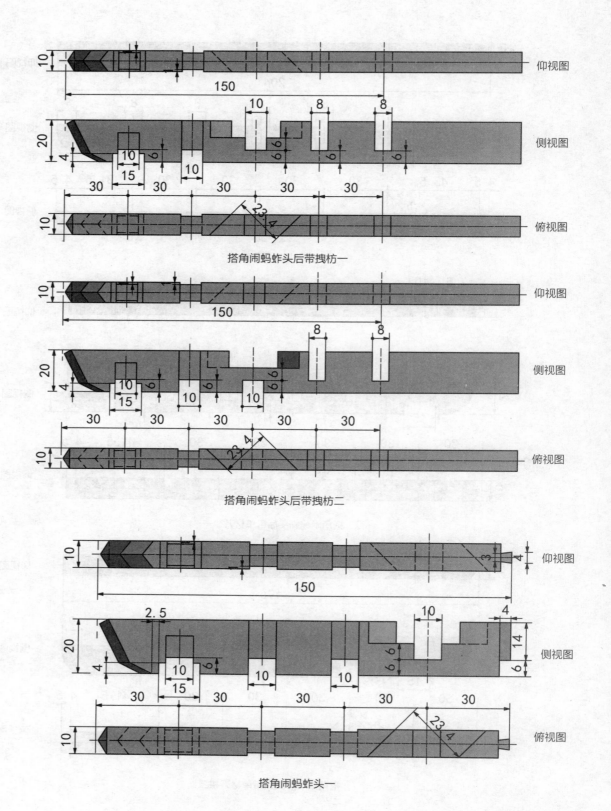

搭角闹蚂蚱头后带拽枋一

搭角闹蚂蚱头后带拽枋二

搭角闹蚂蚱头一

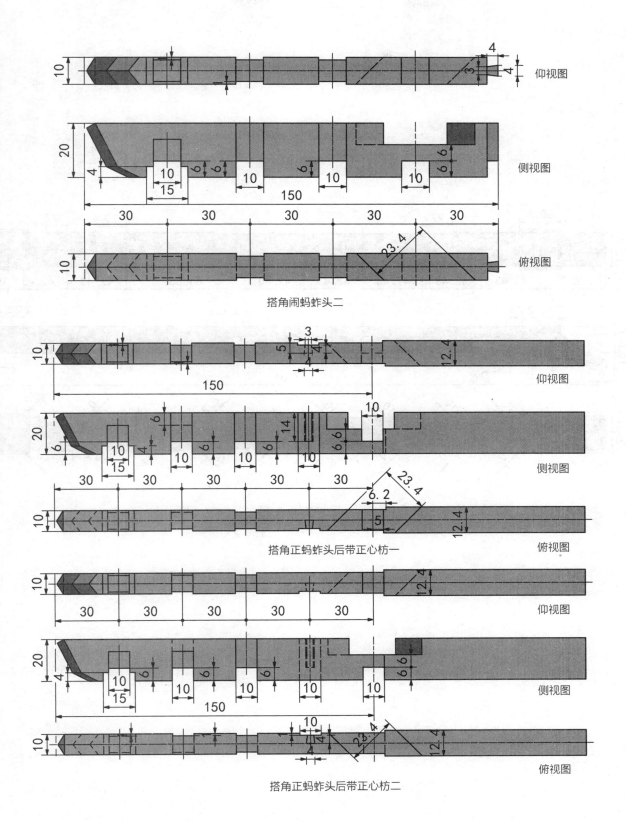

搭角闹蚂蚱头二

搭角正蚂蚱头后带正心枋一

搭角正蚂蚱头后带正心枋二

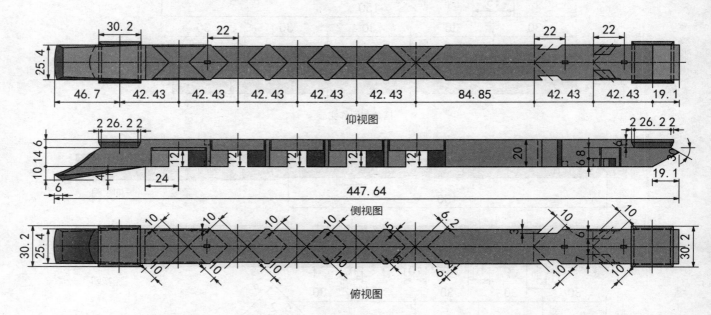

仰视图

侧视图

俯视图

由昂后带六分头

第七层部件尺寸图解

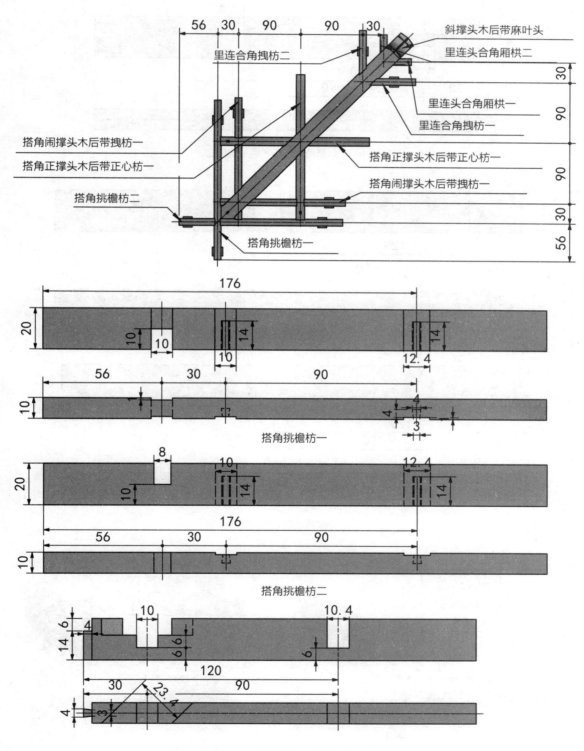

搭角挑檐枋一

搭角挑檐枋二

搭角闹撑头木后带拽枋一

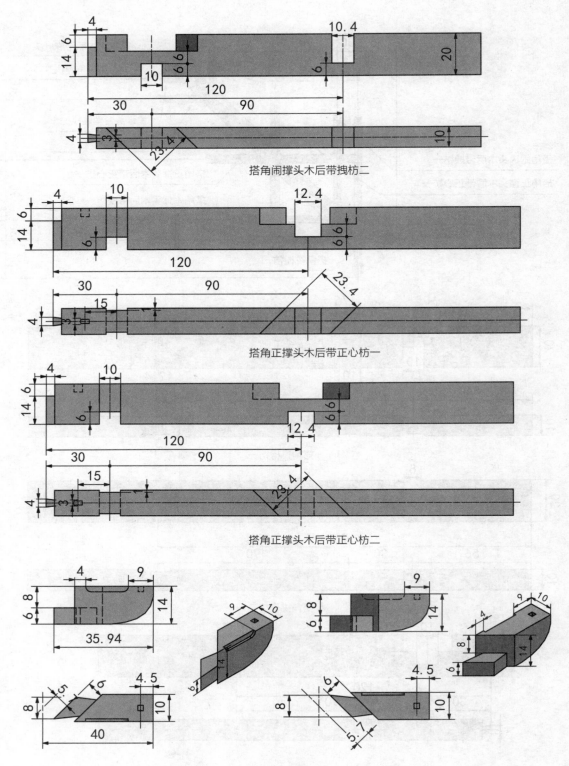

搭角闹撑头木后带拽枋二

搭角正撑头木后带正心枋一

搭角正撑头木后带正心枋二

里连头合角厢栱一、二

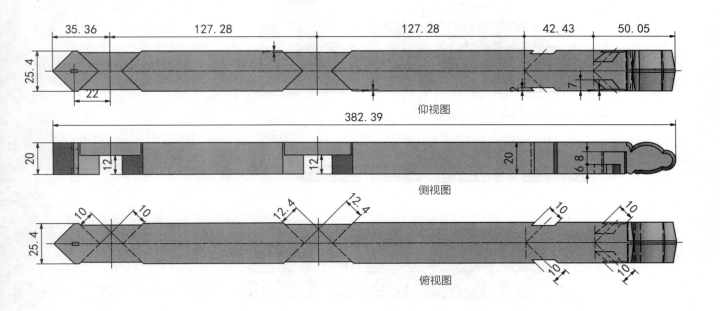

仰视图

侧视图

俯视图

第八层部件尺寸图解

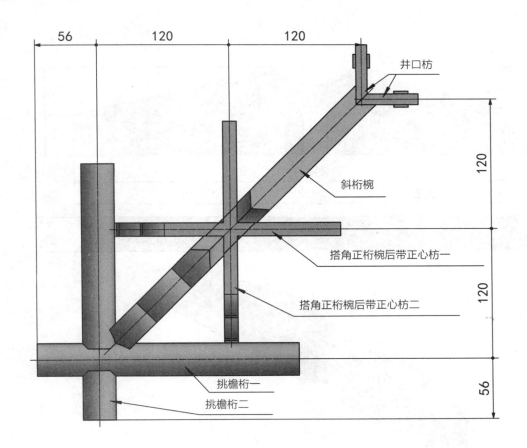

井口枋

斜桁椀

搭角正桁椀后带正心枋一

搭角正桁椀后带正心枋二

挑檐桁一

挑檐桁二

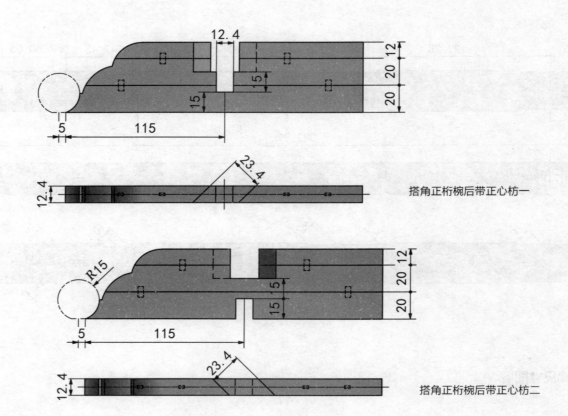

搭角正桁椀后带正心枋一

搭角正桁椀后带正心枋二

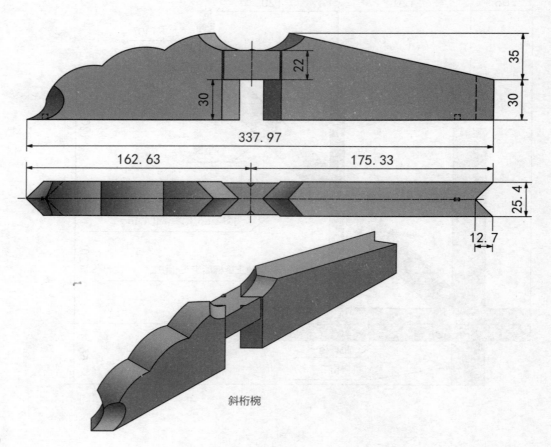

斜桁椀

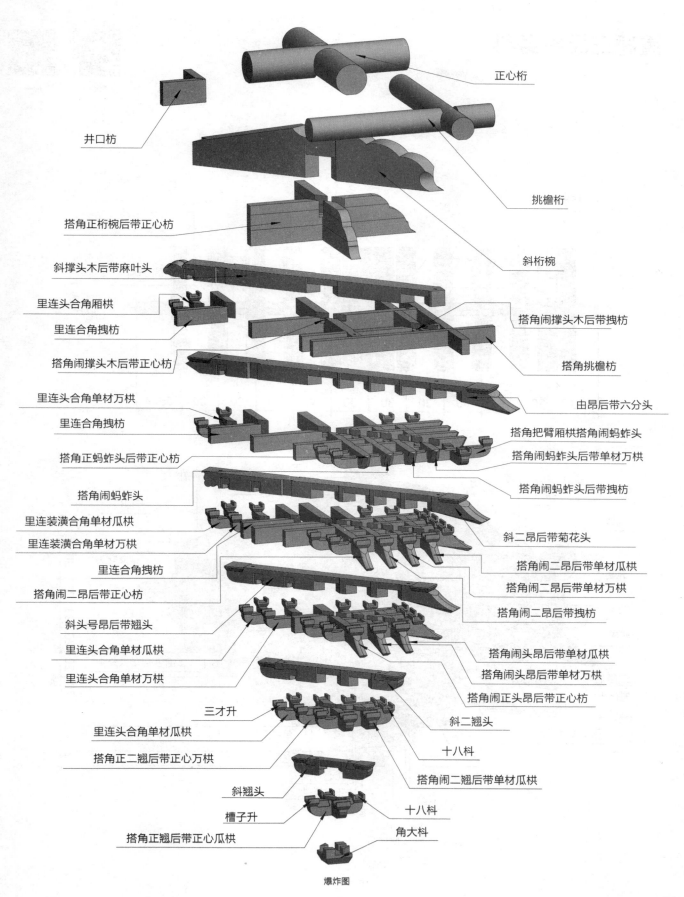

正心桁

井口枋

挑檐桁

搭角正桁椀后带正心枋

斜桁椀

斜撑头木后带麻叶头

里连头合角厢栱

里连合角拽枋

搭角闹撑头木后带拽枋

搭角闹撑头木后带正心枋

搭角挑檐枋

里连头合角单材万栱

由昂后带六分头

里连合角拽枋

搭角把臂厢栱搭角闹蚂蚱头

搭角正蚂蚱头后带正心枋

搭角闹蚂蚱头后带单材万栱

搭角闹蚂蚱头

搭角闹蚂蚱头后带拽枋

里连装潢合角单材瓜栱

里连装潢合角单材万栱

斜二昂后带菊花头

里连合角拽枋

搭角闹二昂后带单材瓜栱

搭角闹二昂后带正心枋

搭角闹二昂后带单材万栱

斜头号昂后带翘头

搭角闹二昂后带拽枋

里连头合角单材瓜栱

搭角闹头昂后带单材瓜栱

里连头合角单材万栱

搭角闹头昂后带单材万栱

搭角闹正头昂后带正心枋

三才升

斜二翘头

里连头合角单材瓜栱

十八枓

搭角正二翘后带正心万栱

搭角闹二翘后带单材瓜栱

斜翘头

槽子升

十八枓

搭角正翘后带正心瓜栱

角大枓

爆炸图

重翘三昂平身科

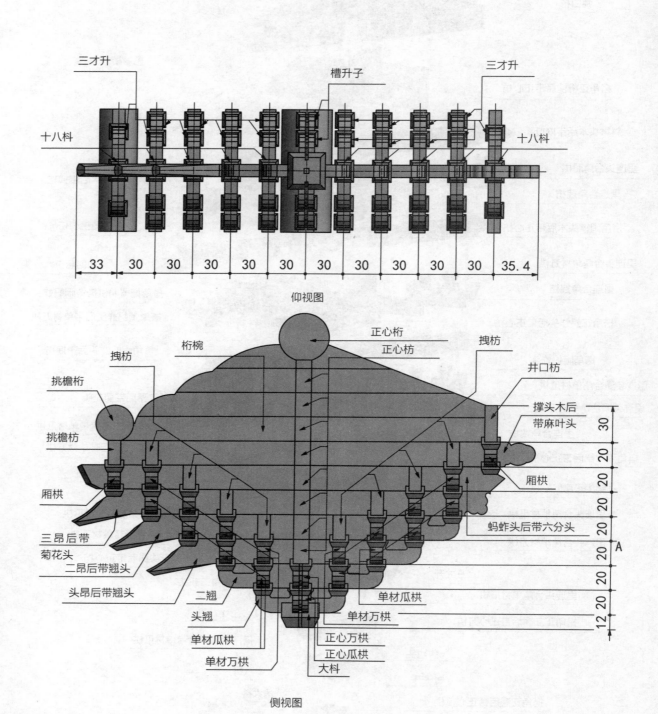

仰视图

侧视图

分件尺寸图解

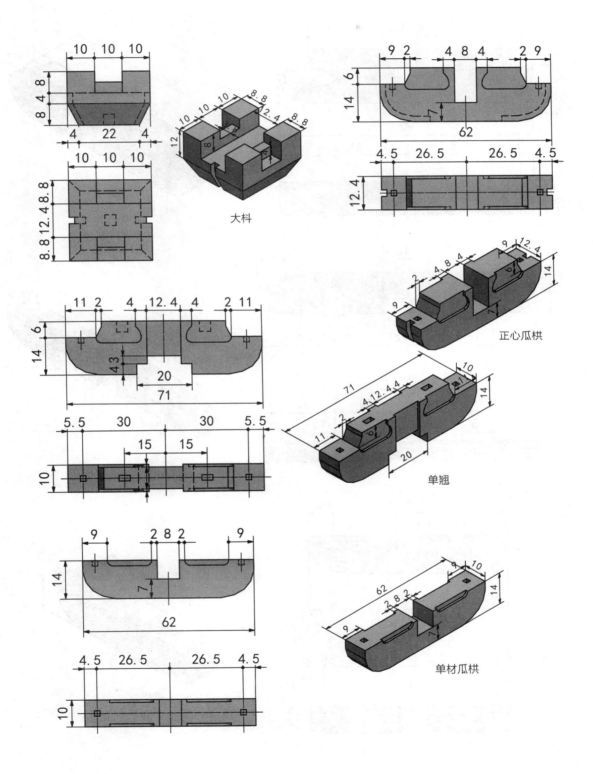

大枓

正心瓜栱

单翘

单材瓜栱

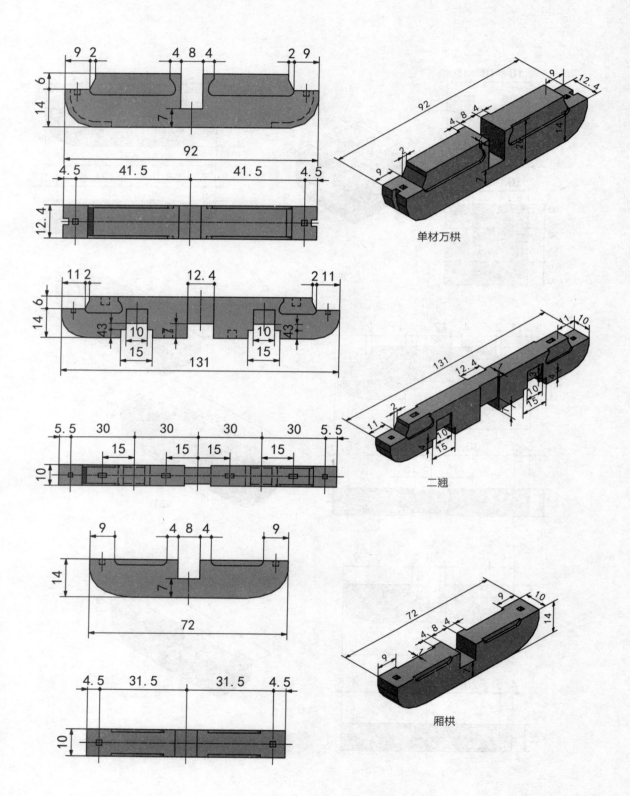

单材万栱

二翘

厢栱

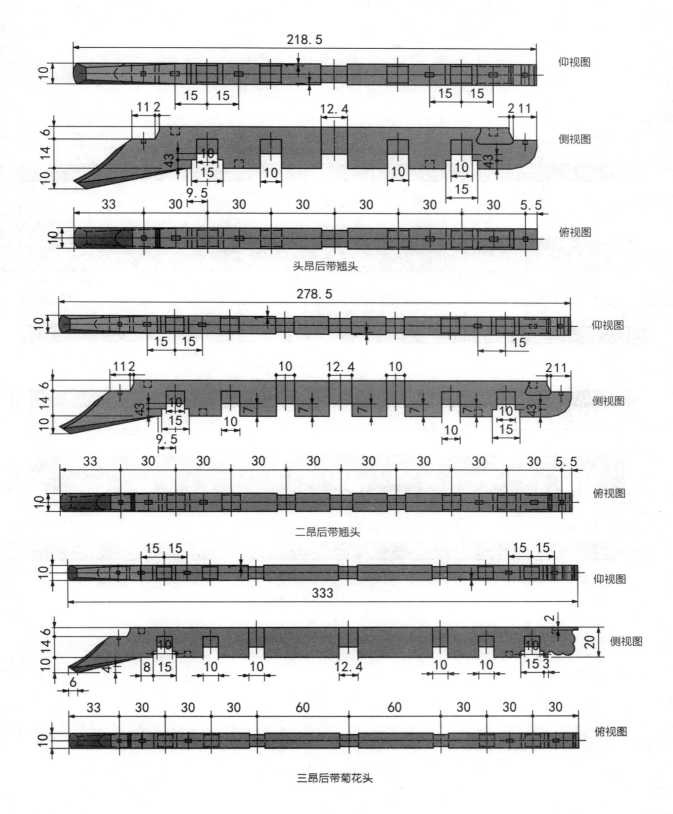

头昂后带翘头

二昂后带翘头

三昂后带菊花头

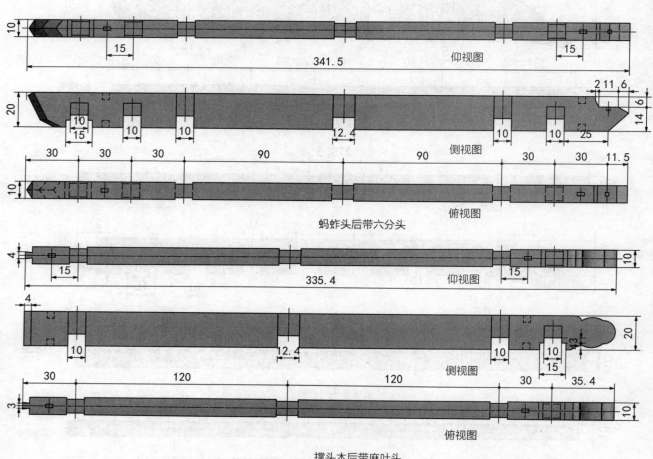

蚂蚱头后带六分头

撑头木后带麻叶头

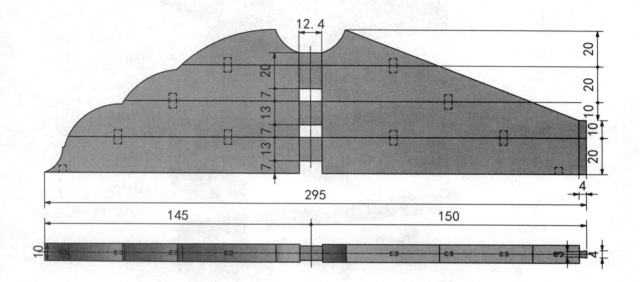

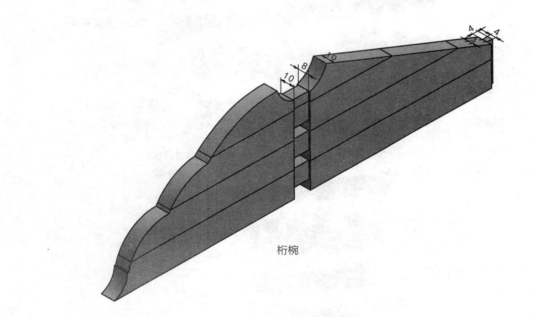

桁椀

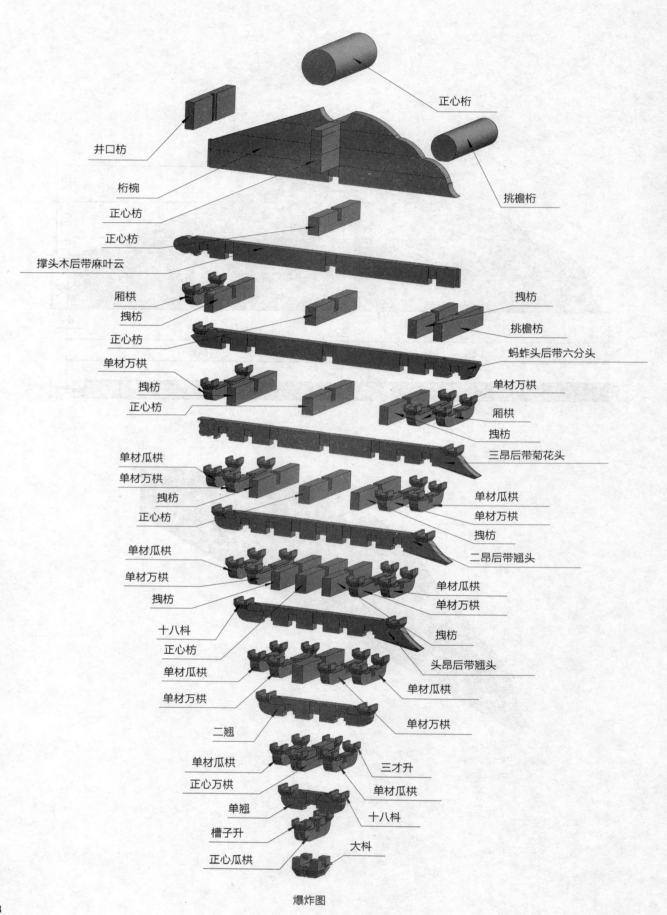

井口枋

正心桁

桁椀

挑檐桁

正心枋

正心枋

撑头木后带麻叶云

厢栱

拽枋

拽枋

挑檐枋

正心枋

蚂蚱头后带六分头

单材万栱

单材万栱

拽枋

厢栱

正心枋

拽枋

单材瓜栱

三昂后带菊花头

单材万栱

单材瓜栱

拽枋

单材万栱

正心枋

拽枋

单材瓜栱

二昂后带翘头

单材万栱

拽枋

单材瓜栱

十八枓

单材万栱

正心枋

拽枋

单材瓜栱

头昂后带翘头

单材万栱

二翘

单材瓜栱

单材瓜栱

单材万栱

三才升

正心万栱

单材瓜栱

单翘

十八枓

槽子升

正心瓜栱

大枓

爆炸图

重翘三昂柱头科

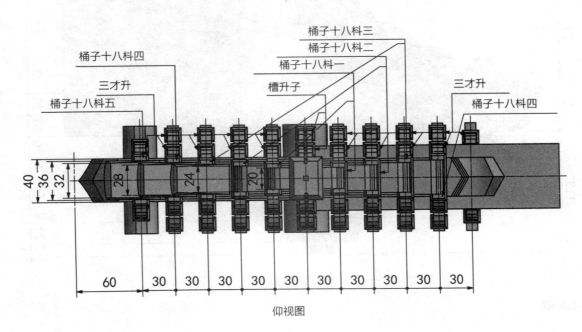

仰视图

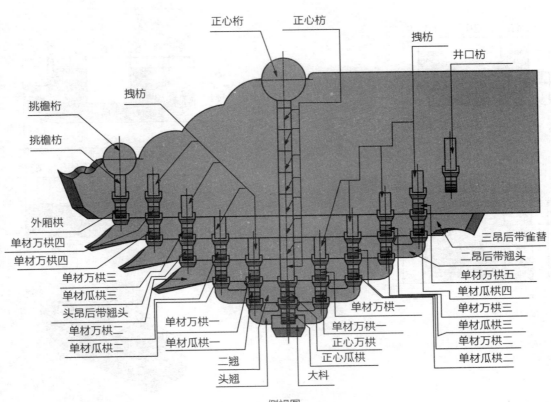

侧视图

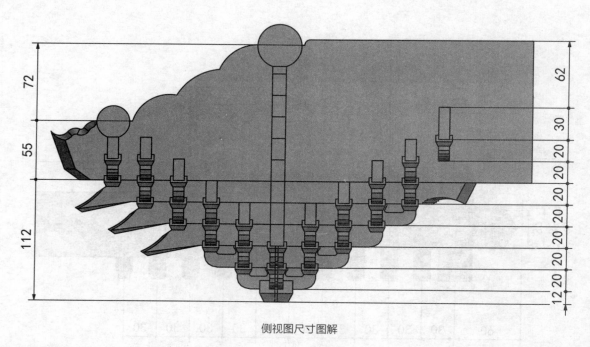

侧视图尺寸图解

分件尺寸图解

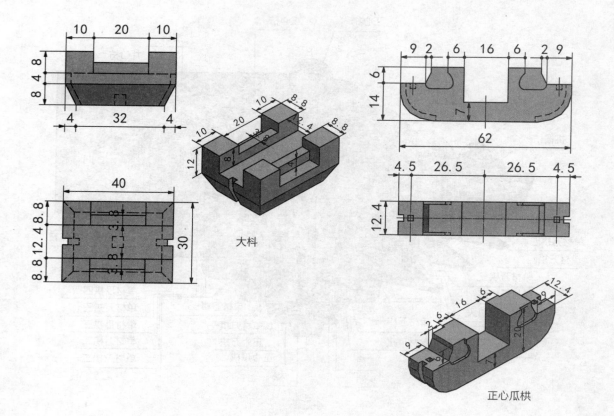

大科

正心瓜栱

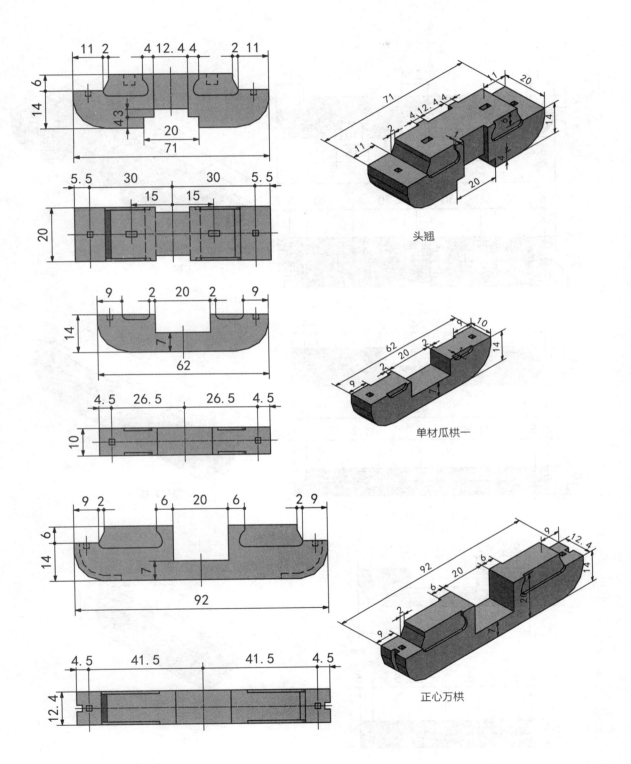

头翘

单材瓜栱一

正心万栱

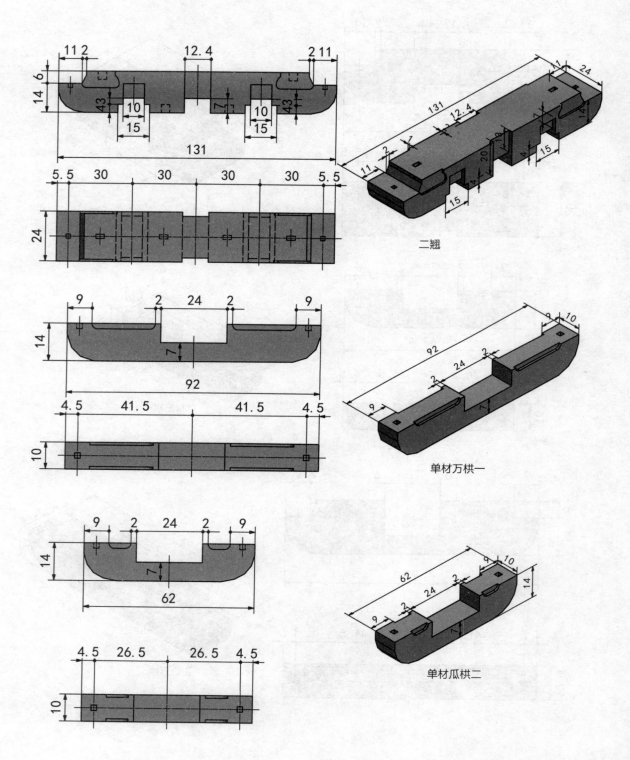

二翘

单材万栱一

单材瓜栱二

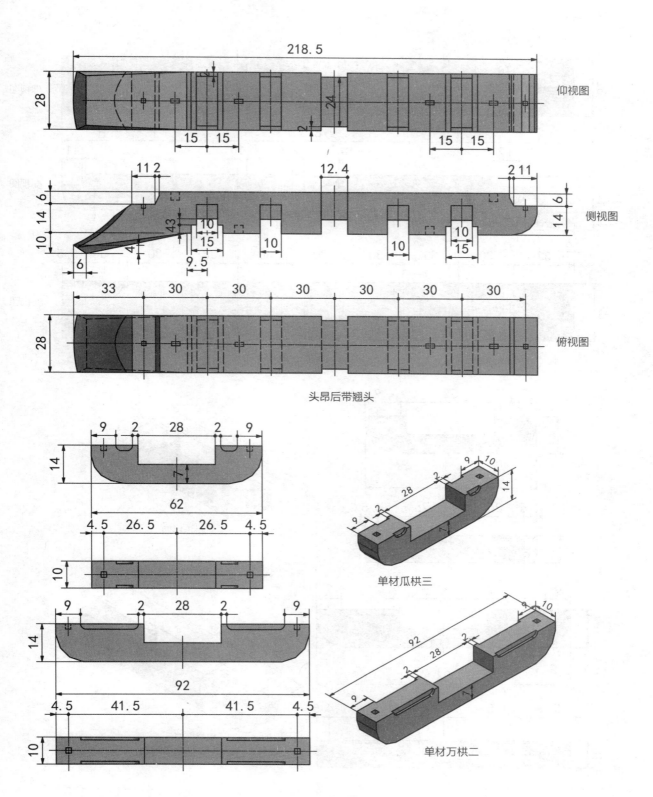

仰视图

侧视图

俯视图

头昂后带翘头

单材瓜栱三

单材万栱二

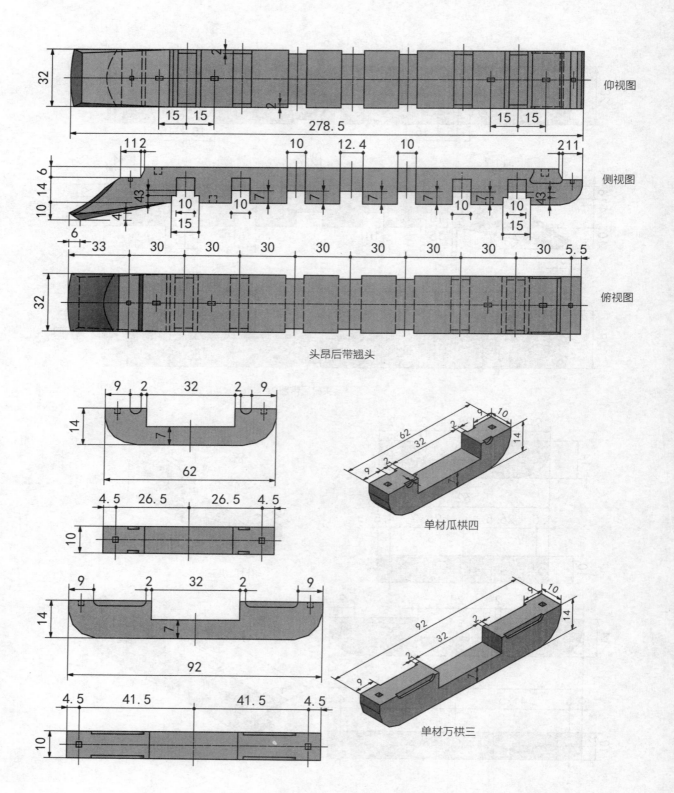

仰视图

侧视图

俯视图

头昂后带翘头

单材瓜栱四

单材万栱三

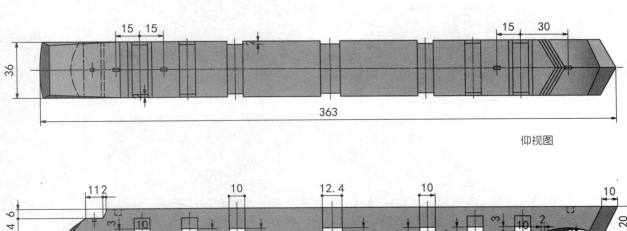

仰视图

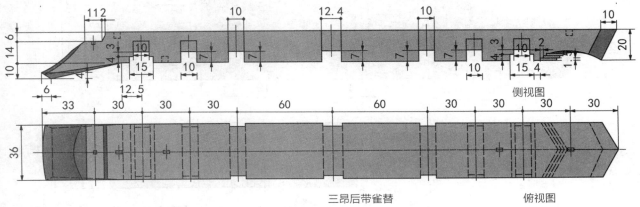

侧视图

三昂后带雀替   俯视图

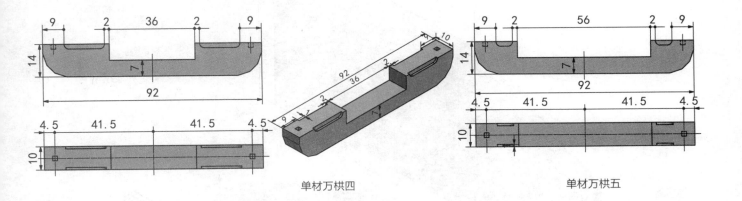

单材万栱四   单材万栱五

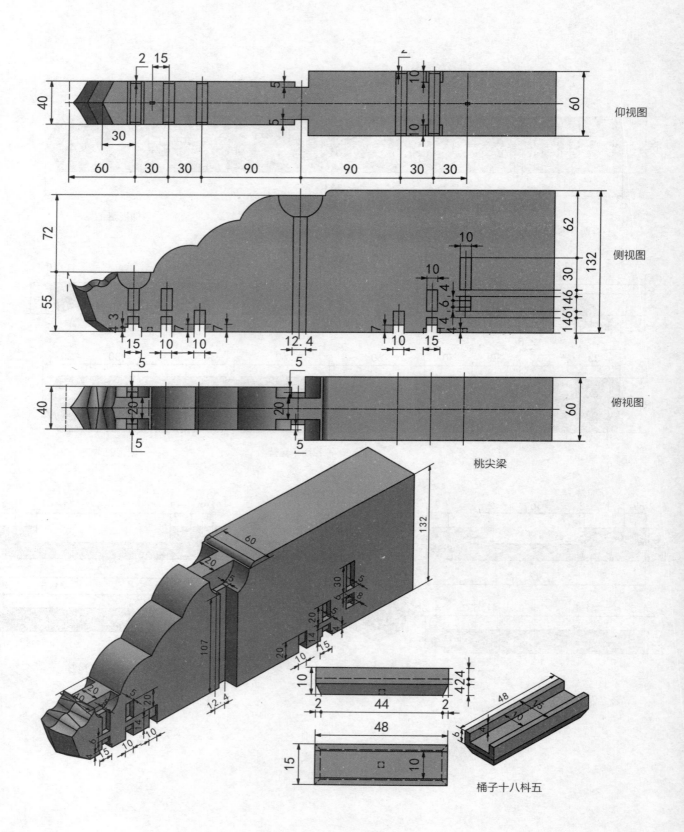

仰视图

侧视图

俯视图

桃尖梁

桶子十八科五

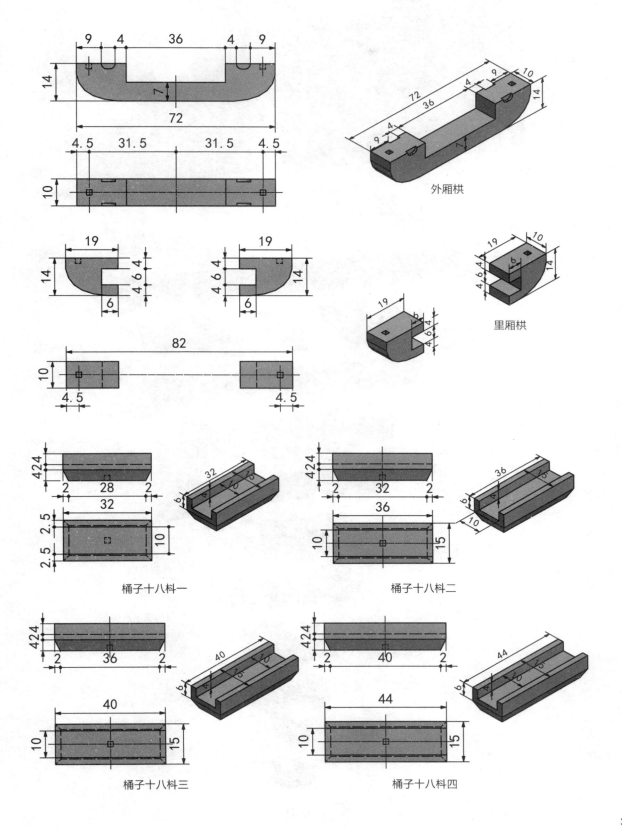

外厢栱

里厢栱

桶子十八枓一

桶子十八枓二

桶子十八枓三

桶子十八枓四

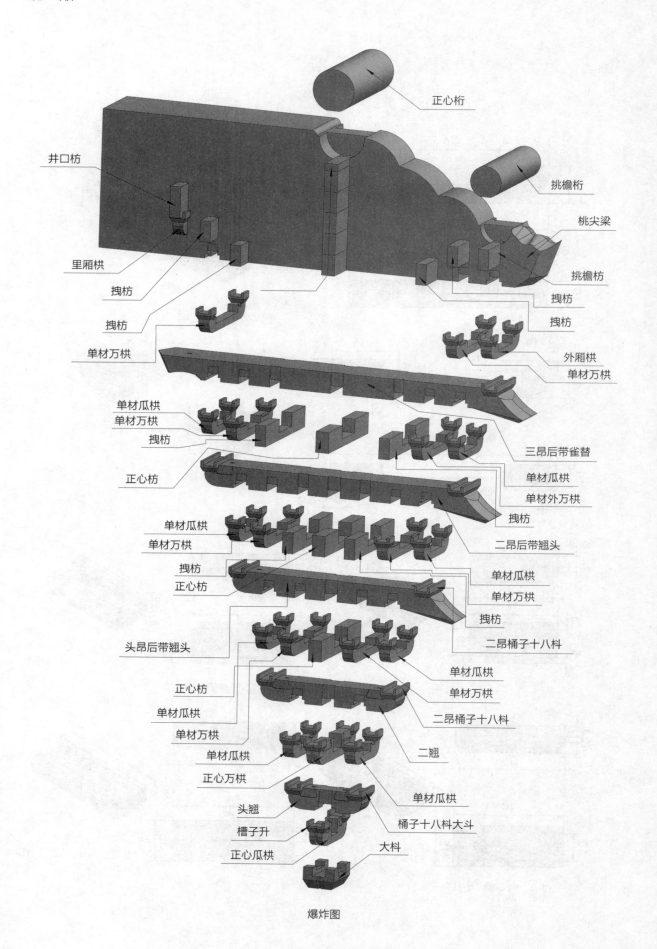

正心桁

挑檐桁

桃尖梁

挑檐枋

拽枋

拽枋

外厢栱

单材万栱

三昂后带雀替

单材瓜栱

单材外万栱

拽枋

二昂后带翘头

单材瓜栱

单材万栱

拽枋

二昂桶子十八科

单材瓜栱

单材万栱

二昂桶子十八科

二翘

单材瓜栱

桶子十八科大斗

大科

井口枋

里厢栱

拽枋

拽枋

单材万栱

单材瓜栱
单材万栱

拽枋

正心枋

单材瓜栱
单材万栱

拽枋
正心枋

头昂后带翘头

正心枋

单材瓜栱

单材万栱

单材瓜栱

正心万栱

头翘

槽子升

正心瓜栱

爆炸图

重翘三昂角科

tengxun

youku

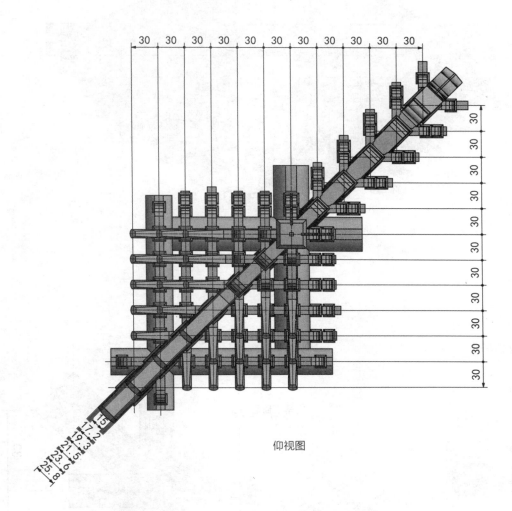

仰视图

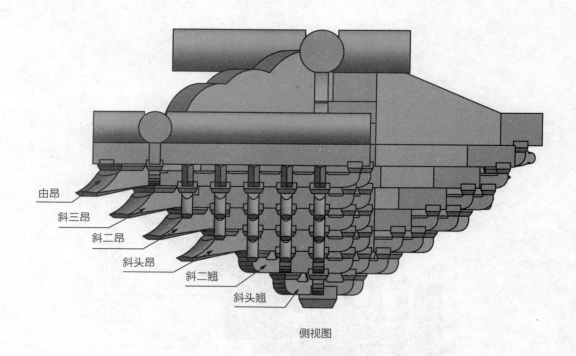

由昂

斜三昂

斜二昂

斜头昂

斜二翘

斜头翘

侧视图

第一、二层部件尺寸图解

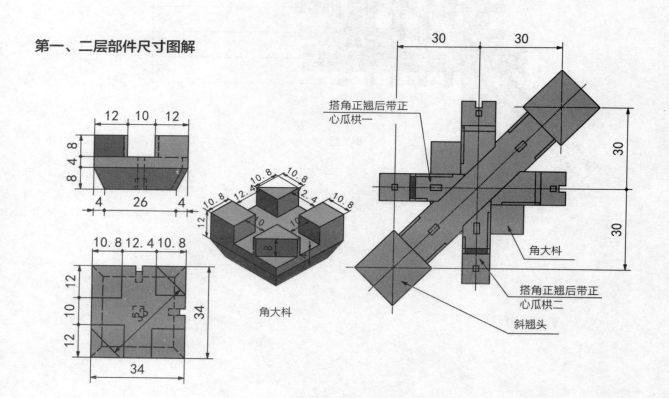

搭角正翘后带正
心瓜栱一

角大科

搭角正翘后带正
心瓜栱二

斜翘头

角大科

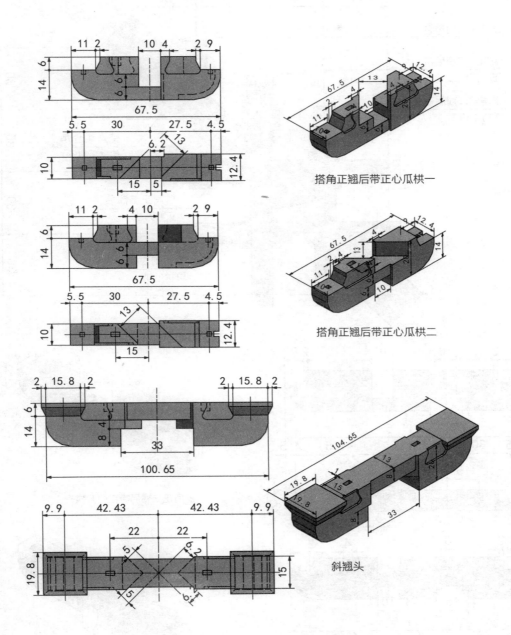

搭角正翘后带正心瓜栱一

搭角正翘后带正心瓜栱二

斜翘头

第三层部件尺寸图解

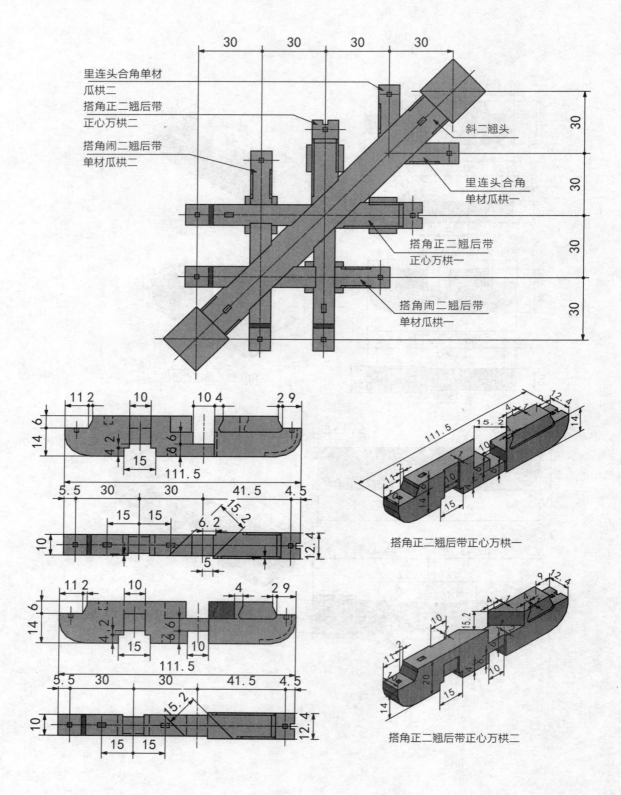

里连头合角单材
瓜栱二
搭角正二翘后带
正心万栱二
搭角闹二翘后带
单材瓜栱二

斜二翘头

里连头合角
单材瓜栱一

搭角正二翘后带
正心万栱一

搭角闹二翘后带
单材瓜栱一

搭角正二翘后带正心万栱一

搭角正二翘后带正心万栱二

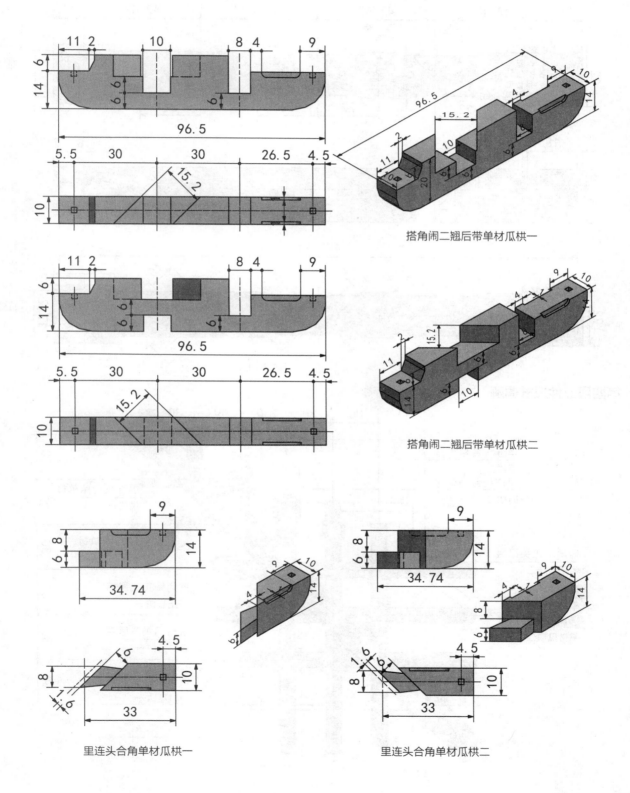

搭角闹二翘后带单材瓜栱一

搭角闹二翘后带单材瓜栱二

里连头合角单材瓜栱一

里连头合角单材瓜栱二

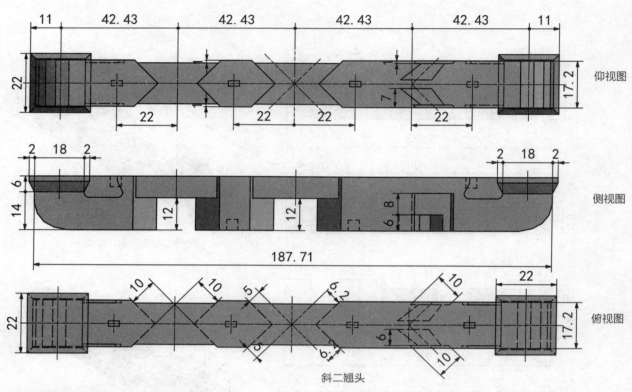

仰视图

侧视图

187.71

俯视图

斜二翘头

第四层部件尺寸图解

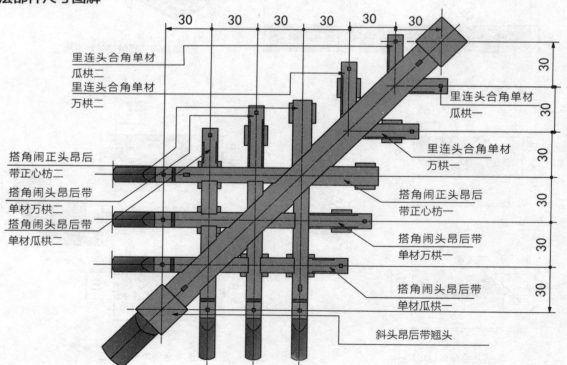

里连头合角单材
瓜栱二
里连头合角单材
万栱二

里连头合角单材
瓜栱一

搭角闹正头昂后
带正心枋二
搭角闹头昂后带
单材万栱二
搭角闹头昂后带
单材瓜栱二

里连头合角单材
万栱一

搭角闹正头昂后
带正心枋一

搭角闹头昂后带
单材万栱一

搭角闹头昂后带
单材瓜栱一

斜头昂后带翘头

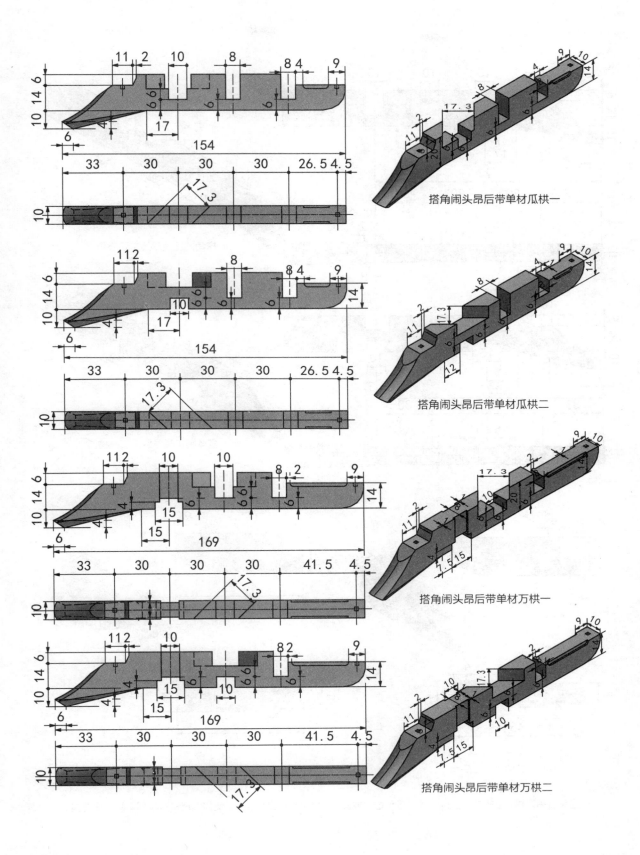

搭角闹头昂后带单材瓜栱一

搭角闹头昂后带单材瓜栱二

搭角闹头昂后带单材万栱一

搭角闹头昂后带单材万栱二

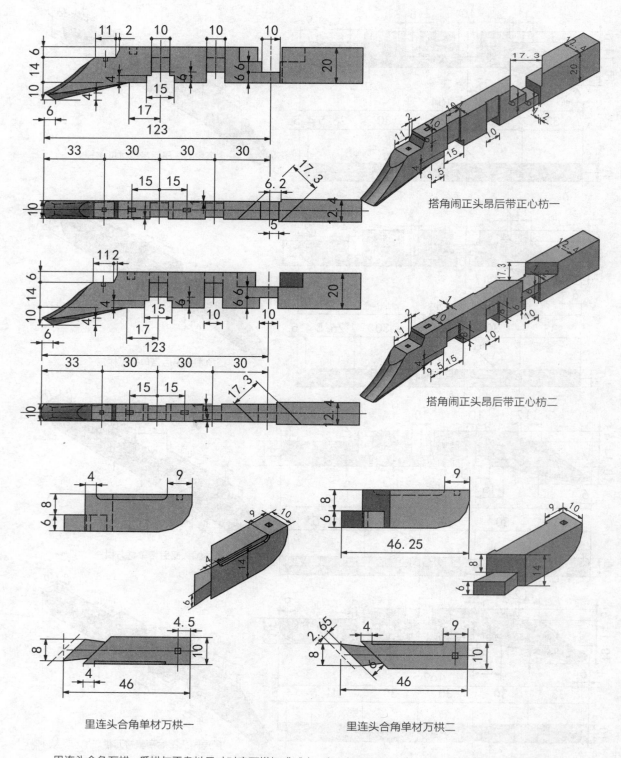

搭角闹正头昂后带正心枋一

搭角闹正头昂后带正心枋二

里连头合角单材万栱一

里连头合角单材万栱二

里连头合角万栱、瓜栱与平身科尺寸对应可增加或减少，也可与平身科连做。具体的尺寸可根据实际情况调整。

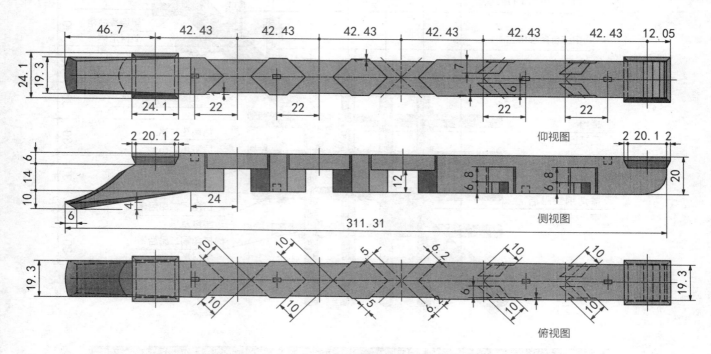

仰视图

侧视图

俯视图

斜头昂后带翘头

第五层部件尺寸图解

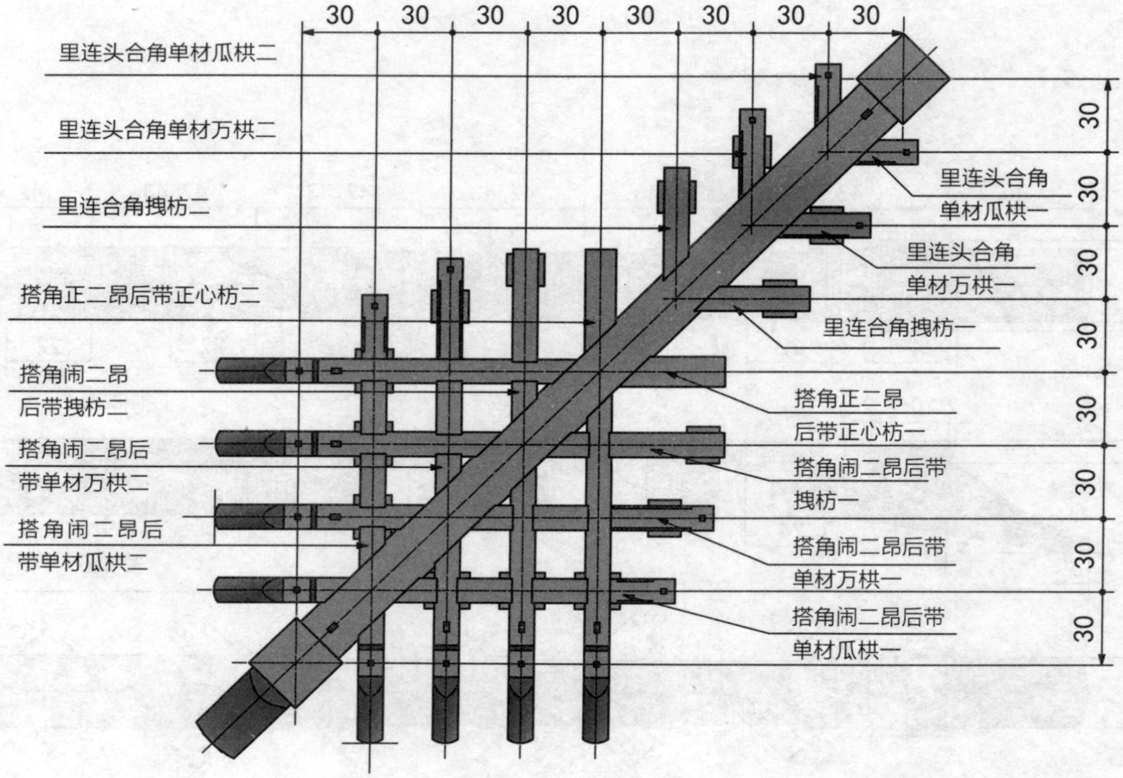
30
30
30
30
30
30
30
30
里连头合角单材瓜栱二
里连头合角单材万栱二
里连合角拽枋二
搭角正二昂后带正心枋二
搭角闹二昂
后带拽枋二
搭角闹二昂后
带单材万栱二
搭角闹二昂后
带单材瓜栱二
里连头合角
单材瓜栱一
里连头合角
单材万栱一
里连合角拽枋一
搭角正二昂
后带正心枋一
搭角闹二昂后带
拽枋一
搭角闹二昂后带
单材万栱一
搭角闹二昂后带
单材瓜栱一

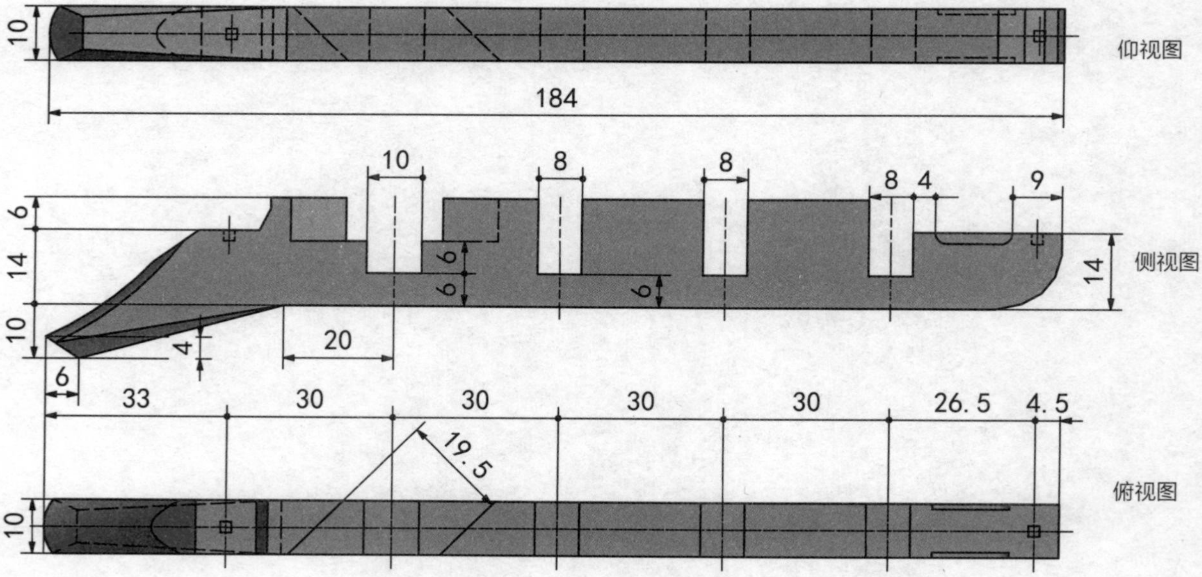
10
184
仰视图
10
8
8
8
4
9
6
14
10
6
6
6
4
20
6
14
侧视图
33
30
30
30
30
26.5
4.5
19.5
10
俯视图

搭角闹二昂后带单材瓜栱一

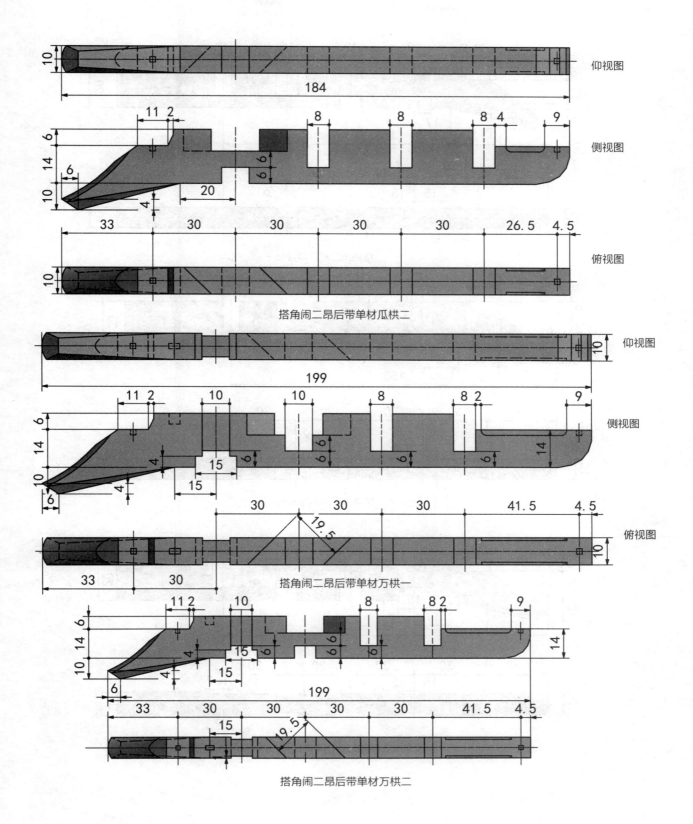

搭角闹二昂后带单材瓜栱二

搭角闹二昂后带单材万栱一

搭角闹二昂后带单材万栱二

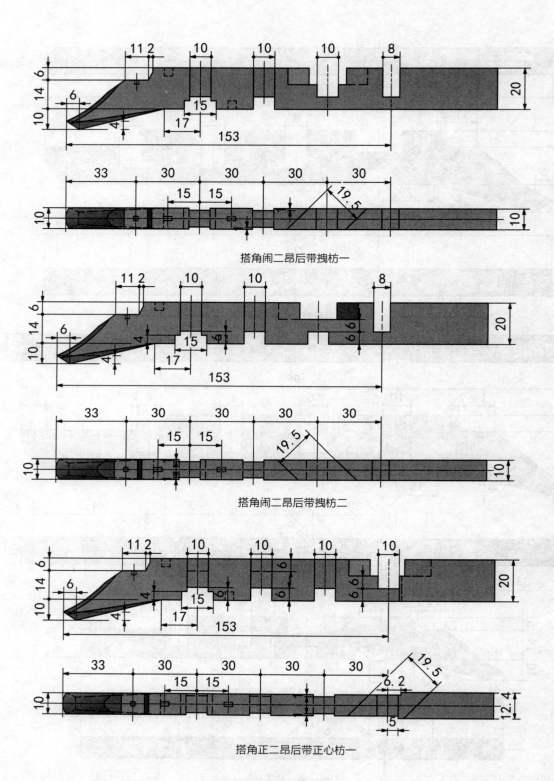

搭角闹二昂后带拽枋一

搭角闹二昂后带拽枋二

搭角正二昂后带正心枋一

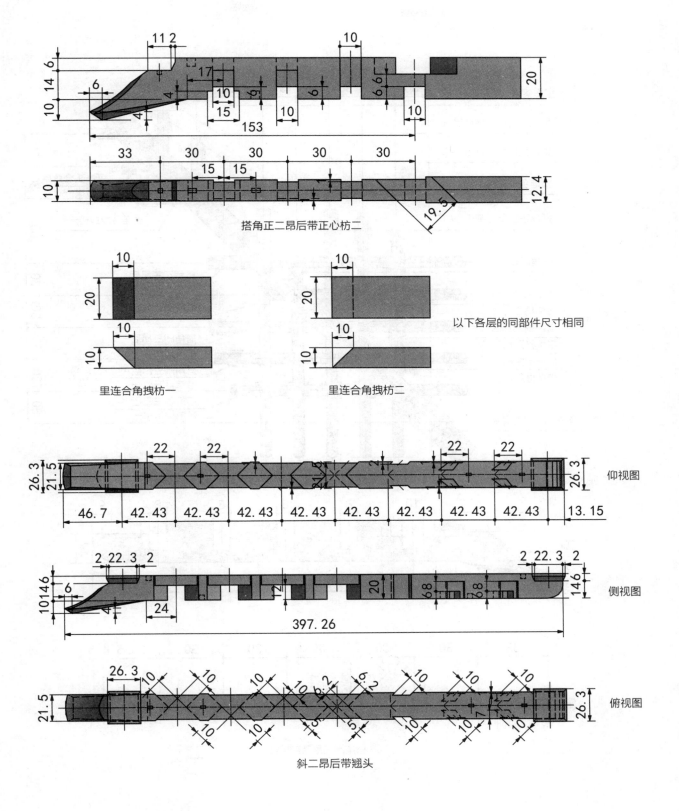

搭角正二昂后带正心枋二

里连合角拽枋一　　　里连合角拽枋二

以下各层的同部件尺寸相同

仰视图

侧视图

俯视图

斜二昂后带翘头

第六层部件尺寸图解

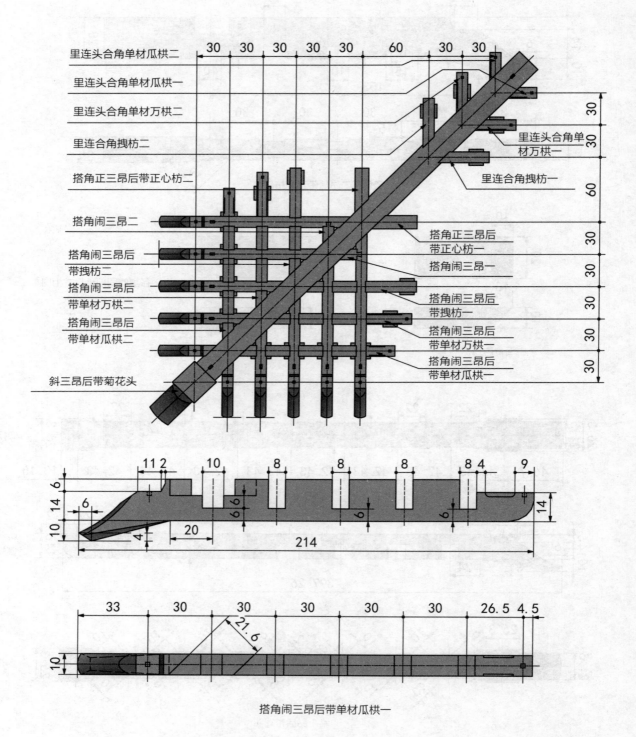

里连头合角单材瓜栱二
里连头合角单材瓜栱一
里连头合角单材万栱二
里连合角搜枋二
搭角正三昂后带正心枋二
搭角闹三昂二
搭角闹三昂后带搜枋二
搭角闹三昂后带单材万栱二
搭角闹三昂后带单材瓜栱二
斜三昂后带菊花头

里连头合角单材万栱一
里连合角搜枋一
搭角正三昂后带正心枋一
搭角闹三昂一
搭角闹三昂后带搜枋一
搭角闹三昂后带单材万栱一
搭角闹三昂后带单材瓜栱一

搭角闹三昂后带单材瓜栱一

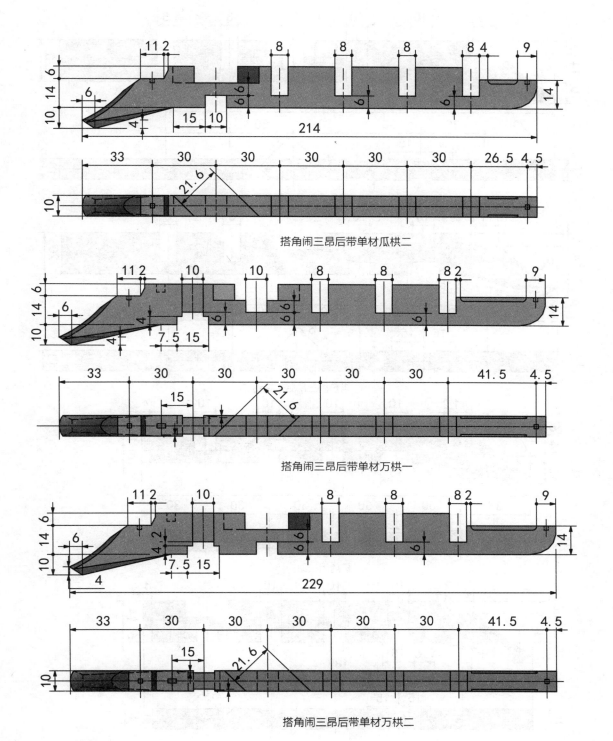

搭角闹三昂后带单材瓜栱二

搭角闹三昂后带单材万栱一

搭角闹三昂后带单材万栱二

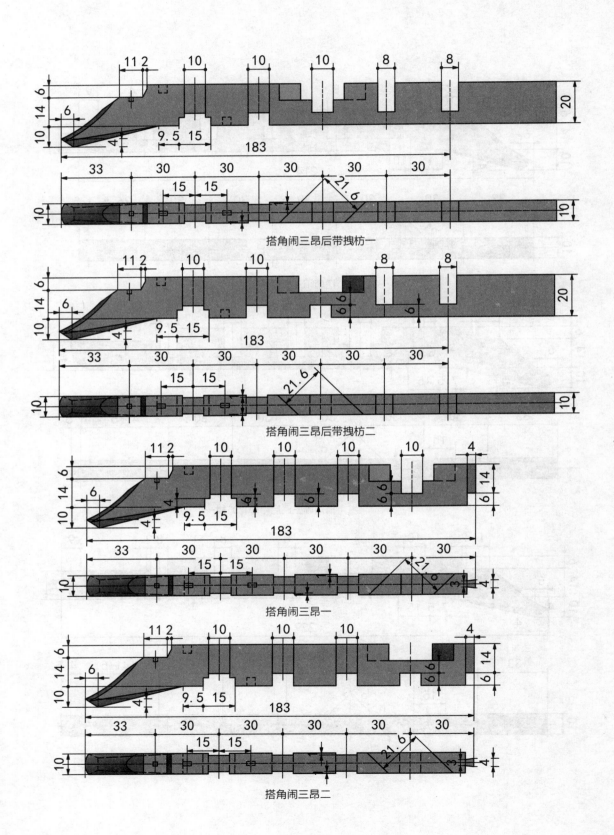

搭角闹三昂后带拽枋一

搭角闹三昂后带拽枋二

搭角闹三昂一

搭角闹三昂二

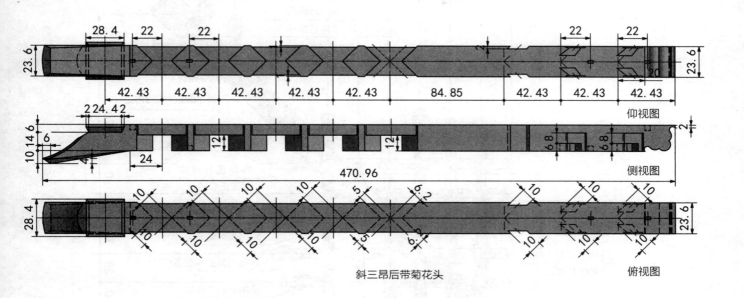

仰视图

侧视图

俯视图

斜三昂后带菊花头

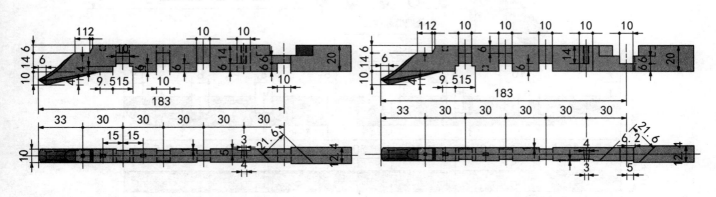

搭角正三昂后带正心枋二　　　　　　　　　搭角正三昂后带正心枋一

第七层部件尺寸图解

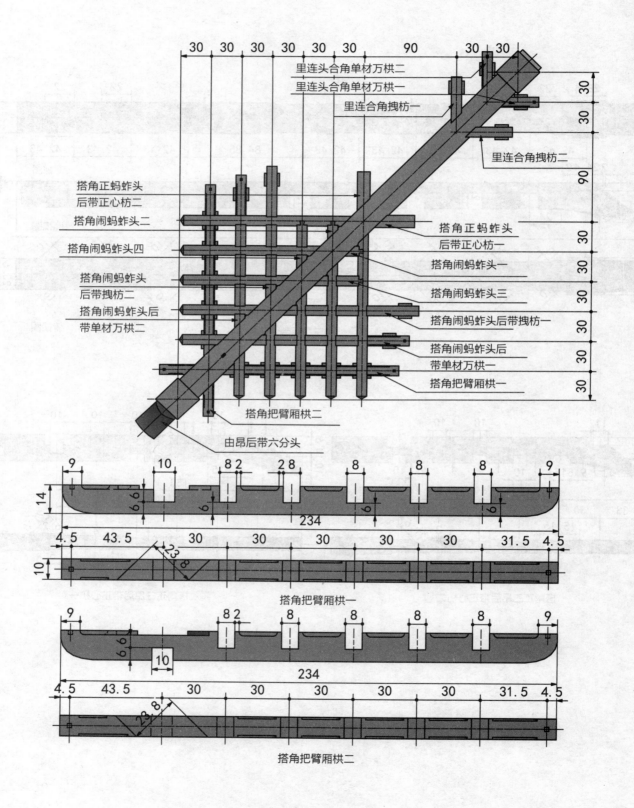

里连头合角单材万栱二
里连头合角单材万栱一
里连合角拽枋一
里连合角拽枋二

搭角正蚂蚱头
后带正心枋二
搭角闹蚂蚱头二
搭角闹蚂蚱头四
搭角闹蚂蚱头
后带拽枋二
搭角闹蚂蚱头后
带单材万栱二

搭角正蚂蚱头
后带正心枋一
搭角闹蚂蚱头一
搭角闹蚂蚱头三
搭角闹蚂蚱头后带拽枋一
搭角闹蚂蚱头后
带单材万栱一
搭角把臂厢栱一

搭角把臂厢栱二
由昂后带六分头

搭角把臂厢栱一

搭角把臂厢栱二

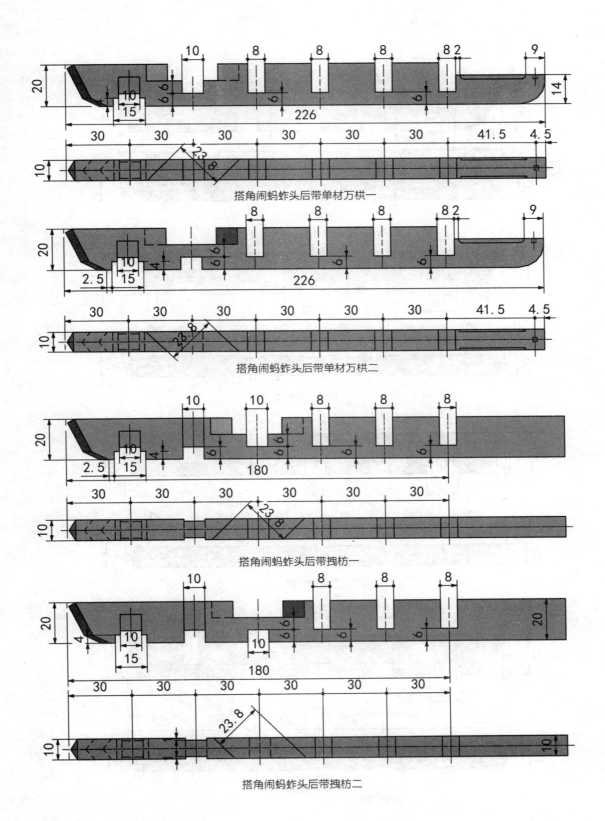

搭角闹蚂蚱头后带单材万栱一

搭角闹蚂蚱头后带单材万栱二

搭角闹蚂蚱头后带拽枋一

搭角闹蚂蚱头后带拽枋二

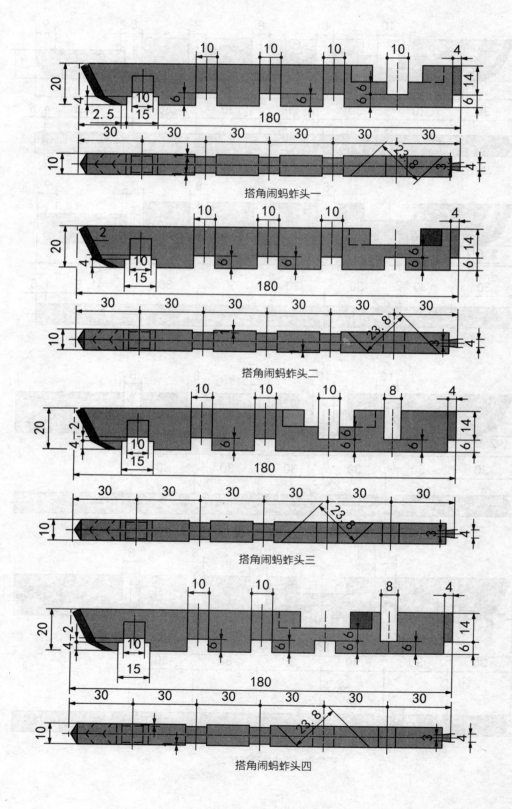

搭角闹蚂蚱头一

搭角闹蚂蚱头二

搭角闹蚂蚱头三

搭角闹蚂蚱头四

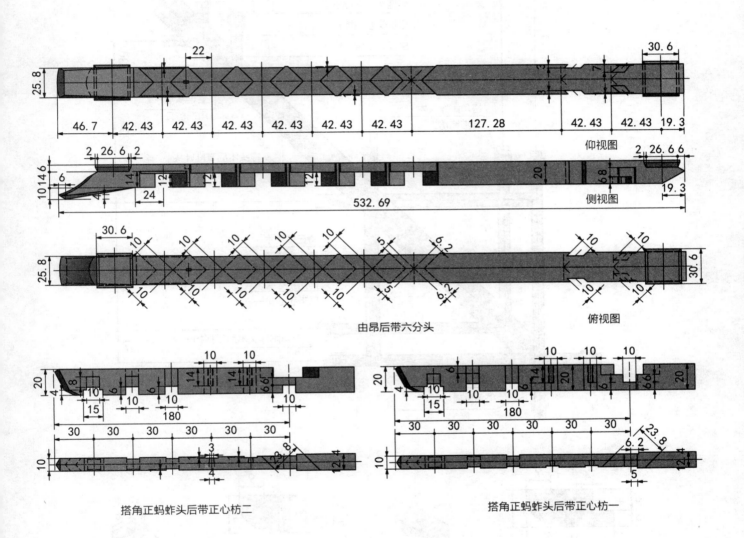

仰视图

侧视图

由昂后带六分头

俯视图

搭角正蚂蚱头后带正心枋二

搭角正蚂蚱头后带正心枋一

第八层部件尺寸图解

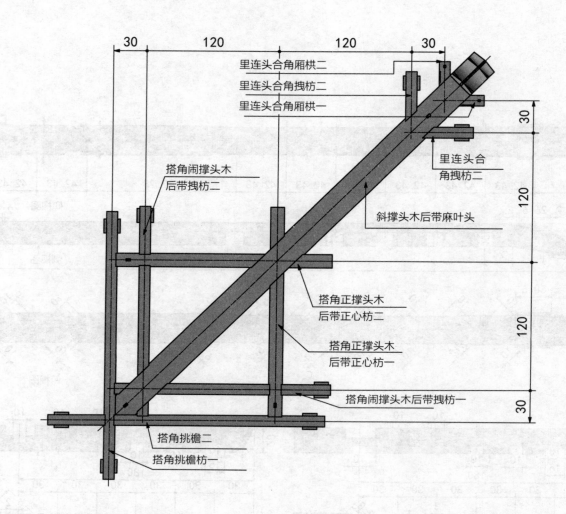

30　120　120　30

里连头合角厢栱二
里连头合角拽枋二
里连头合角厢栱一

里连头合
角拽枋二

30

斜撑头木后带麻叶头

120

搭角闹撑头木
后带拽枋二

搭角正撑头木
后带正心枋二

搭角正撑头木
后带正心枋一

120

搭角闹撑头木后带拽枋一

30

搭角挑檐二

搭角挑檐枋一

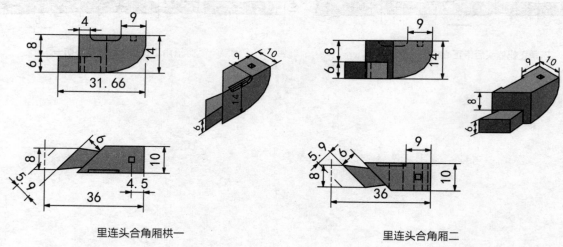

里连头合角厢栱一

里连头合角厢二

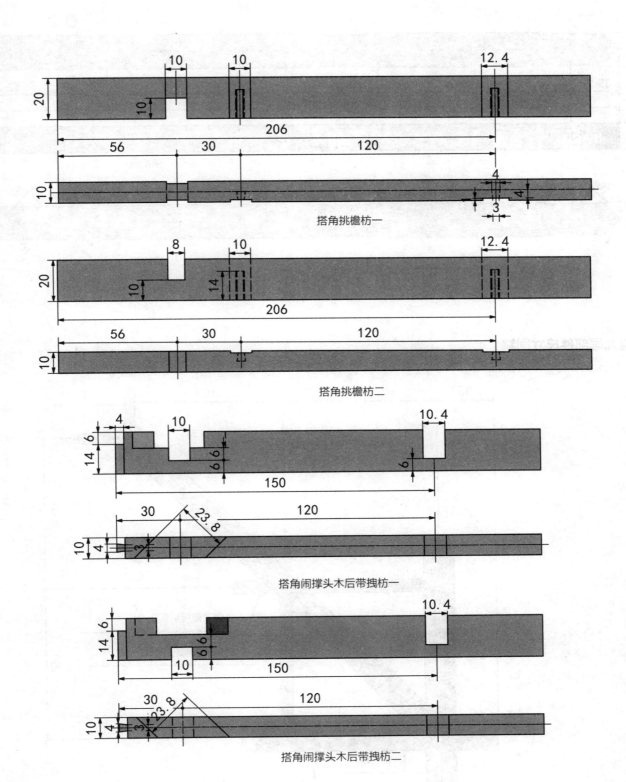

搭角挑檐枋一

搭角挑檐枋二

搭角闹撑头木后带拽枋一

搭角闹撑头木后带拽枋二

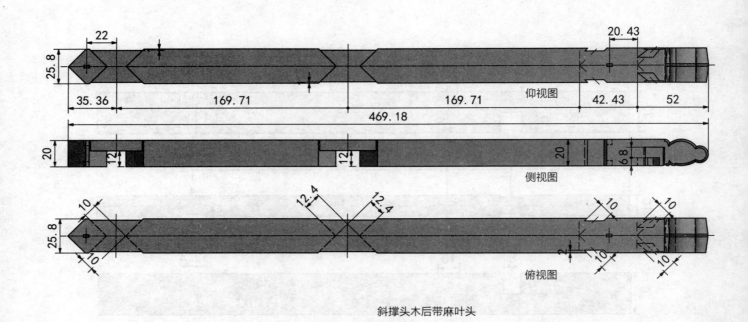

斜撑头木后带麻叶头

第九层部件尺寸图解

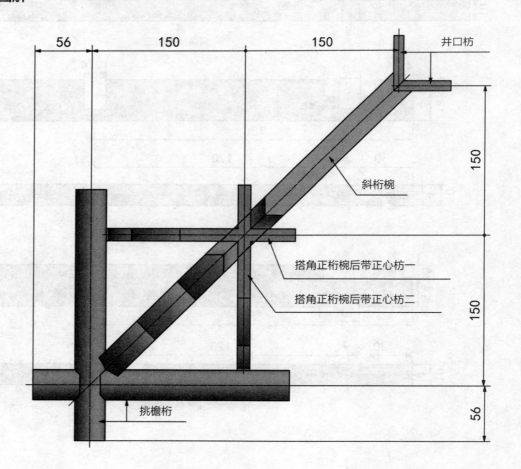

井口枋

斜桁椀

搭角正桁椀后带正心枋一

搭角正桁椀后带正心枋二

挑檐桁

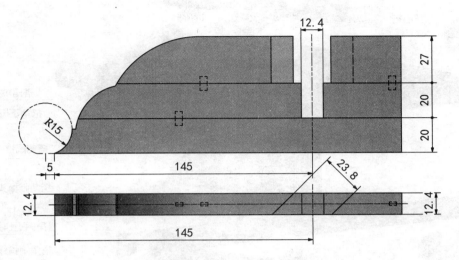

搭角正桁椀后带正心枋一

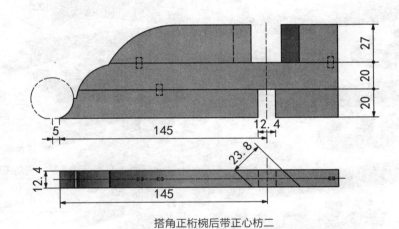

搭角正桁椀后带正心枋二

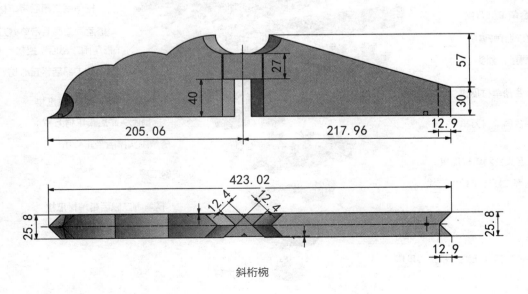

斜桁椀

正心桁

井口枋

斜桁椀

撑头木后带麻叶云

里连头合角厢栱

里连合角拽枋

由昂后带六分头

里连头合角单材万栱

里连合角拽枋

里连合角单材瓜栱

里连合角单材万栱

里连合角拽枋

搭角闹三昂后带正心枋

斜二昂后带翘头

里连头合角单材瓜栱

里连头合角单材万栱

里连合角拽枋

斜头昂后带翘头

里连头合角单材瓜栱

里连头合角单材万栱

里连头合角单材瓜栱

搭角闹二翘后带单材万栱

斜翘头

槽子升

搭角正翘后带正心瓜栱

搭角挑檐桁

搭角正桁椀后带正心枋

搭角闹撑头木后带正心枋

搭角闹撑头木后带拽枋

搭角闹蚂蚱头后带正心枋

搭角闹蚂蚱头后带正心枋

搭角闹蚂蚱头

搭角闹蚂蚱头后带拽枋

搭角闹蚂蚱头后带单材万栱

搭角把臂厢栱

斜三昂后带菊花头

搭角闹三昂后带单材瓜栱

搭角闹三昂后带单材万栱

搭角闹三昂后带拽枋

搭角闹三昂

搭角闹二昂后带单材瓜栱

搭角闹二昂后带单材万栱

搭角闹二昂后带拽枋

搭角闹二昂后带正心枋

搭角闹头昂后带单材瓜栱

搭角闹头昂后带单材万栱

搭角闹头昂后带正心枋

斜二翘头

搭角闹二翘后带单材瓜栱

十八科

角大科

爆炸图